场地地震反应与设计反应谱

苗 雨 王苏阳 施 洋 著

科学出版社

北 京

内 容 简 介

本书结合作者近年来在岩土地震工程领域的研究成果，较为系统、全面地介绍了部分常用的基于地震动观测记录提取原位场地信息与标定设计反应谱的方法，对比分析了各方法的特点，详细介绍了作者在水平与竖向地震动设计反应谱、水平与竖向场地反应等方面取得的相关研究成果。全书从岩土工程学和地震学角度出发，围绕两个重要科学问题：局部场地对地震波的放大作用和结构抗震设计中地震动输入的确定，对场地分类方法、设计反应谱特征参数与场地系数、场地地震动力响应特性、场地线性阈值与非线性程度等研究的诸多现存问题进行了探讨，对相关科学研究和工程抗震设计都具有参考价值。

本书可供岩土地震工程、地下结构抗震设计与防震减灾工程领域的科技人员使用，也可供高等院校岩土与地下工程专业的师生参考。

图书在版编目(CIP)数据

场地地震反应与设计反应谱 / 苗雨，王苏阳，施洋著.—北京：科学出版社，2023.1

ISBN 978-7-03-074702-0

Ⅰ.①场… Ⅱ.①苗… ②王… ③施… Ⅲ.①工程地震-地震反应谱 Ⅳ.①P315.9

中国国家版本馆CIP数据核字(2023)第007327号

责任编辑：刘宝莉 / 责任校对：崔向琳
责任印制：师艳茹 / 封面设计：蓝正设计

科 学 出 版 社 出版
北京东黄城根北街 16 号
邮政编码：100717
http://www.sciencep.com
三河市春园印刷有限公司 印刷
科学出版社发行 各地新华书店经销

*

2023 年 1 月第 一 版 开本：720×1000 1/16
2023 年 1 月第一次印刷 印张：15 3/4
字数：315 000

定价：128.00 元
(如有印装质量问题，我社负责调换)

前　言

场地地震反应和设计反应谱的研究属于地震学和工程学的交叉领域，涉及地震波传播理论、地震动观测、岩土动力学和结构抗震设计方法等。对于该问题的研究主要集中在两个重要科学问题上：局部场地对地震波的放大作用和结构抗震设计中地震动输入的确定。本书围绕这两个科学问题，介绍作者在水平与竖向地震动设计反应谱、水平与竖向场地反应等方面取得的研究成果，可为相关的科研和抗震设计提供参考。

作者自 2000 年考入华中科技大学并师从王元汉教授以来，长期从事岩土工程领域研究，主要研究方向包括场地地震反应、地下结构防震减灾、高效数值计算方法、工程结构的理论建模与计算机仿真。本书是作者近二十年在岩土地震工程领域研究成果的系统总结。

从岩土工程学和地震学角度出发，对场地分类方法、设计反应谱特征参数与场地系数、场地地震动力响应特性、场地线性阈值与非线性程度等问题开展全面且深入的探讨。本书所涉及的研究成果对于地震动的数值模拟、地震动预测方程的建立、地震动空间分布特征的研究、地震灾害的评估、建筑物的选址及抗震设防等具有重要的理论意义和工程应用价值。

在本书撰写过程中，得到了中国地震局工程力学研究所王海云研究员、河海大学高玉峰教授和武汉大学郑俊杰教授的大力支持。特别感谢课题组博士生张昊的工作，同时感谢研究生郭韬、黄裕森、贺鸿俊、叶宜培、吉瀚文等在书稿整理过程中的辛勤付出。本书内容的相关研究工作先后得到国家重点研发计划项目（2016YFC0800206）、国家重点基础研究发展计划项目（2011CB013804）、国家自然科学基金项目（50808090、51378234、51778260、51978304）、湖北省创新群体项目（2022CFA014）、中国博士后科学基金项目（2018M642845）等资助；同时得到了华中科技大学土木与水利工程学院的大力支持。在此一并致以最诚挚的谢意。

作者虽然长期从事岩土地震工程领域的科研与教学工作，但由于能力与水平有限，书中难免存在不足之处，敬请读者批评指正。

目　　录

第1章 绪 论

1.1 研究背景与意义

近年来，全球板块活动日益频繁，进入了地震活跃期，造成大量的严重地质灾害和基础设施破坏。我国是世界上地震灾害最严重的国家之一，一半国土位于地震基本烈度 7 度及以上区域，强震发生频率、地震伤亡人数均居世界之首，工程抗震防灾形势异常严峻。抗震防灾已经成为保障我国社会和经济可持续发展的重大战略选择。通常来说，震害的产生与形成可以根据物理过程分为四个方面：震源破裂过程[1,2]、地震波由震源经地壳传播至近地表局部场地的过程(又称传播路径效应)[3,4]、局部场地对地震动的响应性质(又称局部场地效应或场地反应)[5,6]、地表地震动引起的结构动态作用(又称地震作用)[7,8]。本书内容主要侧重后两个方面，即场地反应与地震作用。

震害调查和相关研究表明，局部场地条件对地震动特性和建筑物的震害有显著影响[9-11]。通常来说，薄土层硬场地上自振周期短的刚性结构震害更严重，厚土层软场地上自振周期长的柔性结构震害更严重。这主要是由地表土层的共振作用和近地表土层波阻抗的降低引起的[12-14]。因此，场地反应的评估是场地震害分析和预测中有待解决的关键问题，对建筑物选址及抗震设防具有重要的工程价值。

场地反应的研究方法主要分为基于场地反应理论的数值方法和基于地震动观测记录的经验方法。基于场地反应理论的数值方法已经被广泛地运用在缺乏地震动观测记录的地区，并取得了一些对工程实践有指导意义的结果。目前，由于土体动力行为的复杂性与原位土动力参数的不确定性，数值方法模拟的场地反应与基于地震动观测记录的经验方法估计的场地反应之间还存在较大偏差。近年来，随着地震动观测技术的发展，地震动观测记录的数量不断增加，质量也有显著提高，为基于地震动观测记录的经验方法的使用创造了良好的条件。

场地反应分为线性场地反应和非线性场地反应。在线性场地反应阶段，土体的本构关系近似满足线性关系，符合胡克定律，场地反应与地震动强度没有明显关系。在非线性场地反应阶段，随着地震动强度的增加，土体刚度迅速下降，阻尼比显著增加，导致场地的放大作用减小，共振频率向低频方向移动。根据实验室岩土测试和地震动观测记录，岩土工程师和地震学家已经就非线性场地反应的存在达成了普遍的共识。然而，在针对非线性场地反应的研究中，包括非线性场地反应的阈值、程度及场地非线性恢复过程等方面，仍存在一些问题。

在早期的非线性场地研究中，研究者根据大地震中主震和余震场地反应的对比结果，推测得到非线性场地反应的水平峰值加速度阈值为 $100\sim200\mathrm{cm/s}^2$，对应的土体应变为 $10^{-5}\sim10^{-4}$[15,16]。然而，非线性场地反应研究不仅在于确定非线性反应的阈值，还需定量研究其随强度变化的程度[14,17]。由于发生显著非线性反应的地震动观测记录相对匮乏，非线性场地反应随强度的变化规律一直是地震工程领域中未解决的难题。除此之外，在遭受高强度地震动后，场地的动力特性会剧烈变化，之后会随着时间的推移逐渐恢复[18-22]。

根据我国《建筑抗震设计规范》(GB 50011—2010)[23]的说明，抗震设计时，结构所承受的地震力实际上是由地震地面运动引起的动态作用，包括地震动加速度、速度和动位移的作用，按照《工程结构设计基本术语标准》(GB/T 50083—2014)[24]的规定，它属于间接作用，不可称为荷载，应称为地震作用。目前，不同国家和地区的现行抗震设计规范多基于地震设计反应谱确定结构受到的地震作用，所以本书以地震设计反应谱(以下简称设计反应谱)为研究对象开展地震作用的研究。

地震作用分为水平地震作用和竖向地震作用。目前我国《建筑抗震设计规范》(GB 50011—2010)[23]主要考虑水平地震动的影响，对竖向地震动影响的考虑多集中于重要建筑，对一般建筑，竖向地震动的影响多被忽略或简化。《建筑抗震设计规范》(GB 50011—2010)[23]规定：抗震烈度为8度或9度的大跨度、长悬臂结构和采用隔震设计的建筑结构以及抗震烈度为9度的高层建筑才需计算竖向地震作用。然而许多震害调查与研究结果显示，不仅是重要建筑，一些一般建筑的破坏也可能归因于竖向地震动的影响，表明竖向地震动也是引起建筑结构破坏的重要因素[25-29]。随着城市的快速发展，许多大跨桥梁和超高层等重要建筑不断兴建，竖向地震动的影响在抗震设计中被越来越多考虑到，此外，对建筑结构抗震性能的要求也逐渐提高，这也对竖向抗震设计提出了更高要求。这些都反映出竖向地震动研究在建筑抗震设计中的重要性[25,30,31]。

场地反应和设计反应谱的研究属于地震学和工程学的交叉领域，涉及地震波传播理论、地震动观测、岩土动力学和结构抗震设计方法等。对于该问题的研究主要集中在两个重要科学问题上：局部场地对地震波的放大作用和结构抗震设计中地震动输入的确定。以下将围绕这两个科学问题，介绍相应的国内外研究现状。

1.2　国内外研究现状

1.2.1　场地反应

地震动是由震源破裂、波在地壳中传播和场地反应三个物理过程组成的复杂系统的产物。Boore[3]将观测的地震动傅里叶谱表示为震源效应(S)、路径效应(P)、场地效应(G)、仪器效应(I)在频域中的乘积，即

$$A(M_0, R, f) = S(M_0, f)P(R, f)G(f)I(f) \tag{1.1}$$

式中，f 为频率；M_0 为地震矩；R 为震源距。

如图 1.1 所示，对于水平成层场地，越靠近地表，土层波阻抗越低，地震波传播方向逐渐向竖直方向偏移[32]，可以将问题抽象为如图 1.2 所示的一维场地反应问题[33-38]，其中 H 为场地厚度，u 为场地水平位移，z 为深度。以最基本的一维单层场地水平方向上的场地反应为例，基于场地反应研究的传递函数理论[39]，该问题可以由控制方程(1.2)描述，求解控制方程可得到目标场地的传递函数即场地反应。对于二维与三维场地反应分析，多使用数值方法(如有限元法)或使用剪切梁法将问题进行降维简化，所以一维场地反应分析理论仍被广泛采用[34,40-42]。特别是基于地震动观测记录的场地反应研究[43,44]，由于实际场地可用一维水平成层结构进行抽象处理，后面将基于一维场地反应分析理论开展场地反应研究。

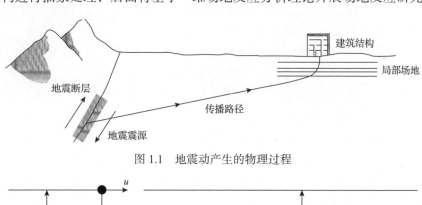

图 1.1　地震动产生的物理过程

图 1.2　一维场地反应地震波传播示意图

$$\rho \frac{\partial^2 u(z)}{\partial t^2} = G \frac{\partial^2 u(z)}{\partial z^2} + \eta \frac{\partial^3 u(z)}{\partial z^2 \partial t} \tag{1.2}$$

式中，G 为场地剪切模量；η 为场地剪切阻尼；ρ 为场地密度。

谱比法是基于地震动观测记录的针对一维场地反应研究的方法之一，可消除实际地震动观测记录中震源与传播路径的影响。根据是否需要参考场地，谱比法可以分为参考场地法与非参考场地法。根据参考场地的不同，参考场地法可以分为标准谱比法[45]和井上井下谱比(surface-to-borehole spectral ratio, SBSR)法[46]。标准谱比法假设基岩对地震动无放大作用，利用地表与附近露头基岩场地处的傅里叶谱比估计场地反应。该方法仅需地表记录且物理含义明确，但是实际情况下研究场地附近往往没有符合要求的露头基岩。SBSR 法以同一场地的钻孔底部基岩作为参考场地，可以解决露头基岩场地难以寻找的限制，但由于地表和土层交界面处会产生下行反射波场，并与上行波场发生相消干涉，导致结果出现虚假的共振波峰。此外，通过联立求解类似于式(1.2)形式的方程组，Andrews[47]提出了广义线性反演法，该方法可以同时从地震动观测记录中提取出震源效应、路径效应和局部场地效应。非参考场地法应用最广泛的是 Nakamura[48]提出的水平竖向谱比(horizontal-to-vertical spectral ratio, HVSR)法。该方法可以通过地表地震动观测记录的水平分量与竖向分量的傅里叶幅值谱比估计场地反应，操作简单，被广泛应用[49-55]。HVSR 法估计的场地基本周期与参考场地法基本一致，但是会明显低估场地放大作用[49]，这是由于场地对竖向地震动也存在一定的放大作用[56]。此外，还有一些方法在基于地震动观测记录的场地反应研究中得到了广泛使用，如地震干涉测量法[32,57,58]、P 波震动图法[59]。

基于地震动观测记录的场地反应研究可分为线性场地反应与非线性场地反应。对于线性场地反应，土体动力参数基本可认为与地震动强度无关而仅取决于场地自身性质，研究对象主要集中于场地固有频率、卓越频率与各自对应的放大作用等。其中，场地各阶振型对应的频率称为场地固有频率，一阶振型对应的最小固有频率称为场地的基本频率，最大的场地放大作用对应的频率称为场地的卓越频率。

基于场地反应研究的传递函数理论，场地的固有频率仅与剪切波速结构有关，Dobry 等[60]提出用四倍剪切波传播时间估计场地基本周期。对于理想单层场地模型，场地各阶固有频率与基本频率之比随阶数呈线性关系[39]，同时由于阻尼的存在，各阶固有频率对应的场地放大作用通常随固有频率阶数的提高而降低。王海云[46]基于金银岛竖向岩土台阵的弱地震动加速度时程记录，使用考虑上行地震波场与下行反射波场的相消干涉作用的 SBSR 法研究了场地放大作用的相关规律，主要结论有：①场地放大作用按照振型阶数不同呈现不同规律，同一振型对应的规律基本相似；②水平地震动对应的场地固有频率(以下简称水平固有频率)随方向变化不明显，各阶水平固有频率与基本频率之间的比值低于对应理论值；③水平地震动对应的场地卓越频率(以下简称水平卓越频率)与地震动类型有关，同一场地不同地震动对应的水平卓越频率可能差异较大，表明水平卓越频率难以客观代表场地固有性质。与之相比，水平地震动对应的场地基本周期(以下简称水平基本周期)能更客观地表征场地固有性质[61-64]。

　　一些基于试验[65-68]和地震动观测记录[69-73]的研究结果表明，场地在强震作用下会进入明显的非线性阶段，此时场地的土动力参数呈现出应变相关性。因此，有必要研究场地处于非线性阶段时各动力学参数与应变的关系，其中最重要的是场地剪切模量衰减曲线与阻尼比增长曲线，如图 1.3 所示。其中 G_0 为场地剪切模量的初始值，即场地在线性阶段或小应变条件下的对应性质[40,71,74,75]。研究者基于此开展了非线性场地反应的研究，研究方法主要包括室内试验[43,71,76]、地震动观测[18,40,41]和数值模拟[74,75]。

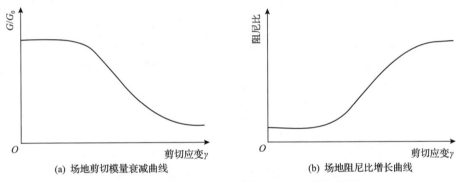

(a) 场地剪切模量衰减曲线　　　　　　　(b) 场地阻尼比增长曲线

图 1.3　场地剪切模量衰减曲线与阻尼比增长曲线

　　非线性场地反应研究需要确定场地的非线性阈值。Vucetic[68]基于室内试验估计了不同土体的剪切模量衰减曲线，并提出了两种剪切应变阈值：应变线性阈值和应变体积阈值。当土体应变小于应变线性阈值时，可以认为土体处于线弹性阶段，此时为线性场地反应；当土体应变在应变线性阈值与应变体积阈值之间时，土体表现出一定的非线性但仍然保持弹性；当土体应变大于应变体积阈值时，土体的剪切模量随应变快速衰减，表现出显著的非线性与非弹性。土体应变线性阈值的量级约为 10^{-6}，应变体积阈值的量级约为 10^{-4} [67,68]。

　　由于地表水平峰值加速度(peak horizontal acceleration, PHA)的概念在理论研究与工程中的应用十分广泛，场地线性阈值对应的 PHA(以下简称 PHA 线性阈值)同样被广泛应用，但由于研究数据与方法的不同，不同研究者关于场地 PHA 线性阈值的研究结果的离散性较大。谱比法通过估计并对比大地震序列中主震与余震的场地反应，基于基本频率或卓越频率的偏移程度确定场地 PHA 线性阈值，Chin 等[15]和 Beresnev 等[16]基于此方法确定出场地 PHA 线性阈值的分布范围为 100～

200cm/s^2。然而，部分研究的结果明显小于这个范围，例如，Wu 等[77]基于日本基岩强震观测台网(Kiban-Kyoshin strong motion observation network, KiK-net)中六个台站的地震动观测记录，通过 SBSR 法识别出场地固有频率的变化，得出场地 PHA 线性阈值的分布范围为 $20\sim80\text{cm/s}^2$；Rubinstein[78]基于美国地震动观测记录，以场地固有频率的偏移程度为指标提出当地震动 PHA 达到 35cm/s^2 时就有场地进入非线性阶段。这些研究表明，场地可能在中等强度地震甚至是弱震的情况下进入非线性阶段。除对场地线性阈值的评估外，场地非线性程度随地震动强度变化的定量研究同样非常重要[14,17]。

许多研究结果均表明，场地在遭受强震作用时，土体刚度会发生剧烈变化[18-21,79]。然而，对于在此之后土动力参数的恢复时间，不同研究的结论差距非常大，包括几十秒[19]、数分钟到数十分钟[18]、一天到数天[21]、数年到数十年[20]。Wu 等[5]基于日本 KiK-net 强震观测记录提出，场地在强震作用下，放大作用的下降幅度最高可达 60%，卓越频率的下降幅度最高可达 70%，并提出场地非线性程度的恢复过程可分成两个阶段：持续数秒到数天的短期快速恢复过程(第一阶段)和持续数天到数年或更长的长期缓慢恢复过程(第二阶段)。

除此之外，基于慢动力学理论、室内试验和原位地震动观测，部分研究结果表明，大震后场地剪切波速或基本频率的恢复过程总体上可以用对数线性恢复模型描述[19,69,80]。Shokouhi 等[81]通过剪切波声弹试验，指出这种对数线性恢复过程与岩石类型、围压条件和含水量等因素无关。

与水平地震场地反应相比(以下简称水平场地反应)，竖向地震场地反应(以下简称竖向场地反应)的相关研究较少。针对一维场地反应理论，竖向场地反应与水平场地反应的区别在于将式(1.2)所示控制方程中的剪切模量与剪切阻尼替换成压缩模量与压缩阻尼[31]。水平场地反应研究使用的大部分方法可通过相应的参数替换应用到竖向场地反应研究中。然而，Beresnev 等[82]指出竖向地震动并不完全由压缩波(又称纵波或 P 波)主导，在 10Hz 以内的低频段占主导地位的是斜入射的剪切波(又称横波或 S 波)。因此，在实际的竖向场地反应研究中，需要对地震动观测记录进行滤波等处理。

部分研究表明，地下水位与饱和度会对竖向场地反应有显著影响[83-85]。由于水不具备抗剪能力，地下水对场地水平方向的动力特性影响有限。然而，水的压缩模量与土体相比要大得多[31]，所以地下水对竖向场地反应的影响不可忽视。Kamai 等[86]基于美国 NGA-West2 地震动数据库与地下水数据库研究了竖向场地反应与场地 P 波和 S 波传播性质的关系，指出地表以下 30m 等效剪切波速(用 V_{s30} 表示)对竖向场地反应在全周期范围内的性质均有显著影响，而地下水的影响主要集中于小于 0.3s 的周期范围内。

Yang 等[85]基于 1995 年神户地震动观测记录研究了场地的 P 波波速与泊松比

和场地饱和度的关系，指出场地的竖向动力特性对场地饱和度十分敏感。Han 等[36]基于日本 KiK-net 地震动观测记录，通过三维动态渗流-应力耦合有限元分析了 2000 年日本西鸟取县矩震级 7.4 级地震作用下场地的水平与竖向场地反应，强调了数值分析中使用合理的阻尼比增长曲线的重要性。Liu 等[38]基于一维场地反应分析理论，将水平场地反应中传递函数的场地水平动力参数替换为对应的竖向动力参数，得到竖向场地反应的理论解并进行了分析，但是没有考虑地下水的影响。Tsai 等[31]基于一维场地反应理论提出了一种通过场地剪切模量衰减曲线间接估计场地压缩模量衰减曲线的方法，该方法考虑了地下水对竖向非线性场地反应的影响，但没有直接使用竖向地震动观测记录且没有考虑场地泊松比的非线性性质。

试验方面，Johnson 等[43]基于共振柱试验模拟了断层泥的竖向非线性场地反应，指出当正应变在 $10^{-7}\sim7\times10^{-6}$ 变化时，试样的压缩模量衰减百分比最大可达到 5%。陈树峰等[76]在通过共振柱试验研究小应变条件下粉质黏土泊松比的非线性特征时发现，水平场地反应对应的场地线性阈值(以下简称水平线性阈值)在应变结果上约是竖向场地反应对应的场地线性阈值(以下简称竖向线性阈值)的 2 倍。这表明场地的竖向非线性反应滞后于水平非线性反应，两者的不同步表现为场地泊松比的非线性行为。

1.2.2 场地分类方法

不同国家和地区的现行抗震设计规范都采用基于场地分类区分不同场地条件下的设计地震动的方法。常用的场地分类方法主要包括基于地质和地貌的方法、基于地震动观测记录的方法和基于钻孔剖面测试数据的方法。基于地质和地貌的方法能够利用测绘数据快速划分出大片区域内的场地类别，通常被用于震害的快速评估。基于地震动观测记录的方法通常采用水平地震动加速度反应谱与竖向地震动加速度反应谱在频域上的比值划分场地类别，这种方法已经在缺乏钻孔测试数据的区域得到广泛运用[87,88]。

基于钻孔剖面测试数据的方法以场地的剪切波速剖面测试数据为主，还包括贯击次数、不排水剪切强度与土的塑性指标、含水量等辅助参数，但不同国家和地区使用的钻孔测试数据略有不同。我国《建筑抗震设计规范》（GB 50011—2010)[23]采用地表以下计算深度内的等效剪切波速和土层覆盖层厚度两项参数作为场地的分类指标，美国国家地震减灾计划[89](National Earthquake Hazards Reduction Program, NEHRP) 和欧洲 Eurocode 8[90]均采用 V_{s30} 作为场地的分类指标。具体来讲，我国《建筑抗震设计规范》（GB 50011—2010)[23]中根据地表以下计算深度内的等效剪切波速和土层覆盖层厚度将场地划分为四类，其中 I 类细分为两个亚类，如表 1.1 所示。美国 NEHRP[89]根据 V_{s30} 将场地主要分为五类(不包括 F 类)，如表 1.2 所示。欧洲 Eurocode 8[90]根据 V_{s30} 将场地主要分为四类(不包括 E、S1、S2 类)，如表 1.3

所示。如无具体说明，本书后面提到的中国规范、美国规范和欧洲规范均分别指我国《建筑抗震设计规范》(GB 50011—2010)[23]、美国 NEHRP[89]和欧洲 Eurocode 8[90]。

表 1.1 中国规范[23]中的场地分类方法

等效剪切波速 V_{se}/(m/s)	场地类别				
	I_0	I_1	II	III	IV
$V_{se} > 800$	0	—	—	—	—
$800 \geqslant V_{se} > 500$	—	0	—	—	—
$500 \geqslant V_{se} > 250$	—	<5	$\geqslant 5$	—	—
$250 \geqslant V_{se} > 150$	—	<5	3~50	>50	—
$V_{se} \leqslant 150$	—	<3	3~15	15~80	>80

注：V_{se} 为土层计算深度内的等效剪切波速，计算深度取土层覆盖层厚度和20m的较小值；表中的数据为土层覆盖层厚度，单位为 m。

表 1.2 美国规范[89]中的场地分类方法

场地类别	描述	V_{s30}/(m/s)
A	坚硬岩石	$V_{s30} > 1500$
B	岩石	$1500 \geqslant V_{s30} > 760$
C	软岩石或者致密的土	$760 \geqslant V_{s30} > 360$
D	硬土	$360 \geqslant V_{s30} > 180$
E	软土	$V_{s30} \leqslant 180$
F	需要专门评估的场地	—

表 1.3 欧洲规范[90]中的场地分类方法

场地类别	描述	V_{s30}/(m/s)
A	岩石或软岩石	$V_{s30} > 800$
B	致密的砂土、砂砾和非常密实的土	$800 \geqslant V_{s30} > 360$
C	中密的砂土、砂砾和密实的土	$360 \geqslant V_{s30} > 180$
D	松散的土	$V_{s30} \leqslant 180$
E	土层厚度在 5~20m 的 C、D 类场地	—
S1、S2	需要专门评估的场地	—

Zhao 等[62]和 Pitilakis 等[91]指出，与浅层等效剪切波速相比，场地水平基本周期同时考虑了土层整体的刚度和厚度，因此能够更好地表征场地固有特性。

Zhao 等[92]基于场地水平基本周期，将场地划分为四类，并提供了对应的 V_{s30}

范围与美国规范[89]中的场地类别，如表 1.4 所示。表中，$V_{s30}=4H/T_{h1}$，其中 H 设为 30m，T_{h1} 为场地水平基本周期。SCⅠ、SCⅡ、SCⅢ、SCⅣ类场地分别对应基岩、硬土、中硬土与软土场地。

表 1.4 Zhao 等[92]提出的场地分类方法

场地类别	基本周期 T_{h1}/s	V_{s30}/(m/s)	对应美国规范[89]中的场地类别
SCⅠ	$T_{h1}<0.2$	$V_{s30} \geqslant 600$	A+B
SCⅡ	$0.2 \leqslant T_{h1}<0.4$	$300 \leqslant V_{s30}<600$	C
SCⅢ	$0.4 \leqslant T_{h1}<0.6$	$200 \leqslant V_{s30}<300$	D
SCⅣ	$T_{h1} \geqslant 0.6$	$V_{s30}<200$	E

在之前的研究基础上，Zhao 等[93]进一步细化了软土场地的分类标准，将 SCⅣ类场地划分为 SCⅣ$_1$ 和 SCⅣ$_2$ 两个亚类，如表 1.5 所示。其中，SCⅣ$_1$ 类场地对应美国规范[89]中的 E 类场地和欧洲规范[90]中的 D 类场地，SCⅣ$_2$ 类场地对应美国规范[89]中的 F 类场地和欧洲规范[90]中的 S 类场地。

表 1.5 Zhao 等[93]提出的场地分类方法

场地类别	基本周期 T_{h1}/s	V_{s30}/(m/s)	对应美国规范[89]中的场地类别
SCⅠ	$T_{h1}<0.2$	$V_{s30} \geqslant 600$	A+B
SCⅡ	$0.2 \leqslant T_{h1}<0.4$	$300 \leqslant V_{s30}<600$	C
SCⅢ	$0.4 \leqslant T_{h1}<0.6$	$200 \leqslant V_{s30}<300$	D
SCⅣ	$T_{h1} \geqslant 0.6$	$V_{s30}<200$	E+F
SCⅣ$_1$	$0.6 \leqslant T_{h1}<1.0$	$120 \leqslant V_{s30}<200$	E
SCⅣ$_2$	$T_{h1} \geqslant 1.0$	$V_{s30}<120$	F

Luzi 等[64]提出了一套根据场地水平基本频率与 V_{s30} 组合或仅根据水平基本频率的场地分类方法，如表 1.6 所示。该方法根据不同场地类别的水平基本频率和 V_{s30} 的平均值与方差，假定场地水平基本频率和 V_{s30} 满足正态分布，基于概率密度划分场地类别。

表 1.6 Luzi 等[64]提出的场地分类方法

场地类别	V_{s30}/(m/s)		基本频率/Hz	
	平均值	方差	平均值	方差
VF-1	208.24	52.85	0.90	0.40
VF-2	441.40	145.91	1.25	0.63
VF-3	484.40	89.55	3.20	0.77

续表

场地类别	V_{s30}/(m/s)		基本频率/Hz	
	平均值	方差	平均值	方差
VF-4	606.02	104.43	5.85	1.16
F-1	—	—	1.09	0.51
F-2	—	—	3.47	0.81
F-3	—	—	6.3	0.99

　　Pitilakis 等[91]提出了一种将水平基本周期和土层厚度作为主要指标,结合多种岩土工程参数的场地分类方法,如表 1.7 所示。该场地分类方法中将场地分为 A、B、C、D、E、X 六大类,其中 A、B 类场地分别细分为 A1、A2 和 B1、B2 两个亚类,C、D 类场地分别细分为 C1、C2、C3 和 D1、D2、D3 三个亚类。

表 1.7　Pitilakis 等[91]提出的场地分类方法

场地类别	描述及判定条件	基本周期 T_{h1}/s	备注
A1	岩石	—	$V_{ssb}>1500$m/s
A2	微风化的完好岩石(风化层厚度小于 5m)	≤0.2	风化层: $V_{ssb}>200$m/s 岩石: $V_{ssb}>800$m/s
	碎石或者砾岩		$V_{ssb}>800$m/s
B1	高度风化的岩石(风化层厚度为 5~30m)	≤0.5	风化层: $V_{ssb}>300$m/s
	软岩石		400m/s$\leq V_{ssb}<800$m/s, $N_{spt}>50$, $S_u>200$kPa
	致密的砂、砂砾或者硬土(土层厚度小于 30m)		400m/s$\leq V_{ssb}<800$m/s, $N_{spt}>50$, $S_u>200$kPa
B2	致密的砂、砂砾或者硬土(土层厚度: 30~60m)	≤0.8	400m/s$\leq V_{ssb}<800$m/s, $N_{spt}>50$, $S_u>200$kPa
C1	致密的砂、砂砾或者硬土(土层厚度大于 60m)	≤1.5	400m/s$\leq V_{ssb}<800$m/s, $N_{spt}>50$, $S_u>200$kPa
C2	比较密的砂、砂砾或者中硬土(PI>15) (土层厚度: 20~60m)	≤1.5	200m/s$\leq V_{ssb}<450$m/s, $N_{spt}>20$, $S_u>70$kPa
C3	比较密的砂、砂砾或者中硬土(PI>15) (土层厚度大于 60m,且不含软夹层)	≤1.8	200m/s$\leq V_{ssb}<450$m/s, $N_{spt}>20$, $S_u>70$kPa
D1	软土(年代新, PI>40, 高含水率, 低强度) (土层厚度小于 60m)	≤2	$V_{ssb}\leq300$m/s, $N_{spt}<25$, $S_u<70$kPa

续表

场地类别	描述及判定条件	基本周期 T_{h1}/s	备注
D2	松散的砂和砂质粉砂（土层厚度小于 60m）	$\leqslant 2$	$V_{ssb} \leqslant 300m/s$，$N_{spt} < 25$
D3	软土（土层厚度小于 60m）	$\leqslant 3$	$150m/s \leqslant V_{ssb} < 600m/s$
E	表层土（C 类和 D 类）厚度：5～20m	$\leqslant 0.7$	表层土：$V_{ssb} \leqslant 400m/s$
X	有液化可能的粉砂与淤泥场地；受到潜在滑坡、失稳等地质灾害威胁的场地；新近的松软填土；饱含有机质的土以及其他需要专门评估的场地		

注：N_{spt} 为标准贯入试验锤击数；PI 为塑性指数；S_u 为不排水抗剪强度；V_{ssb} 为钻孔等效剪切波速。

1.2.3　水平地震设计反应谱

中国规范[23]、美国规范[89]、欧洲规范[90]中规定的设计反应谱形式可统一由式（1.3）和图 1.4 所示。中国规范[23]规定，除有专门规定外，建筑结构的阻尼比应取 5%。因此，本书提到的反应谱均指 5%阻尼比条件下的加速度反应谱。如图 1.4 所示，设计反应谱由三段组成，包括上升段、平台段（最大值段）和下降段。下降段又可以细分为速度控制段和位移控制段。中国规范[23]、美国规范[89]、欧洲规范[90]中的水平设计反应谱特征参数如表 1.8 所示。

$$S_a = \begin{cases} a_0 + a_0(\beta_{max}-1)\dfrac{T}{T_0}, & \text{上升段：} T < T_0 \\[2mm] \beta_{max}a_0 = S_{a max}, & \text{平台段：} T_0 \leqslant T < T_g \\[2mm] \beta_{max}a_0\left(\dfrac{T_g}{T}\right)^{\gamma_1}, & \text{速度控制段：} T_g \leqslant T < T_d \\[2mm] \beta_{max}a_0\left[\left(\dfrac{T_g}{T_d}\right)^{\gamma} - 0.02(T-T_d)\right], & \text{位移控制段（中国规范）：} T_d \leqslant T < T_e \\[2mm] \beta_{max}a_0\dfrac{T_g T_d}{T^2}, & \text{位移控制段（美国规范和欧洲规范）：} T_d \leqslant T < T_e \end{cases}$$

$$\tag{1.3}$$

式中，a_0 为地震动峰值加速度的表征；$S_{a max}$ 为反应谱平台高度，即反应谱最大值；T_0 为第一拐点周期；T_d 为位移控制段的起始周期；T_e 为位移控制段的截止周期；T_g 第二拐点周期（特征周期）；β_{max} 为动力放大系数或影响系数最大值；γ 为下降速度参数。

对比表 1.8 中中国规范[23]、美国规范[89]、欧洲规范[90]的水平设计反应谱特征参数（以下简称水平特征参数），需要关注以下三个问题：

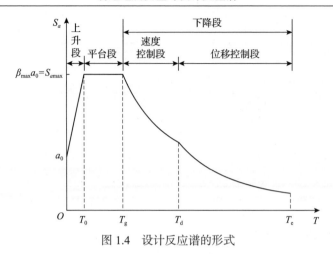

图 1.4　设计反应谱的形式

表 1.8　三种规范中的水平设计反应谱特征参数

规范	场地类别	β_{hmax}	γ_h	T_{h0}/s	T_{hg}/s	T_{hd}/s	T_{he}/s
中国规范[23]	I_0	2.25	0.9	0.1	0.20~0.30	1~1.5	6
	I_1	2.25	0.9	0.1	0.25~0.35	1.25~1.75	6
	II	2.25	0.9	0.1	0.35~0.45	1.75~2.25	6
	III	2.25	0.9	0.1	0.45~0.65	2.25~3.25	6
	IV	2.25	0.9	0.1	0.65~0.90	3.25~4.5	6
美国规范[89]	A	2.5	1	0.08	0.4	4~16	—
	B	2.5	1	0.08	0.4	4~16	—
	C	2.5	1	0.10~0.11	0.52~0.57	4~16	—
	D	2.5	1	0.11~0.12	0.57~0.6	4~16	—
	E	2.5	1	0.11~0.21	0.56~1.07	4~16	—
欧洲规范[90]	A	2.5	1	0.15	0.4	2	4
	B	2.5	1	0.15	0.5	2	4
	C	2.5	1	0.20	0.6	2	4
	D	2.5	1	0.20	0.8	2	4
	E	2.5	1	0.15	0.5	2	4

　　(1)水平动力放大系数或影响系数的最大值。美国规范[89]、欧洲规范[90]中的取值均为 2.5，而中国规范[23]中的取值为 2.25。除此之外,《中国地震动参数区划图》(GB 18306—2015)[7]中规定地震动有效峰值加速度按阻尼比 5%的规准化地震动加速度反应谱平台高度的 1/2.5 倍确定,表明其取值也为 2.5。

　　(2)设计反应谱平台段的宽度,也就是两个水平拐点周期的取值。美国规范[89]

中的第一拐点周期在 0.08~0.21s 内，欧洲规范[90]中的第一拐点周期在 0.15~0.2s 内，中国规范[23]中的第一拐点周期与场地类别无关，取值均为 0.1s；美国规范[89] 中的特征周期在 0.4~1.07s 内，欧洲规范[90]中的特征周期在 0.4~0.8s 内，中国 规范[23]中的特征周期在 0.2~0.9s 内。拐点周期与场地类别密切相关，不同的场 地分类方法会影响其取值。总体来说，场地越软，土层厚度越厚，平台段宽度 越宽。

(3)设计反应谱下降段的形式。理论上，设计反应谱存在两个下降段：速度控 制段和位移控制段。在加速度反应谱中，前者衰减指数为1，后者衰减指数为2。 设计反应谱常被用来预估建筑结构在设计基准期间可能经受的地震作用，通常根 据大量实际地震动观测记录的反应谱进行统计并结合工程经验加以规定。但是为 了保持规范的延续性，中国规范[23]在速度控制段采用 $T^{-0.9}$ 形式衰减，在位移控制 段采用线性衰减。美国规范[89]和欧洲规范[90]均采用理论上的衰减形式。

场地系数是评估反应谱平台高度受场地条件影响程度的重要指标[94-96]。研究 场地系数的方法总体上分为两种：基于场地反应理论的数值方法和基于地震动 观测记录的经验方法。基于地震动观测记录的经验方法是考虑场地条件对地震 动影响的最直接的方法，但需要建立在大量高质量有代表性的地震动观测记录 的基础上。因此，基于场地反应理论的数值方法被广泛运用在缺乏地震动观测 记录的地区。

李小军等[97]利用国内 188 个工程场地剖面模型，采用等效线性化方法研究了 不同场地条件对水平地震动加速度反应谱的影响，给出了中国规范[23]中不同类别 场地在不同地震动强度作用下的地震动水平峰值加速度调整系数，即水平场地系 数，结果如表 1.9 所示。

表 1.9　李小军等[97]建议的水平场地系数

场地类别	不同 I 类场地地震动水平峰值加速度对应的水平场地系数					
	0.05g	0.1g	0.15g	0.2g	0.3g	0.4g
I	1.00	1.00	1.00	1.00	1.00	1.00
II	1.50	1.45	1.40	1.33	1.25	1.18
III	1.10	1.00	0.90	0.80	0.70	0.60
IV	0.80	0.70	0.60	0.55	0.50	0.45

窦立军等[98]利用国内 79 个典型工程场地的剖面模型,按照水平基本周期将场 地分为三类：基本周期小于 0.5s 的薄土层硬场地、基本周期介于 0.5~1s 的中硬 场地、基本周期大于 1s 的深厚软场地。采用等效线性化方法研究了不同场地类别 的水平场地系数，如表 1.10 所示。

表 1.10　窦立军等[98]建议的水平场地系数

场地类别	不同 I 类地地震动水平峰值加速度对应的水平场地系数		
	0.1g	0.2g	0.4g
I	1.0	1.0	1.0
II	1.6	1.36	1.42
III	1.38	0.93	0.67
IV	0.49	0.31	0.18

李平等[99]利用选取和构造的 225 个土层剖面，采用等效线性化方法计算不同场地类别在不同地震动强度作用下的水平设计反应谱平台高度，以 II 类场地为参考场地类别，将不同场地类别的设计反应谱平台高度除以 II 类场地的计算结果得到水平场地系数，如表 1.11 所示。

表 1.11　李平等[99]计算的水平场地系数

场地类别	不同 II 类场地地震动水平峰值加速度对应的水平场地系数						
	0.05g	0.1g	0.15g	0.2g	0.3g	0.4g	0.6g
I	0.90	0.81	0.84	0.85	0.90	0.87	0.95
II	1.00	1.00	1.00	1.00	1.00	1.00	1.00
III	1.30	1.10	1.00	0.95	0.93	0.88	0.86
IV	1.50	1.00	0.74	0.70	0.78	0.67	0.78

赵艳等[100]利用美国西部 812 条水平方向地震动观测记录，依据场地类别、矩震级、震中距将地震动观测记录分组，利用不同分组的平均加速度反应谱，基于有效峰值加速度得到了水平场地系数的计算结果，在计算结果的基础上，建议的水平场地系数如表 1.12 所示。

表 1.12　赵艳等[100]建议的水平场地系数

场地类别	不同 II 类场地地震动水平峰值加速度对应的水平场地系数						
	0.05g	0.1g	0.15g	0.2g	0.25g	0.3g	0.4g
I	0.9	0.9	0.9	0.9	0.9	0.9	0.9
II	1.0	1.0	1.0	1.0	1.0	1.0	1.0
III	2.0	1.3	1.2	1.2	1.0	1.0	2.0
IV	2.2	1.4	1.3	1.3	1.0	0.9	2.2

郭晓云等[101]利用汶川地震 173 个场地的水平方向强震记录，将加速度反应谱规准化得到对应的反应谱平台高度，按照场地类别、震中距将地震动观测记录分组，求取每一组反应谱平台高度的平均值，并计算得到水平场地系数，如表 1.13 所示。

表 1.13　郭晓云等[101]计算的水平场地系数

场地类别	不同Ⅱ类场地地震动水平峰值加速度对应的水平场地系数					
	0.05g	0.1g	0.15g	0.2g	0.3g	0.4g
Ⅰ	0.5	0.64	0.69	0.50	—	0.51
Ⅱ	1.0	1.0	1.0	1.0	1.0	1.0
Ⅲ	1.66	—	1.02	0.98	—	—

崔昊等[102]利用日本 KiK-net 中 1609 组水平方向地表与井下基岩地震动观测记录，使用三种计算有效峰值加速度的方法计算每一组地震动观测记录对应的水平动力放大系数。以Ⅱ类场地为参考场地类别，将不同场地类别的水平动力放大系数除以Ⅱ类场地的水平动力放大系数得到相应的水平场地系数。在此基础上，取不同方法的平均值，并稍作调整，最终建议的水平场地系数如表 1.14 所示。

表 1.14　崔昊等[102]建议的水平场地系数

场地类别	不同Ⅱ类场地井下基岩地震动水平峰值加速度对应的水平场地系数					
	0.05g	0.1g	0.15g	0.2g	0.3g	0.4g
Ⅰ	0.70	0.75	0.80	0.90	0.90	0.90
Ⅱ	1.0	1.0	1.0	1.0	1.0	1.0
Ⅲ	0.90	0.85	0.80	0.70	0.70	0.70

比较表 1.9～表 1.14 可以看出，在场地系数研究中存在以下几个问题：

(1) Ⅱ、Ⅲ类水平场地系数的大小关系。在李小军等[97]、窦立军等[98]与崔昊等[102]的研究结果中，Ⅱ类场地的水平场地系数大于Ⅲ类场地。在赵艳等[100]的研究结果中，Ⅱ类场地的水平场地系数小于Ⅲ类场地。在李平等[99]、郭晓云等[101]的研究结果中，Ⅱ类场地的水平场地系数在 PHA<0.15g 时小于Ⅲ类场地，在 PHA>0.15g 时大于Ⅲ类场地。出现这种情况的原因可能与选取的地震动数据有关。基于地震动观测记录的方法是建立在大量高质量有代表性的地震动观测记录的基础上的，除郭晓云等[101]的研究外，其他国内研究所使用的数据均来自美国或日本。赵艳等[100]所使用的美国西部数据有一部分是相同的，所使用的地震动观测记录数目介于 710～830，其中Ⅱ类场地的地震动观测记录最多，其次是Ⅰ、Ⅲ类场地，几乎没有Ⅳ类场地的地震动观测记录，因此他们的研究中均不涉及Ⅳ类场地。他们所使用的地震动观测记录的震级主要介于 4～7.5 级，震中距主要在 100km 以内。除此之外，崔昊等[102]所使用的数据来自日本 KiK-net。日本 KiK-net 中的地震动观测记录同样是Ⅱ类场地的地震动观测记录最多，其次是Ⅰ、Ⅲ类场地，只有较少的Ⅳ类场地的地震动观测记录。崔昊等[102]等使用的地震动观测记录的震级主要介于 5～8 级，震中距在 100km 以内。与美国西部地震动数据不同的是，日本 KiK-net 的地震动数据以 C 类场地记录为主。

(2) Ⅲ、Ⅳ类水平场地系数的大小关系。由于中国规范[23]中Ⅳ类场地的分布范围较小，Ⅳ类场地上的地震动观测记录相对缺乏，研究者通过外推的方式估计Ⅳ类场地的水平场地系数。在美国规范[89]和欧洲规范[90]中，场地越软，其水平场地系数越高。因此，赵艳等[100]在外推Ⅳ类场地的水平场地系数时采取的做法是在Ⅲ类场地的水平场地系数基础上略做提高。然而在李小军等[97]、窦立军等[98]、李平等[99]基于等效线性化的数值方法得到的估计结果中，Ⅳ类场地的水平场地系数几乎均低于Ⅲ类场地。

(3)参考场地类别的选取。地震动强度越强，越软的场地非线性反应越明显。因此，场地系数随地震动强度的变化规律与选取的参考场地类别有关。假如以Ⅰ类场地为参考场地类别，Ⅱ、Ⅲ、Ⅳ类场地的场地系数一般情况下随地震动强度的增加逐渐减小；假如以Ⅱ类场地为参考场地类别，Ⅰ类场地的场地系数一般随着地震动强度的增加逐渐增加，Ⅲ、Ⅳ类场地的场地系数一般随着地震动强度的增加逐渐减小。由于我国以Ⅱ类场地为主，在《中国地震动参数区划图》(GB 18306—2015)与《建筑抗震设计规范》(GB 50011—2010)中均以Ⅱ类场地为参考场地类别。

1.2.4 竖向地震设计反应谱

规准化地震动加速度反应谱或地震设计反应谱由地表峰值加速度(peak ground acceleration, PGA)与动力放大系数谱共同决定，因此对竖向设计反应谱的研究可分为两类：一类是对地表竖向峰值加速度(peak vertical acceleration, PVA)的研究，另一类是对竖向动力放大系数谱的研究。

对 PVA 的研究分为两部分：①对 PVA/PHA 的研究；②直接针对 PVA 的研究。王国权等[103]基于 1999 年台湾集集地震的地震动观测记录指出，对于近断层地震，PVA/PHA 与场地类别的关系并不明显且在短周期内与断层距呈负相关。周正华等[104,105]基于数十次地震的近场地震动观测记录指出，PVA/PHA 在断层距小于 10km 时会出现大于 2/3 的情况。贾俊峰等[106]认为，PVA/PHA 在断层距小于 40km 时就有可能出现大于 2/3 的情况。李恒等[107]认为，PVA/PHA 服从对数正态分布，并且与场地类别、震中距和震源机制的关系较大，与震级的关系不明显。齐娟等[30]的研究表明，PVA/PHA 与地震动强度呈正相关且大部分情况小于 0.65，总体均值约为 0.5。

直接针对 PVA 的研究相对较少。Ambraseys 等[108,109]在研究中给出了 PVA 的衰减关系并标定了美国因皮里尔河谷地震、北岭地震与一些欧洲地震各自对应的衰减关系参数。Campbell[110]基于矩震级不小于 5 级的地震动观测记录统计出了 PVA 与矩震级的关系。Ambraseys 等[111]基于近断层强震记录研究了 PVA 与地震最大输入能量的关系。

对竖向动力放大系数谱的研究同样分为两部分：①对 PVA/PHA 谱比的研究；②直接针对竖向设计反应谱特征参数的研究。Bozorgnia 等[112,113]的研究结果表明，PVA/PHA 谱比与结构自振周期有关，并且受到场地类别和地震动特征影响，软土场地上的短周期 PVA/PHA 谱比和基岩硬场地上的长周期 PVA/PHA 谱比均可能大于 2/3。周正华等[104,105]基于 1999 年台湾集集地震的地震动观测记录的研究中得到和 Bozorgnia 等[112]类似的结论。罗开海等[114]通过整理之前的相关研究结果，指出近场地震的 PVA/PHA 谱比在短周期段大于 2/3，且竖向特征周期小于对应的水平特征周期。李恒等[107]研究了震级和震中距对 PVA/PHA 谱比的影响，得到以下结论：①PVA/PHA 谱比长周期段与震级呈正相关；②PVA/PHA 谱比短周期段以及大震记录的 PVA/PHA 谱比长周期段与震中距呈正相关；③近场中强震记录的 PVA/PHA 谱比与震中距呈正相关，远场则相反。贾俊峰等[115]的研究结果表明，震源断层类型会对 PVA/PHA 谱比产生影响，近断层区域的结构抗震设计中应考虑竖向地震动的影响。高杰等[116]研究了结构阻尼比对 PVA/PHA 谱比的影响，并指出随着阻尼比的增加，PVA/PHA 谱比整体上逐渐减小。韩建平等[117]基于汶川地震观测记录进行研究，指出竖向反应谱与水平反应谱的谱型并不一致，无论是特征周期还是衰减特性都有一定区别。

直接针对竖向设计反应谱特征参数的研究较少。Elnashai 等[108]指出，远场地震的竖向加速度反应谱比水平加速度反应谱具有更多的低频成分。周正华等[109]的研究结果表明，竖向反应谱特征周期与场地类别的关系与水平反应谱类似，且竖向设计反应谱在衰减速度上要略慢于水平反应谱。Kim 等[120]的研究结果表明，远场地震动的竖向反应谱比水平反应谱包含更宽的频率成分。罗开海等[114]、齐娟等[30]的研究结果表明，竖向设计反应谱特征周期要小于水平设计反应谱且与场地类别关系不大。赵培培等[121]基于川滇甘陕地区的强震记录对竖向特征参数进行了直接标定分析，指出竖向设计反应谱的第一拐点周期和衰减指数基本不受各因素影响，且其平台值和特征周期均随场地类别的提高与震级的增大而增大。Xiang 等[44]基于地震动观测记录建立了适应于日本的区域性竖向地震动加速度反应谱的阻尼比修正模型。

综上所述，已有的竖向设计反应谱研究多集中于对 PVA/PHA 谱比的研究，直接针对竖向设计反应谱特征参数的研究较少且部分研究结论之间存在差异，如竖向设计反应谱的特征周期和场地类别之间是否存在关系。

1.2.5　设计反应谱标定方法

基于地震动观测记录估计(地震)设计反应谱特征参数的过程称为设计反应谱标定。设计反应谱标定首先需要对地震动观测记录的地震动加速度反应谱进行规准化，将其转化为具有统一形式的规准化反应谱[122]，每一个规准化反应谱均可用一组对应的特征参数描述，设计反应谱在不同分组中的特征参数即为对应条件下地震动观测记录的规准化反应谱特征参数的统计值。

　　设计反应谱标定方法依据确定特征参数是否需要拟合可以分为两类，第一类方法是非拟合方法。Newmark 等[123]提出用地表峰值加速度、地表峰值速度(peak ground velocity, PGV)和地表峰值位移(peak ground displacement, PGD)标定设计反应谱的方法，被称为 Newmark 三参数法。该方法的物理意义明确，是设计反应谱标定方法的基础，但是该方法没有针对拐点周期给出确定方法。廖振鹏等[124]针对我国建筑物自振周期大部分小于 3s 的实际情况，提出了基于 PGA 和 PGV 标定设计反应谱的方法，被称为两参数法，与 Newmark 三参数法相比，该方法减少了对 PGD 的需求。美国州公路与运输工作者协会[125]给出了三点加速度设计反应谱确定方法。该方法基于三条假设：①所有设计反应谱的特征周期不超过 1s；②标定的设计反应谱平台高度仅代表某一类场地某一类地震动的平均估计；③下降段为一段下降且下降速率为 T^{-1}。该方法只需要地震动观测记录的 PGA 以及周期 0.2s 与 1s 处的地震动加速度反应谱值即可估计出对应的规准化反应谱。该方法使用简单，但是由于假设了设计反应谱的特征周期不超过 1s，可能会产生较大误差，特别是对于一些软土场地[126]。美国南卡罗来纳州交通运输部门[127]建议的多点加速度设计反应谱确定方法能处理三点加速度设计反应谱确定方法不适合的情况，但该方法需要更多的参数。以上这些方法只截取了实际地震动或地震动加速度反应谱的部分信息且多基于某些假设，所以实际情况下标定的设计反应谱与地震动加速度反应谱经常会存在一定偏差[128]。

　　第二类方法是直接拟合方法。郭晓云等[129]提出了最小二乘分段拟合标定方法，该方法将第一拐点周期固定为 0.1s，然后通过坐标变换与分段拟合，将设计反应谱标定方法中的非线性拟合问题转化为线性拟合问题。但该方法忽略了地震动加速度反应谱中 0.1s 之前的信息，对拟合结果特别是平台高度也会产生一些影响。谭启迪[130]利用模拟退火(simulated annealing, SA)算法进行设计反应谱的标定，并与多种反应谱标定方法进行了对比，结果表明该方法能得到全局最优拟合结果，因此在整体谱型控制上更具优势。赵培培等[122]提出了采用差分进化(differential evolution, DE)算法标定设计反应谱的方法，并与之前应用较广泛的三种方法(Newmark 三参数法、两参数法和最小二乘分段拟合标定方法)进行了对比，结果表明该方法精度更高，标定结果更符合实际。此外，还有一些基于其他理论的设计反应谱标定方法，如基于遗传算法的标定方法[131]和基于小生境遗传算法的标定方法[132]，这些方法原理复杂、操作烦琐且收敛过程依赖初值和设计谱形式，导致其使用受到限制。

　　综上所述，直接拟合方法能利用更多的地震动信息，其拟合精度和稳定性一般高于非拟合方法。其中，基于差分进化算法和模拟退火算法的两种标定方法在结果精度、稳定性和计算效率上整体上优于其他方法。

参 考 文 献

[1] Sallarès V, Ranero C R. Upper-plate rigidity determines depth-varying rupture behaviour of megathrust earthquakes[J]. Nature, 2019, 576: 96-101.

[2] Zheng J W, Fang R X, Li M, et al. Line-source model based rapid inversion for deriving large earthquake rupture characteristics using high-rate GNSS observations[J]. Geophysical Research Letters, 2022, 49(5): 1-10.

[3] Boore D M. Simulation of ground motion using the stochastic method[J]. Pure and Applied Geophysics, 2003, 160(3): 635-676.

[4] Brooks C, Douglas J, Shipton Z. Improving earthquake ground-motion predictions for the North Sea[J]. Journal of Seismology, 2020, 24(2): 343-362.

[5] Wu C Q, Peng Z G. Temporal changes of site response during the 2011 M_w 9.0 off the Pacific coast of Tohoku Earthquake[J]. Earth Planets and Space, 2011, 63(7): 791-795.

[6] Astroza R, Pastén C, Ochoa-Cornejo F. Site response analysis using one-dimensional equivalent-linear method and Bayesian filtering[J]. Computers and Geotechnics, 2017, 89: 43-54.

[7] 中华人民共和国国家质量监督检验检疫总局, 中国国家标准化管理委员会. 中国地震动参数区划图(GB 18306—2015)[S]. 北京: 中国标准出版社, 2015.

[8] Gallardo J A, de la Llera J C, Santa María H, et al. Damage and sensitivity analysis of a reinforced concrete wall building during the 2010, Chile earthquake[J]. Engineering Structures, 2021, 240: 112093.

[9] Borcherdt R D, Glassmoyer G. On the characteristics of local geology and their influence on ground motions generated by the Loma Prieta earthquake in the San Franciso Bay region, California[J]. Bulletin of the Seismological Society of America, 1992, 82(2): 603-641.

[10] Wang H Y, Xie L L, Wang S Y, et al. Site response in the Qionghai Basin in the Wenchuan earthquake[J]. Earthquake Engineering and Engineering Vibration, 2013, 12(2): 195-199.

[11] Barchi M R, Carboni F, Michele M, et al. The influence of subsurface geology on the distribution of earthquakes during the 2016-2017 Central Italy seismic sequence[J]. Tectonophysics, 2021, 807(9): 228797.

[12] Murphy J R, Davis A H, Weaver N L. Amplification of seismic body waves by low-velocity surface layers[J]. Bulletin of the Seismological Society of America, 1971, 61(1): 109-145.

[13] Shearer P M, Orcutt J A. Surface and near-surface effects on seismic waves—Theory and borehole seismometer results[J]. Bulletin of the Seismological Society of America, 1987, 77(4): 1168-1196.

[14] 王海云. 基于强震观测数据的土层场地反应的研究现状[J]. 地震工程与工程振动, 2014, 1(4): 42-47.

[15] Chin B H, Aki K. Simultaneous study of the source, path, and site effects on strong ground motion during the 1989 Loma Prieta earthquake: A preliminary result on pervasive nonlinear site effects[J]. Bulletin of the Seismological Society of America, 1991, 81(5): 1859-1884.

[16] Beresnev I A, Wen K L. Nonlinear soil response—A reality?[J]. Bulletin of the Seismological Society of America, 1996, 86(6): 1964-1978.

[17] Wang H Y, Jiang W P, Wang S Y, et al. In situ assessment of soil dynamic parameters for characterizing nonlinear seismic site response using KiK-net vertical array data[J]. Bulletin of Earthquake Engineering, 2019, 17(5): 2331-2360.

[18] Pavlenko O, Irikura K. Nonlinearity in the response of soils in the 1995 Kobe earthquake in vertical components of records[J]. Soil Dynamics and Earthquake Engineering, 2002, 22(9): 967-975.

[19] Sawazaki K, Sato H, Nakahara H, et al. Temporal change in site response caused by earthquake strong motion as revealed from coda spectral ratio measurement[J]. Geophysical Research Letters, 2006, 33(21): 1-4.

[20] Sawazaki K, Sato H, Nakahara H, et al. Time-lapse changes of seismic velocity in the shallow ground caused by strong ground motion shock of the 2000 Western-Tottori earthquake, Japan, as revealed from coda deconvolution analysis[J]. Bulletin of the Seismological Society of America, 2009, 99(1): 352-366.

[21] Wu C Q, Peng Z G, Assimaki D. Temporal changes in site response associated with the strong ground motion of the 2004 M_w 6.6 Mid-Niigata earthquake sequences in Japan[J]. Bulletin of the Seismological Society of America, 2009, 99(6): 3487-3495.

[22] Sawazaki K, Snieder R. Time-lapse changes of P- and S-wave velocities and shear wave splitting in the first year after the 2011 Tohoku earthquake, Japan: shallow subsurface[J]. Geophysical Journal International, 2013, 193(1): 238-251.

[23] 中华人民共和国住房和城乡建设部, 中华人民共和国国家质量监督检验检疫总局. 建筑抗震设计规范(GB 50011—2010)[S]. 北京: 中国建筑工业出版社, 2010.

[24] 中华人民共和国住房和城乡建设部, 中华人民共和国国家质量监督检验检疫总局. 工程结构设计基本术语标准(GB/T 50083—2014)[S]. 北京: 中国建筑工业出版社, 2014.

[25] 钱培风. 竖向地震力[J]. 地震工程与工程振动, 1983, 3(2): 44-54.

[26] Papazoglou A J, Elnashai A S. Analytical and field evidence of the damaging effect of vertical earthquake ground motion[J]. Earthquake Engineering and Structural Dynamics, 1996, 25(10): 1109-1137.

[27] 高跃春, 林淋. 房屋抗震设计的竖向地震动反应谱研究[J]. 黑龙江工程学院学报(自然科学版), 2006, 20(3): 23-25.

[28] Gülerce Z, Abrahamson N A. Vector-valued probabilistic seismic hazard assessment for the effects of vertical ground motions on the seismic response of highway bridges[J]. Earthquake Spectra, 2010, 26(4): 999-1016.

[29] Yuan R M, Tang C L, Deng Q H. Effect of the acceleration component normal to the sliding surface on earthquake-induced landslide triggering[J]. Landslides, 2014, 12(2): 335-344.

[30] 齐娟, 罗开海, 杨小卫. 竖向地震动特性的统计分析[J]. 地震工程与工程振动, 2014, (S1): 253-260.

[31] Tsai C C, Liu H W. Site response analysis of vertical ground motion in consideration of soil nonlinearity[J]. Soil Dynamics and Earthquake Engineering, 2017, 102: 124-136.

[32] Nakata N, Snieder R. Estimating near-surface shear wave velocities in Japan by applying seismic interferometry to KiK-net data[J]. Journal of Geophysical Research Solid Earth, 2012, 117(1): 1-13.

[33] Sarma S K. Analytical solution to the seismic response of visco-elastic soil layers[J]. Geotechnique, 1994, 44(2): 265-275.

[34] Zhao J X. Modal analysis of soft-soil sites including radiation damping[J]. Earthquake Engineering and Structural Dynamics, 1997, 26(1): 93-113.

[35] Park D, Hashash Y M A. Soil damping formulation in nonlinear time domain site response analysis[J]. Journal of Earthquake Engineering, 2004, 8(2): 249-274.

[36] Han B, Zdravkovic L, Kontoe S. Numerical and analytical investigation of compressional wave propagation in saturated soils[J]. Computers and Geotechnics, 2016, 75: 93-102.

[37] Han B, Zdravkovic L, Kontoe S, et al. Numerical investigation of multi-directional site response based on KiK-net downhole array monitoring data[J]. Computers and Geotechnics, 2017, 89: 55-70.

[38] Liu J W, Zhang X, Cao Z W, et al. Analytical solution for vertical site response analysis and its validation[J]. Earthquake Engineering and Engineering Vibration, 2019, 18(1): 53-60.

[39] Kramer S L. Geotechnical Earthquake Engineering[M]. Upper Saddle River: Prentice Hall, 1996.

[40] Chandra J, Guéguen P, Steidl J H, et al. In situ assessment of the G-γ curve for characterizing the nonlinear response of soil: Application to the Garner Valley downhole array and the wildlife liquefaction array[J]. Bulletin of the Seismological Society of America, 2015, 105(2A): 993-1010.

[41] Guéguen P. Predicting nonlinear site response using spectral acceleration vs PGA/V_{s30}: A case history using the Volvi-test site[J]. Pure and Applied Geophysics, 2016, 173(6): 2047-2063.

[42] Wang S Y, Zhang H, He H J, et al. Near-surface softening and healing in eastern Honshu associated with the 2011 magnitude-9 Tohoku-Oki Earthquake[J]. Nature Communications, 2021, 12(1): 1-10.

[43] Johnson P A, Jia X P. Nonlinear dynamics, granular media and dynamic earthquake triggering[J]. Nature, 2005, 437(7060): 871-874.

[44] Xiang Y, Huang Q L. Damping modification factor for the vertical seismic response spectrum: A

study based on Japanese earthquake records[J]. Engineering Structures, 2019, 179: 493-511.

[45] Borcherdt R D. Effects of local geology on ground motion near San Francisco Bay[J]. Bulletin of the Seismological Society of America, 1970, 60(1): 29-61.

[46] 王海云. 土层场地的放大作用随深度的变化规律研究——以金银岛岩土台阵为例[J]. 地球物理学报, 2014, 57(5): 1498-1509.

[47] Andrews D J. Objective determination of source parameters and similarity of earthquakes of different size[J]. Geophysical Monograph Series, 1986, 37: 259-267.

[48] Nakamura Y A. Method for dynamic characteristics estimation of subsurface using microtremor on the ground surface[R]. Japan: Railway Technical Research Institute, 1989.

[49] Bonilla L F, Steil J H, Lindley G T, et al. Site amplification in the San Fernando Valley California: Variability of site-effect estimation using the S-wave coda and H/V methods[J]. Bulletin of the Seismological Society of America, 1997, 87(3): 710-730.

[50] 冀昆, 温瑞智, 任叶飞, 等. 基于芦山余震强震动记录的场地特征分析[J]. 地震工程与工程振动, 2014, 34(5): 35-42.

[51] 何金刚, 李文倩, 陶正如. 基于 H/V 谱比法的乌恰地区场地分类研究[J]. 内陆地震, 2019, 33(1): 25-32.

[52] Seylabi E, Stuart A M, Asimaki D. Site characterization at downhole arrays by joint inversion of dispersion data and acceleration time series[J]. Bulletin of the Seismological Society of America, 2020, 110(3): 1323-1337.

[53] Guo Z, Aydin A, Huang Y, et al. Polarization characteristics of Rayleigh waves to improve seismic site effects analysis by HVSR method[J]. Engineering Geology, 2021, 292: 1-12.

[54] Rigo A, Sokos E, Lefils V, et al. Seasonal variations in amplitudes and resonance frequencies of the HVSR amplification peaks linked to groundwater[J]. Geophysical Journal International, 2021, 226(1): 1-13.

[55] Verret D, Leboeuf D. Dynamic characteristics assessment of the Denis-Perron dam (SM-3) based on ambient noise measurements[J]. Earthquake Engineering and Structural Dynamics, 2022, 51(3): 569-587.

[56] Chavez-Garcia F, Dominguez T, Rodriguez M, et al. Site effects in a Volcanic environment: A comparison between HVSR and array techniques at Colima, Mexico[J]. Bulletin of the Seismological Society of America, 2007, 97(2): 591-604.

[57] Shi Y, Wang S Y, Cheng K, et al. In situ characterization of nonlinear soil behavior of vertical ground motion using KiK-net data[J]. Bulletin of Earthquake Engineering, 2020, 18: 4605-4627.

[58] Marc O, Sens-Schnfelder C, Illien L, et al. Toward using seismic interferometry to quantify landscape mechanical variations after earthquakes[J]. Bulletin of the Seismological Society of America, 2021, 111(3): 1631-1649.

[59] Kim B, Hashash Y M A, Rathje E M, et al. Subsurface shear-wave velocity characterization

using P-wave seismograms in Central, and Eastern North America[J]. Earthquake Spectra, 2016, 32(1): 143-169.

[60] Dobry R, Oweis I, Urzua A. Simplified procedures for estimating the fundamental period of a soil profile[J]. Bulletin of the Seismological Society of America, 1976, 66(4): 1293-1321.

[61] Zhao J X. An empirical site-classification method for strong-motion stations in Japan using H/V response spectral ratio[J]. Bulletin of the Seismological Society of America, 2006, 96(3): 914-925.

[62] Zhao J X, Zhang J, Asano A, et al. Attenuation relations of strong ground motion in Japan using site classification based on predominant period[J]. Bulletin of the Seismological Society of America, 2006, 96(3): 898-913.

[63] Castellaro S, Mulargia F, Rossi P L. V_{s30}: Proxy for seismic amplification?[J]. Seismological Research Letters, 2008, 79(4): 540-543.

[64] Luzi L, Puglia R, Pacor F, et al. Proposal for a soil classification based on parameters alternative or complementary to V_{s30}[J]. Bulletin of Earthquake Engineering, 2011, 9(6): 1877-1898.

[65] Hardin B O, Black W L. Closure to vibration modulus of normally consolidated clays[J]. Journal of the Soil Mechanics and Foundation Division, 1969, 94(2): 1531-1537.

[66] Hardin B O, Drnevich V P. Shear modulus and damping in soils: Measurement and parameter effects[J]. Journal of the Soil Mechanics and Foundations Division, 1972, 98(SM6): 603-624.

[67] Vucetic M, Dobry R. Effect of soil plasticity on cyclic response[J]. Journal of Geotechnical Engineering, 1991, 117(1): 89-107.

[68] Vucetic M. Cyclic threshold shear strains in soils[J]. Journal of Geotechnical Engineering, 1994, 120(12): 2208-2228.

[69] Wu C Q, Peng Z G. Long-term change of site response after the M_w 9.0 Tohoku earthquake in Japan[J]. Earth Planets and Space, 2012, 64(12): 1259-1266.

[70] Riepl J, Rietbrock A, Scherbaum F. Site response modelling by non-linear waveform inversion[J]. Geophysical Research Letters, 2013, 22(3): 199-202.

[71] Chandra J, Guéguen P, Bonilla L F. PGA-PGV/V_s considered as a stress-strain proxy for predicting nonlinear soil response[J]. Soil Dynamics and Earthquake Engineering, 2016, 85: 146-160.

[72] Régnier J, Cadet H, Bard P. Empirical quantification of the impact of nonlinear soil behavior on site response[J]. Bulletin of the Seismological Society of America, 2016, 106(4): 1710-1719.

[73] Thornley J D, Dutta U, Douglas J, et al. Nonlinear site effects from the 30 November 2018 Anchorage, Alaska, earthquake[J]. Bulletin of the Seismological Society of America, 2021, 111(4): 2112-2120.

[74] Griffiths S C, Cox B R, Rathje E M. Challenges associated with site response analyses for soft soils subjected to high-intensity input ground motions[J]. Soil Dynamics and Earthquake

Engineering, 2016, 85: 1-10.

[75] Ruan B, Zhao K, Wang S Y, et al. Numerical modeling of seismic site effects in a shallow estuarine bay (Suai Bay, Shantou, China)[J]. Engineering Geology, 2019, 260(3): 105233-105245.

[76] 陈树峰, 孔令伟, 黎澄生. 低幅应变条件下粉质黏土泊松比的非线性特征[J]. 岩土力学, 2018, 39(2): 580-588.

[77] Wu C Q, Peng Z G, Ben-zion Y. Refined thresholds for non-linear ground motion and temporal changes of site response associated with medium-size earthquakes[J]. Geophysical Journal International, 2010, 182(3): 1567-1576.

[78] Rubinstein J L. Nonlinear site response in medium magnitude earthquakes near Parkfield, California[J]. Bulletin of the Seismological Society of America, 2011, 101(1): 275-286.

[79] Miao Y, Zhang H, He H J, et al. In-situ properties of poisson's ratio based on KiK-net seismic observations[J]. Engineering Geology, 2022, 296: 1-14.

[80] Ostrovsky L, Lebedev A, Riviere J, et al. Long-time relaxation induced by dynamic forcing in geomaterials[J]. Journal of Geophysical Research: Solid Earth, 2019, 124(5): 5003-5013.

[81] Shokouhi P, Rivière J, Guyer R A, et al. Slow dynamics of consolidated granular systems: Multi-scale relaxation[J]. Applied Physics Letters, 2017, 111: 1-4.

[82] Beresnev I A, Nightengale A M, Silva W J. Properties of vertical ground motions[J]. Bulletin of the Seismological Society of America, 2002, 92(8): 3152-3164.

[83] Yang J, Sato T. Interpretation of seismic vertical amplification observed at an array site[J]. Bulletin of the Seismological Society of America, 2000, 90(2): 275-285.

[84] Yang J, Yan X R. Factors affecting site response to multi-directional earthquake loading[J]. Engineering Geology, 2009, 107(3-4): 77-87.

[85] Yang J, Yan X R. Site response to multi-directional earthquake loading: A practical procedure[J]. Soil Dynamics and Earthquake Engineering, 2009, 29(4): 710-721.

[86] Kamai R, Pèer G. Site response of the vertical ground-motion[J]. Geotechnical Earthquake Engineering and Soil Dynamics V, 2018, 291: 608-618.

[87] Wen K L, Chang T M, Lin C M, et al. Identification of nonlinear site Response using the H/V spectral ratio method[J]. Terrestrial Atmospheric and Oceanic Sciences, 2006, 17(3): 533-546.

[88] Wen R Z, Ren R Y, Shi D C. Improved HVSR site classification method for free-field strong motion stations validated with Wenchuan aftershock recordings[J]. Earthquake Engineering and Engineering Vibration, 2011, 10(3): 325-337.

[89] Building Seismic Safety Council (BSSC). NEHRP recommended provisions for seismic regulations for new buildings and other structures (FEMA 450), 2003 Edition, Part 1: Provisions[S]. Washington D.C., 2003.

[90] Comité Européen de Normalisation (CEN). Eurocode 8: Design of structures for earthquake resistance (EN 1998), Part 1: General rules[S]. Brussels, 2003.

[91] Pitilakis K, Riga E, Anastasiadis A. New code site classification, amplification factors and normalized response spectra based on a worldwide ground-motion database[J]. Bulletin of Earthquake Engineering, 2013, 11(4): 925-966.

[92] Zhao J X, Xu H. A comparison of V_{s30} and site period as site-effect parameters in response spectral ground-motion prediction equations[J]. Bulletin of the Seismological Society of America, 2013, 103(1): 1-18.

[93] Zhao J X, Hu J S, Jiang F, et al. Nonlinear site models derived from 1D Analyses for ground-motion prediction equations using site class as the site parameter[J]. Bulletin of the Seismological Society of America, 2015, 105(4): 2010-2022.

[94] Borcherdt R D. Estimates of site-dependent response spectra for design (methodology and justification)[J]. Earthquake Spectra, 1994, 10(4): 617-653.

[95] American Society of Civil Engineers (ASCE). ASCE 7-10: Minimum design loads for buildings and other structures[S]. Washington D.C., 2010.

[96] Shi Y, He H J, Huang W Q, et al. Investigating properties of vertical design spectra in Japan by applying differential evolution to KiK-net data[J]. Soil Dynamics and Earthquake Engineering, 2020, 136: 1-16.

[97] 李小军, 彭青, 刘文忠. 设计地震动参数确定中的场地影响考虑[J]. 世界地震工程, 2001, 17(4): 34-41.

[98] 窦立军, 杨柏坡. 场地分类新方法的研究[J]. 地震工程与工程振动, 2001, (4): 10-17.

[99] 李平, 薄景山, 孙有为, 等. 场地类型对反应谱平台值的影响[J]. 地震工程与工程振动, 2011, 31(1): 25-29.

[100] 赵艳, 郭明珠, 李化明, 等. 对比分析中国有关场地条件对设计反应谱最大值的影响[J]. 地震地质, 2009, 31(1): 186-196.

[101] 郭晓云, 薄景山, 巴文辉. 汶川地震不同场地反应谱平台值统计分析[J]. 地震工程与工程振动, 2012, 32(4): 54-62.

[102] 崔昊, 丁海平. 基于 KiK-net 强震记录的场地调整系数估计[J]. 地震工程与工程振动, 2016, 1(4): 147-152.

[103] 王国权, 周锡元, 马宗晋, 等. 921 台湾地震近断层强地面运动的周期和幅值特性[J]. 工程抗震, 2001, (1): 30-36.

[104] 周正华, 周雍年, 赵刚. 强震近场加速度峰值比和反应谱统计分[J]. 地震工程与工程振动, 2002, 22(3): 15-18.

[105] 周正华, 周雍年, 卢滔, 等. 竖向地震动特征研究[J]. 地震工程与工程振动, 2003, 23(3): 25-29.

[106] 贾俊峰, 欧进萍. 近断层竖向地震动峰值特征[J]. 地震工程与工程振动, 2009, 29(1): 44-49.

[107] 李恒, 秦小军. 竖向与水平向地震动加速度反应谱比特性分析[J]. 地震工程与工程振动, 2010, 30(1): 8-14.

[108] Ambraseys N N. The prediction of earthquake peak ground acceleration in Europe[J]. Earthquake Engineering and Structural Dynamics, 1995, 24: 467-490.

[109] Ambraseys N N, Simpson K A. Prediction of vertical response spectra in Europe[J]. Earthquake Engineering and Structural Dynamics, 1996, 25: 401-490.

[110] Campbell K W. Empirical near-source attention relationships for horizontal and vertical components of peak ground acceleration, peak ground velocity and pseudo-absolute acceleration response spectra[J]. Seismological Research Letters, 1997, 68(1): 154-179.

[111] Ambraseys N N, Douglas J. Near-field horizontal and vertical earthquake ground motions[J]. Soil Dynamics and Earthquake Engineering, 2003, 23(1): 1-18.

[112] Bozorgnia Y, Niazi M, Campbell K W. Characteristics of free-field vertical ground motion during the Northridge earthquake[J]. Earthquake Spectra, 1995, 11(4): 515-525.

[113] Bozorgnia Y, Campbell K W. The vertical-to-horizontal response spectral ratio and tentative procedures for developing simplified V/H and vertical design spectra[J]. Journal of Earthquake Engineering, 2004, 8(2): 175-207.

[114] 罗开海, 杨小卫. 竖向地震反应谱的研究与应用进展[J]. 土木建筑与环境工程, 2010, 32(2): 198-201.

[115] 贾俊峰, 欧进萍. 近断层竖向与水平向加速度反应谱比值特征[J]. 地震学报, 2010, (1): 41-55.

[116] 高杰, 闫帅平, 陈振, 等. 基于 V/H 的竖向地震动加速度反应谱研究[J]. 土木工程与管理学报, 2011, 28(4): 48-51.

[117] 韩建平, 周伟. 汶川地震竖向地震动特征初步分析[J]. 工程力学, 2012, 29(12): 211-219.

[118] Elnashai A S, Papazoglou A J. Procedure and spectra for analysis of RC structures subjected to strong vertical earthquake loads[J]. Journal of Earthquake Engineering, 1997, 1(1): 121-155.

[119] 周正华, 林淋, 王玉石, 等. 竖向地震动反应谱[C]//第三届全国防震减灾工程学术研讨会, 南京, 2007: 33-36, 42.

[120] Kim S J, Holub C J, Elnashai A S. Analytical assessment of the effect of vertical earthquake motion on RC bridge piers[J]. Journal of Structural Engineering, 2011, 137(2): 252-260.

[121] 赵培培, 王振宇, 薄景山. 竖向设计反应谱特征参数的研究[J]. 工程抗震与加固改造, 2018, 40(3): 159-166.

[122] 赵培培, 王振宇, 薄景山. 利用差分进化算法标定设计反应谱[J]. 地震工程与工程振动, 2017, 37(5): 45-50.

[123] Newmark N M, Hall W J. Seismic design criteria for nuclear reactor facilities[C]//The 4th World Conference on Earthquake Engineering, Santiago, 1969: 37-50.

[124] 廖振鹏, 李大华. 设计地震反应谱的双参数标定模型地震小区划——理论与实践[M]. 北京: 地震出版社, 1989.

[125] American Association of State Highway and Transportation Officials (AASHTO). LRFD

bridge design specifications[S]. Washington D.C., 2011.

[126] Aboye S A, Andrus R D, Ravichandran N, et al. Seismic site factors and design response spectra based on conditions in Charleston, South Carolina[J]. Earthquake Spectra, 2015, 31 (2): 723-744.

[127] South Carolina Department of Transportation (SCDOT). Geotechnical design manual, Version 1.0[S]. Columbia, 2008.

[128] 王国新, 陶夏新, 姜海燕. 反应谱特征参数的提取及其变化规律研究[J]. 世界地震工程, 2001, 17 (2): 73-78.

[129] 郭晓云, 薄景山, 巴文辉, 等. 最小二乘法分段拟合标定反应谱方法[J]. 世界地震工程, 2012, 28 (3): 29-33.

[130] 谭启迪. 薄景山, 郭晓云, 等. 反应谱及标定方法研究的历史与现状[J]. 世界地震工程, 2017, 33(2): 46-54.

[131] 夏江, 陈清军. 基于遗传算法的设计地震反应谱标定方法[J]. 力学季刊, 2006, 27 (2): 317-322.

[132] 刘红帅. 基于小生境遗传算法的设计地震动反应谱标定方法[J]. 岩土工程学报, 2009, 31 (6): 975-979.

第2章 基于地震动观测记录提取场地信息的方法

本章将介绍一些较广泛使用的基于地震动观测记录提取场地信息的方法，提取的场地信息包括固有频率与放大作用、地震波速、模量与泊松比、应变与应力、模量衰减曲线。

2.1 固有频率与放大作用

谱比法可以消除地震动观测记录中震源与传播路径的影响，进而反演场地性质。因此，地震动观测记录的谱比结果可以作为场地反应的表征，基于谱比结果得到的场地固有频率与放大作用是描述场地反应的重要参数。根据计算谱比时是否需要钻孔井下地震动观测记录，谱比的计算方法可分为两类：以 SBSR 法为代表的需要钻孔井下地震动观测记录的方法；以 HVSR 法为代表的不需要钻孔井下地震动观测记录的方法。

2.1.1 井上井下谱比法

SBSR 法通过地表与钻孔井下地震仪的地震动观测记录来估计场地的固有频率与放大作用[1]。该方法物理概念明确，操作简单，可以较准确地估计场地的高阶固有频率。此外，除传统的计算水平方向场地性质外，该方法还可以通过使用地震动观测记录的竖向分量估计竖向地震动对应的场地固有频率(以下简称竖向固有频率)与放大作用(以下简称竖向放大作用，同理水平地震动对应的场地放大作用以下简称水平放大作用)。然而，由于实际场地大多数情况下包含多层不同土层，非单一介质，不同土层之间的交界面会使上行地震波发生反射产生下行反射波场，从而发生相消干涉作用，导致 SBSR 法的结果在某些特定频率会出现伪共振现象[2]。针对此现象，利用互谱技术可消除相消干涉作用的影响[3-5]。参考 Steidl 等[5]的研究成果，引入地表与钻孔井下地震动观测记录之间的相干函数，采用的 SBSR 法计算公式为

$$\begin{cases} SR_h = \dfrac{AF_{sh}}{AF_{bh}} \gamma_h \\ SR_v = \dfrac{AF_{sv}}{AF_{bv}} \gamma_v \end{cases} \tag{2.1}$$

式中，AF_{sh} 和 AF_{sv} 分别为地表地震动加速度记录水平分量(包含东西与南北分量，又称 EW 与 NS 分量)和竖向分量(UD 分量)的傅里叶幅值谱(以下简称井上傅里叶幅值谱)；AF_{bh} 和 AF_{bv} 分别为钻孔井下地震动加速度记录水平分量与竖向分量的傅里叶幅值谱(以下简称井下傅里叶幅值谱)；SR_h 为水平地震动对应的井上井下傅里叶幅值谱比；SR_v 为竖向地震动对应的井上井下傅里叶幅值谱比；γ_h 为水平地震动对应的地表与钻孔井下地震动观测记录之间的相干函数[6]；γ_v 为竖向地震动对应的地表与钻孔井下地震动观测记录之间的相干函数[6]。

地震动加速度记录 EW 与 NS 分量傅里叶幅值谱的矢量及其衍生结果被定义为相应结果各水平方向分量的整体代表[7]。

$$
\left\{
\begin{aligned}
\gamma_h &= \sqrt{\frac{|S_{sbh}|^2}{S_{ssh}S_{bbh}}} \\
\gamma_v &= \sqrt{\frac{|S_{sbv}|^2}{S_{ssv}S_{bbv}}}
\end{aligned}
\right.
\tag{2.2}
$$

式中，S_{sbh} 为水平地震动对应的地表与钻孔井下地震动加速度记录之间的互功率谱密度函数；S_{sbv} 为竖向地震动对应的地表与钻孔井下地震动加速度记录之间的互功率谱密度函数；S_{ssh} 为水平地震动对应的地表地震动加速度记录的自功率谱密度函数；S_{ssv} 为竖向地震动对应的地表地震动加速度记录的自功率谱密度函数；S_{bbh} 为水平地震动对应的钻孔井下地震动加速度记录的自功率谱密度函数；S_{bbv} 为竖向地震动对应的钻孔井下地震动加速度记录的自功率谱密度函数。

实际操作中，在计算地震动加速度记录的傅里叶幅值谱之前，需先对其进行滤波。基于一维场地反应理论并参考不同研究中场地竖向与水平方向固有频率的研究范围[8]，本书选择频率范围为 0.1～50Hz 的巴特沃思滤波器对地震动加速度记录的各分量进行滤波。为降低结果的离散性，在计算谱比之前，需对地震动加速度记录的傅里叶幅值谱与相干函数进行平滑处理。帕曾(Parzen)窗与矩形窗被用于对地震动加速度记录的傅里叶幅值谱和相干函数进行平滑处理，带宽均设为 0.4Hz。通过上述方法即可基于地震动观测记录得到相应的井上井下傅里叶幅值谱比，即场地反应的表征，如图 2.1 所示。

基于场地反应与振动力学理论，场地可被视为多自由度体系，由于共振作用，外部动力荷载作用下场地的多阶振型被激发，在场地反应上的具体表现就是一系列的波峰。理想情况下，场地反应的各个波峰依次对应场地的各阶振型，波峰峰值为对应振型的放大作用，峰值点为对应振型的固有频率。在场地的各阶固有频率中，基本频率与卓越频率是最具代表性同时也是被使用最广泛的两个场地参数。场地基本频率是场地的第 1 阶固有频率，卓越频率是放大作用最大的固有频率。

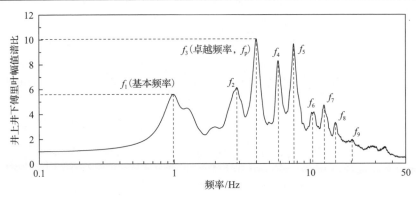

图 2.1　井上井下傅里叶幅值谱比的算例

实际情况下，由于场地以及地震动的构成往往比较复杂，场地反应的形式与理想形式有较大差异，如会出现波峰不明显或波峰附近出现干扰波峰的情况。为从谱比结果中有效识别场地各阶固有频率与放大作用，需确定合适的识别标准。以现有识别标准[9]为基础，采用以下人工识别标准：

(1)固有频率对应的波峰应是明显的无争议的极大值。具体要求为固有频率对应的波峰附近不应存在与其高度相近的其他波峰，即其他波峰与固有频率对应的波峰高度差不小于 10%。

(2)固有频率对应的波峰必须有较明显的放大作用。固有频率的放大作用不小于 1.5，且不小于卓越频率对应放大作用的 20%。

(3)竖向地震动对应的场地固有频率不应明显小于对应阶数水平地震动对应的场地固有频率。

基于上述识别标准，使用 SBSR 法从地震动观测记录中提取场地固有频率与放大作用的具体步骤总结如下：

(1)使用频率范围为 0.1～50Hz 的巴特沃思滤波器对地震动加速度记录的各分量进行滤波。

(2)计算地表和钻孔井下地震动加速度记录的傅里叶幅值谱，并用带宽为 0.4Hz 的 Parzen 窗或矩形窗进行平滑处理。

(3)根据式(2.2)计算地表和钻孔井下地震动之间的相干函数。

(4)根据式(2.1)计算井上井下傅里叶幅值谱比即场地反应表征。

(5)基于人工识别标准从井上井下傅里叶幅值谱比中估计场地固有频率与放大作用。

2.1.2　水平竖向谱比法

与 SBSR 法相比，HVSR 法仅利用地表地震动观测记录的水平分量与竖向分量估计场地的固有频率与放大作用[10-12]。该方法将场地基岩视为刚度远大于近地表土层的刚体，估计结果大致对应场地近地表土层部分的等效性质[13]。该方法不需要钻孔井下地震动观测记录，因此具有更强的适用性。然而，由于理论的局限，该方法仅能估计水平方向的场地性质，多被应用于基本频率的估计[14]。基于 Nakamura[15] 提出的理论，通过 HVSR 法估计水平地震动对应的场地基本频率(以下简称水平基本频率，同理竖向地震动对应的场地基本频率(以下简称竖向基本频率)的计算公式为

$$SR_{hv} = \frac{AF_{sh}}{AF_{sv}} \tag{2.3}$$

式中，AF_{sh} 为地表地震动加速度记录水平分量的傅里叶幅值谱；AF_{sv} 为地表地震动加速度记录竖向分量的傅里叶幅值谱；SR_{hv} 为水平竖向傅里叶幅值谱比，表征水平地震动对应的场地性质。

　　除计算公式外，HVSR 法的技术细节与 SBSR 法一致。此外，基于 Nakamura[15] 提出的理论，HVSR 法的基本假设为钻孔井下地震动加速度记录的竖向分量与水平分量相同，结合式(2.1)所示的 SBSR 法计算公式(忽略相干函数)，HVSR 法的计算公式可转化为

$$SR_{hv} = \frac{AF_{sh}}{AF_{sv}} = \frac{AF_{sh}}{AF_{bh}} \frac{AF_{bh}}{AF_{bv}} \frac{AF_{bv}}{AF_{sv}} = \frac{SR_h}{SR_v} \tag{2.4}$$

　　从式(2.4)可以看出，竖向地震动对应的 SBSR 法结果(竖向场地反应表征)SR_v 可视为水平地震动对应的 SBSR 法结果 SR_h 与 HVSR 法结果 SR_{hv} 之间的折减因子，这也正是 HVSR 法对场地放大作用的估计结果与 SBSR 法的估计结果存在较大差异的原因。

　　基于场地反应理论[6]，由于水平与竖向不同阶数的固有频率可能错位重叠进而抵消，HVSR 法的估计结果可能出现某些固有频率对应波峰丢失的情况，如图 2.2

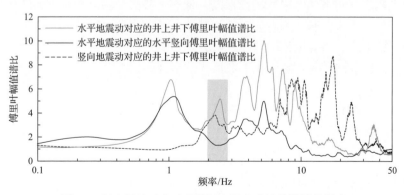

图 2.2　竖向场地反应对水平竖向谱比法计算结果的影响

所示。这种固有频率对应波峰丢失的情况主要发生于 2 阶水平固有频率,主要原因在于许多场地的竖向基本频率与 2 阶水平固有频率相比,无论是自身数值还是对应放大作用都具有高度的一致性。因此,使用 HVSR 法估计场地高阶固有频率时需考虑竖向场地反应导致的某些水平固有频率对应波峰丢失的情况。

2.2　地 震 波 速

地震波速包含面波波速与体波波速[6]。由于体波波速与场地的性质(如剪切模量、剪切应变、泊松比)具有较强的相关性[16,17],本书以体波波速为研究对象。体波波速包含剪切波速与压缩波速。基于地震动观测记录提取场地地震波速的方法根据是否需要钻孔井下地震动观测记录可分为两类。地震干涉测量法是需要钻孔井下地震动观测记录的方法中使用较为广泛的方法[18-20],该方法具有精度高、物理意义明确、易于操作等优点;P 波震动图法是一种可仅使用地表地震动观测记录提取地震波速的方法[21-23],与地震干涉测量法相比,其适用性更强。然而,与 HVSR 法类似,P 波震动图法同样由于其理论基础的局限性,仅适用于估计剪切波速,而且该方法的估计精度有限,其计算误差与强震对场地地震波速的影响同量级,因此该方法的应用也主要集中在场地性质先期预估与场地分类等对剪切波速分辨率要求不高的领域[23]。

2.2.1　地震干涉测量法

地震干涉测量法的原理是将钻孔井下地震仪视为虚拟震源,利用地表与钻孔井下地震动观测记录估计场地的格林函数,然后基于格林函数估计地震波从虚拟震源传播至地表地震仪的走时,两地震仪之间的距离除以走时即为场地的等效地震波速(以下简称场地地震波速)[24],估计结果对应场地在两地震仪之间部分的整体等效性质。针对不同的格林函数形式,地震干涉测量法也有对应的区分,主要包括基于卷积[25,26]、基于解卷积[27,28]和基于互相关[29,30]的地震干涉测量法。由于解卷积函数形式的格林函数能消除入射波场影响[19],相关研究多使用基于解卷积的地震干涉测量法[31-33]。解卷积函数形式的格林函数为[33]

$$D(\omega) = \frac{u_s(\omega)}{u_b(\omega)} \approx \frac{u_s(\omega)u_b^*(\omega)}{|u_b(\omega)|^2 + \alpha} \tag{2.5}$$

式中,u_b 为钻孔井下地震动加速度记录的傅里叶变换;u_s 为地表地震动加速度记录的傅里叶变换;α 为用来提高计算稳定性的正则常数,一般设为钻孔井下地震动观测记录功率谱频率平均值的 1%[19];*为共轭符号。

实际操作中,需对地震动加速度记录进行滤波。考虑到剪切波与压缩波在频域内的能量分布不同,本书对地震动观测记录 EW 分量与 NS 分量的滤波范围为 1~13Hz[19],对 UD 分量的滤波范围为 1~30Hz[8]。滤波之后,使用式(2.5)计算对应的解卷积函数,并通过傅里叶逆变换将频域内的解卷积函数转换到时域,时域内解卷积函数在场地参考走时附近的峰值点对应的时滞即为地震波的走时(场地参考走时为场地钻孔剖面的地震波速测量值[31,33]),钻孔深度除以走时可以得到场地地震波速。基于地震动观测记录 EW 分量与 NS 分量计算的结果为场地剪切波速(S-wave velocity, V_s),基于地震动观测记录 UD 分量计算的结果为场地压缩波速(P-wave velocity, V_p)。

　　图 2.3 为基于解卷积的地震干涉测量法算例,其中,T_{mea} 为参考走时,竖直虚线为解卷积函数在参考走时附近的峰值点,即地震动观测记录对应走时的估计结果。实际应用中通过对参考走时附近的解卷积函数进行插值可有效提升走时的识别精度,使用的插值方法为三次样条插值,插值时间间隔为 10^{-6}s。

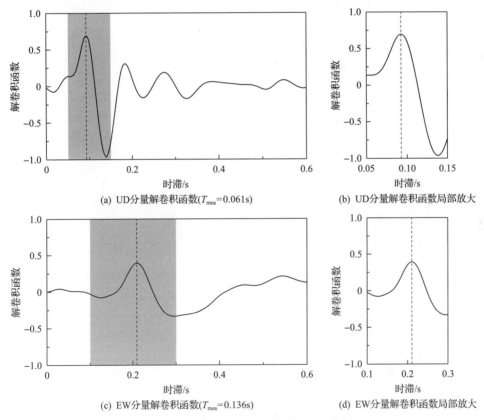

(a) UD分量解卷积函数(T_{mea}=0.061s)　　　　　　(b) UD分量解卷积函数局部放大

(c) EW分量解卷积函数(T_{mea}=0.136s)　　　　　　(d) EW分量解卷积函数局部放大

图 2.3　基于解卷积的地震干涉测量法算例

　　对于地震动观测记录的 UD 分量,其估计结果对应场地的压缩波速。然而对于地震动观测记录的 EW 分量与 NS 分量,由于横波分裂现象,场地的剪切波速会随方位角的变化而变化，呈现出各向异性[20]，直观体现在 EW 分量与 NS 分量的结果具有显著的非一致性[16]。为了便于研究场地剪切波速的整体性质，基于 Nakata 等[19]的研究成果，将地震动加速度记录的 EW 分量与 NS 分量以 10°为间隔分别从 10°到 180°方位角进行合成，可得到 18 条记录，然后通过地震干涉测量法即可得到场地各方位角对应的剪切波速，最终以场地剪切波速的各向同性项(即场地各方位角对应剪切波速的平均值，V_{so})作为场地剪切波速代表值。

　　基于地震动观测记录的非线性场地反应研究需要能反映场地非线性行为的强震记录，实际情况下符合要求的记录往往较少，特别是竖向强震记录。因此，需要可以扩展强震记录数目的技术。时频分析技术可以将一条地震动观测记录在时间跨度上进一步分为多条子记录，可以有效增加强震记录的数目。结合时频分析技术的地震干涉测量法算例如图 2.4 所示。主要方法为通过施加窗宽 10.24s、步长 1s 的移动时间窗将地震动观测记录分解为若干条子记录，时间窗两侧各施加 2.5%汉明窗以减少频谱泄露，之后对每组子记录分别使用地震干涉测量法。

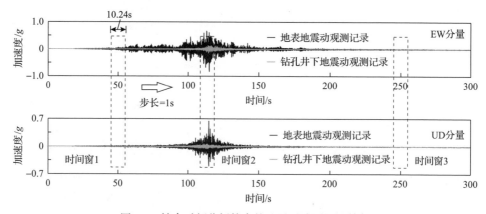

图 2.4　结合时频分析技术的地震干涉测量法算例

　　综上所述，使用结合时频分析技术的地震干涉测量法从地震动观测记录中提取场地地震波速的具体步骤总结如下：

　　(1)使用巴特沃思滤波器对地震动加速度记录各分量进行滤波，EW 分量与 NS 分量对应的滤波范围为 1~13Hz，UD 分量对应的滤波范围为 1~30Hz。

　　(2)若该组记录的 PHA＞100cm/s²，对其施加窗宽 10.24s、步长 1s 的移动时间窗(窗两侧各施加 2.5%汉明窗)，将其细分为若干子记录(视为正常的地震动加速度记录进行后续操作)。

　　(3)将所有地震动加速度记录的 EW 分量与 NS 分量以 10°为间隔分别从 10°到 180°方位角进行合成，每组 EW 分量与 NS 分量对应 18 条与方位角相关的记录。

　　(4)使用基于解卷积的地震干涉测量法计算所有地震动加速度记录对应的场

地地震波速。

(5)对所有地震动加速度记录,计算其水平方向各方位角对应剪切波速的平均值,作为该记录对应的场地剪切波速代表值;该记录 UD 分量对应的结果为场地压缩波速。

2.2.2　P 波震动图法

P 波震动图法是一种使用地表初至 P 波记录的竖向分量与辐射分量估计场地剪切波速的方法,估计结果大致对应场地近地表的整体等效性质。如图 2.5(a)所示,初至 P 波在地表反射以及转化为反射 P 波与反射竖直剪切波(又称 SV 波),反射 P 波与反射 SV 波在地震动观测记录上的具体表现为地表地震动观测记录初至 P 波部分的竖向分量与辐射分量。基于 Aki 等[21]提出的自由地表处 P 波位移的解析解,地表辐射方向位移与竖向位移之比 R_p 可表示为

$$R_{\mathrm{p}} = \frac{\dot{U}_r}{\dot{U}_z} = \frac{2V_s p \cos j}{1 - 2p^2 V_{\mathrm{s}}^2} \tag{2.6}$$

式中, j 为反射 SV 波的方位角; p 为辐射常数; $\dot{U}_z$ 为初至 P 波速度时程的竖向分量的第一个峰值; $\dot{U}_r$ 为初至 P 波速度时程的辐射分量在 $\dot{U}_z$ 同一时刻的对应值,地震动观测记录的辐射分量为其 EW 分量与 NS 分量在震源方向的合成; V_s 为近地表剪切波速。

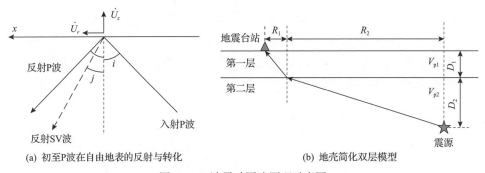

(a) 初至P波在自由地表的反射与转化　　　　　(b) 地壳简化双层模型

图 2.5　P 波震动图法原理示意图

基于 Ni 等[22]和 Kim 等[23]的研究成果,将地壳简化为以康拉德界面为分界面的地壳简化双层模型,如图 2.5(b)所示。使用 P 波震动图法估计场地剪切波速 V_s 的步骤可归纳如下:

(1)使用式(2.7)估计射线参数 p。

(2)若已有地表地震动观测记录不为速度记录,则在考虑基线校正的情况下将其转化为速度记录[34],其他方法的使用若遇到相同情况则做同样处理。

(3)将地表地震动速度记录的 EW 分量与 NS 分量在震源方向合成得到其辐射分量，UD 分量即为其竖向分量。

(4)通过长短时间平均[35-37]等方法提取地表地震动速度记录竖向分量与辐射分量的初至 P 波部分。

(5)使用式(2.6)基于地表初至 P 波速度时程的竖向分量与辐射分量估计 R_p，如图 2.6 所示。

(6)给定 j 的迭代初始值。

(7)使用式(2.8)计算近地表剪切波速 V_s。

(8)使用式(2.9)计算 j 的迭代值。

(9)重复步骤(7)和(8)直至连续两次迭代步中 j 的估计结果之间的差距足够小。

$$p = \frac{\sin\left(\arctan\dfrac{R_1}{D_1}\right)}{V_{p1}} = \frac{\sin\left(\arctan\dfrac{R_2}{D_2}\right)}{V_{p2}} \tag{2.7}$$

$$V_s = \frac{\cos j \pm \sqrt{\cos^2 j + 2R_p^2}}{-2pR_p} \tag{2.8}$$

$$j = \arcsin(pV_s) \tag{2.9}$$

式中，D_1 为地壳简化双层模型第一层的厚度；D_2 为地壳简化双层模型第二层的厚度；p 为射线参数；R_1 为初至 P 波在地壳简化双层模型第一层中的水平方向传播距离；R_2 为初至 P 波在地壳简化双层模型第二层中的水平方向传播距离；V_{p1} 为初至 P 波在地壳简化双层模型第一层中的传播速度；V_{p2} 为初至 P 波在地壳简化双层模型第二层中的传播速度。

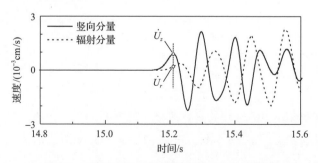

图 2.6　基于初至 P 波速度时程估计 R_p 的算例

由 P 波震动图法估计的 V_s 表示地表以下深度 z 内的等效剪切波速(即深度 z 除以总走时)，也可表示为 V_{sz}；深度 z 被定义为震源时间函数的脉冲持时 τ_p 与 V_{sz}

估计结果的乘积($z = \tau_p \times V_{sz}$)；对于矩震级在 3～4 级的地震，τ_p 通常可设为 0.1s[23]。

地壳简化双层模型中的各参数(R_1、R_2、D_1、D_2、V_{p1}、V_{p2})均可基于具体的地壳模型[38]并结合地震台站和地震动观测记录对应震源的位置[39]估计得到。由地震台站的具体位置可得到康拉德界面和莫霍面的深度，结合震源深度即可确定 D_1(康拉德界面深度)、D_2(震源深度减去康拉德界面深度)、V_{p1}(康拉德界面以上部分的 P 波波速)、V_{p2}(康拉德界面与震源位置之间的平均 P 波波速)，进一步基于斯内尔定律即可估计 R_1 与 R_2。

由于 P 波震动图法不仅要求计算对象为初至 P 波，还要求其震相为 Pg(直达 P 波)，实际使用该方法时需要首先消除初至 P 波中 Pn 震相(绕射 P 波)的干扰。具体方法为通过数据筛选保证绝大部分地震动观测记录样本对应的震中距在 Pg 与 Pn 震相的临界距离以内，Pg 与 Pn 震相的临界距离可基于斯内尔定律与地壳模型[38]估计得到。

为了评估该方法的估计精度与适用性，以日本 KiK-net 地震动观测记录[40]为研究对象，首先使用 P 波震动图法估计部分 KiK-net 台站对应的 V_{sz}，然后利用式(2.10)所示的二阶多项式模型基于台站的地震波速钻孔剖面以 1m 为步长分别估计各台站 V_{s5}～V_{s400} 与 V_{s30} 之间的经验关系，最后基于 V_{s30} 与 V_{sz} 之间的经验关系将各台站 V_{sz} 的估计结果转化为 V_{s30}[37]。如图 2.7 所示，P 波震动图法在日本 KiK-net 地震动观测记录上的估计误差与该方法在美国地震动观测记录上的应用情况[23,41]基本一致，在使用时需要考虑到该误差量级的影响。

$$\lg V_{s30} = c_0 + c_1 \lg V_{sz} + c_2 (\lg V_{sz})^2 \tag{2.10}$$

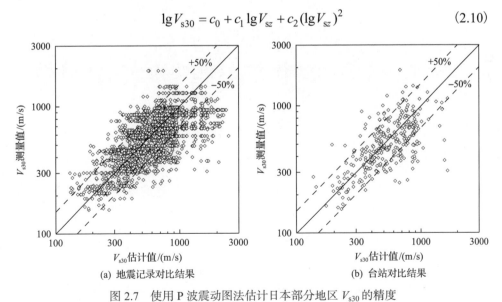

图 2.7 　使用 P 波震动图法估计日本部分地区 V_{s30} 的精度

为了降低 P 波震动图法的计算成本，Miao 等[37]建立了日本部分地区 V_{s30} 测量

值与 R_{p} 的经验关系，如图 2.8 和式 (2.11) 所示。结果表明，这种经验关系可更简单直接地估计 V_{s30}；除此之外，对比本书建立的经验关系与 Kim 等[23]使用美国地震动观测记录建立的经验关系，可以看出两者的差异整体上并不明显，表明这种经验关系很可能具有一定程度上的区域无关性。

$$\ln V_{s30} = 0.3896\ln R_{\mathrm{p}} + 6.8590 \tag{2.11}$$

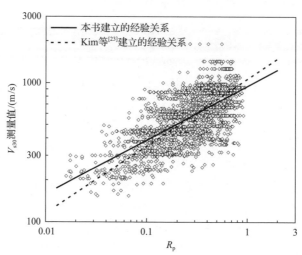

图 2.8　日本部分地区 V_{s30} 测量值与 R_{p} 的经验关系[37]

2.3　模量与泊松比

基于一维场地反应理论，场地模量可分别使用地震波速与基本周期估计得到，即

$$\begin{cases} G = \rho V_{\mathrm{s}}^2 \\ M = \rho V_{\mathrm{p}}^2 \end{cases} \tag{2.12}$$

式中，G 为场地剪切模量；M 为场地压缩模量；ρ 为场地的厚度加权平均密度[9]。

$$\begin{cases} G = \rho\left(\dfrac{4H}{T_{\mathrm{h}}}\right)^2 \\ M = \rho\left(\dfrac{4H}{T_{\mathrm{v}}}\right)^2 \end{cases} \tag{2.13}$$

式中，T_h 为场地水平基本周期；T_v 为场地竖向基本周期；H 为 T_h 和 T_v 对应的场地厚度。

场地各层密度可通过剪切波速估计[9]：

$$\rho = \begin{cases} 1.7\text{g/cm}^3, & V_s \leqslant 180\text{m/s} \\ 2\text{g/cm}^3, & 180\text{m/s} < V_s \leqslant 360\text{m/s} \\ 2.2\text{g/cm}^3, & 360\text{m/s} < V_s \leqslant 1500\text{m/s} \\ 2.5\text{g/cm}^3, & V_s > 1500\text{m/s} \end{cases} \tag{2.14}$$

式 (2.13) 成立的前提是场地地震波速与基本周期之间存在式 (2.15) 所示的关系。由于式 (2.15) 对应刚性基岩一维单层场地反应的解析解，结合 HVSR 法的特性，式 (2.13) 和式 (2.15) 在方法上多基于 HVSR 法，在对象上多针对土层构成可视为或近似视为水平单层且基岩与土层刚性差异较大的场地[13]。

$$\begin{cases} V_s = \dfrac{4H}{T_h} \\ V_p = \dfrac{4H}{T_v} \end{cases} \tag{2.15}$$

基于土力学理论，泊松比 ν 与剪切模量和压缩模量之间存在以下关系[8]：

$$\nu = \frac{1}{2}\left(1 - \frac{1}{\dfrac{M}{G} - 1}\right) \tag{2.16}$$

考虑到式 (2.12) 和式 (2.13) 中的 ρ 与 H 对于某一具体场地而言均为常数，将式 (2.12) 式 (2.13) 分别代入式 (2.16)，可得[42]

$$\nu = \frac{1}{2}\left[1 - \frac{1}{\left(\dfrac{V_p}{V_s}\right)^2 - 1}\right] \tag{2.17}$$

$$\nu = \frac{1}{2}\left[1 - \frac{1}{\left(\dfrac{T_h}{T_v}\right)^2 - 1}\right] \tag{2.18}$$

2.4　应变与应力

2.4.1　剪切应变与正应变

对于基于地震动观测记录的一维场地反应分析，多使用基于波动传播理论的应变计算方法估计场地应变[43]。该方法在基于地震动观测记录的场地反应研究中的计算公式为

$$\begin{cases} \gamma = \dfrac{\mathrm{d}u}{\mathrm{d}z} = \dfrac{\mathrm{d}u / \mathrm{d}t}{\mathrm{d}z / \mathrm{d}t} = \dfrac{v_{\mathrm{hr}}}{V_{\mathrm{sr}}} \\[4mm] \varepsilon = \dfrac{\mathrm{d}w}{\mathrm{d}z} = \dfrac{\mathrm{d}w / \mathrm{d}t}{\mathrm{d}z / \mathrm{d}t} = \dfrac{v_{\mathrm{vr}}}{V_{\mathrm{pr}}} \end{cases} \tag{2.19}$$

式中，t 为时间；u 为场地水平方向位移；w 为场地竖向位移；z 为场地厚度；V_{sr} 为场地剪切波速的表征；V_{pr} 为场地压缩波速的表征；v_{hr} 为场地水平方向振动速度的表征；v_{vr} 为场地竖向振动速度的表征；γ 为场地剪切应变；ε 为场地正应变。

针对振动速度表征（v_{hr} 与 v_{vr}）与地震波速表征（V_{sr} 与 V_{pr}）的不同形式，相应的场地应变的估计方法也会不同。以下为应用较广泛的两种形式：

（1）使用地表与钻孔井下地震动速度记录的平均结果的峰值作为 v_{hr} 与 v_{vr} 的具体形式，使用场地在地表与钻孔井下地震仪之间部分的等效地震波速作为 V_{sr} 与 V_{pr} 的具体形式，即[44]

$$\begin{cases} \gamma = \dfrac{v_{\mathrm{h}}^{*}}{V_{\mathrm{s}}^{*}} \\[4mm] \varepsilon = \dfrac{v_{\mathrm{v}}^{*}}{V_{\mathrm{p}}^{*}} \end{cases} \tag{2.20}$$

式中，V_{s}^{*} 为场地在地表与钻孔井下地震仪之间部分的等效剪切波速；V_{p}^{*} 为场地在地表与钻孔井下地震仪之间部分的等效压缩波速；v_{h}^{*} 为地表与钻孔井下地震动速度记录水平分量平均结果的峰值；v_{v}^{*} 为地表与钻孔井下地震动速度记录竖向分量平均结果的峰值。

$$\begin{cases} v_{\mathrm{h}}^{*} = \max\left(\left| \dfrac{v_{\mathrm{hs}}(t) + v_{\mathrm{hb}}(t)}{2} \right| \right) \\[4mm] v_{\mathrm{v}}^{*} = \max\left(\left| \dfrac{v_{\mathrm{vs}}(t) + v_{\mathrm{vb}}(t)}{2} \right| \right) \end{cases} \tag{2.21}$$

式中，v_{hs} 为地表地震动速度记录的水平分量；v_{vs} 为地表地震动速度记录的竖向分量；v_{hb} 为钻孔井下地震动速度记录的水平分量；v_{vb} 为钻孔井下地震动速度记录的竖向分量。

（2）使用地表地震动速度记录的峰值作为 v_{hr} 与 v_{vr} 的表征，使用 V_{s30} 作为 V_{sr} 与 V_{pr} 的具体形式，即[32]

$$\begin{cases} \gamma = \dfrac{v_{hs}^{*}}{V_{s30}} \\[2mm] \varepsilon = \dfrac{v_{vs}^{*}}{V_{p30}} \end{cases} \tag{2.22}$$

式中，V_{p30} 为地表以下 30m 等效压缩波速；v_{hs}^{*} 为地表地震动速度记录水平分量的峰值；v_{vs}^{*} 为地表地震动速度记录竖向分量的峰值。

实际情况下，式(2.20)多被用来配合地震干涉测量法进行场地地震波速的估计，其估计结果对应场地在地表与钻孔井下地震仪之间部分的整体等效性质。与之相比，式(2.22)多被用来直接基于场地地震波速钻孔剖面进行 V_{s30} 与 V_{p30} 的估计，其估计结果对应场地近地表部分的整体等效性质。

Bonilla 等[32]通过修正分母使式(2.22)的估计结果可以反映场地模量的影响，即

$$\begin{cases} \gamma = \dfrac{v_{hs}^{*}}{V_{s30}\dfrac{V_{s}^{*}}{V_{s0}^{*}}} \\[6mm] \varepsilon = \dfrac{v_{vs}^{*}}{V_{p30}\dfrac{V_{p}^{*}}{V_{p0}^{*}}} \end{cases} \tag{2.23}$$

式中，V_{s0}^{*} 为 V_{s}^{*} 的初始值；V_{p0}^{*} 为 V_{p}^{*} 的初始值。

基于日本 KiK-net 地震动观测记录，本书使用式(2.20)估计相应的剪切应变与正应变，并研究两者的经验关系，如图 2.9 所示。其中，r 为估计结果与拟合曲线之间的皮尔逊相关系数，σ_{e} 为估计结果与拟合曲线之间的标准误差。结果显示，两者之间的经验关系可用对数线性模型描述，见式(2.24)。由于所用的地震动观测记录分布于日本不同区域，该关系具有一定程度的区域无关性。

$$\ln\gamma = k_{nss}\ln\varepsilon + b_{nss} \tag{2.24}$$

式中，b_{nss} 和 k_{nss} 均为拟合参数。

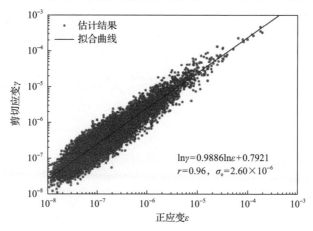

图 2.9　日本部分地区剪切应变与正应变的经验关系

　　由于目前相关理论的局限与地震动观测记录的高离散性,场地应变的估计结果在实际使用时多用于定性研究[16,44](如场地应力-应变关系的定性研究)或量级程度的定量分析[33,45](如场地线性阈值应变分布范围的标定)。

2.4.2　剪切应力与正应力

　　场地应力的估计结果多用于对场地应力-应变关系的定性研究[16,44]。使用地震动观测记录估计场地应力的方法主要包含两种。

　　(1)与场地应变一致,场地应力表示为[16]

$$\begin{cases} \tau = \rho_r z_r a_{hr} \propto a_{hr} \\ \sigma = \rho_r z_r a_{vr} \propto a_{vr} \end{cases} \tag{2.25}$$

式中,a_{hr} 为场地水平方向加速度的表征;a_{vr} 为场地竖向加速度的表征;z_r 为场地厚度的表征;ρ_r 为场地密度的表征;σ 为场地正应力;τ 为场地剪切应力。

　　由于 ρ_r 和 z_r 均可视为常数,实际研究中多直接将 a_{hr} 和 a_{vr} 分别作为场地剪切应力与正应力的表征。a_{hr} 和 a_{vr} 的具体形式使用较广泛的有两种:第一种分别为 PHA 与 PVA[46];第二种分别为地表与钻孔井下地震动加速度记录水平分量与竖向分量各自平均结果的峰值(a_h^* 与 a_v^*),以下分别简称场地水平质心加速度与竖向质心加速度,计算公式为[16]

$$\begin{cases} a_h^* = \max\left(\left|\dfrac{a_{hs}(t)+a_{hb}(t)}{2}\right|\right) \\ a_v^* = \max\left(\left|\dfrac{a_{vs}(t)+a_{vb}(t)}{2}\right|\right) \end{cases} \tag{2.26}$$

式中，a_{hs} 为地表地震动加速度记录的水平分量；a_{vs} 为地表地震动加速度记录的竖向分量；a_{hb} 为钻孔井下地震动加速度记录的水平分量；a_{vb} 为钻孔井下地震动加速度记录的竖向分量。

(2) 基于一维场地反应理论，使用模量与应变估计场地应力[47]：

$$\begin{cases} \tau = G\gamma \\ \sigma = M\varepsilon \end{cases} \tag{2.27}$$

2.5　模量衰减曲线

由于实际情况下地下水的存在及其抗压不抗剪的特性，场地压缩模量衰减曲线可能与其剪切模量衰减曲线具有较大差异[8,33]。本节分别对剪切模量衰减曲线与压缩模量衰减曲线的估计方法进行介绍。

2.5.1　剪切模量衰减曲线

基于地震动观测记录估计场地剪切模量衰减曲线的方法如下：首先基于地震动观测记录估计场地剪切模量与剪切应变，然后使用剪切模量衰减模型进行拟合以得到相应的场地剪切模量衰减曲线。已有剪切模量衰减模型主要包括 Hardin等[48]基于试验结果提出的单参数双曲线模型(见式(2.28))和 Zhang 等[49]在此基础上进一步提出的双参数双曲线模型(见式(2.29))。

$$\frac{G}{G_0} = \frac{1}{1 + k_{g1}\gamma} \tag{2.28}$$

式中，G_0 为场地剪切模量的初始值；k_{g1} 为拟合参数，与场地围压相关[13,48]。

$$\frac{G}{G_0} = \frac{1}{1 + k_{g2}\gamma^{b_g}} \tag{2.29}$$

式中，b_g 与 k_{g2} 均为拟合参数，分别与场地围压[49]与塑性指数相关[16,50]。

由于 ρ 与 H 对于某一具体场地而言均为常数,对场地模量与其初始值之比(以下分别简称剪切模量比与压缩模量比)的估计可简化为

$$\begin{cases} \dfrac{G}{G_0} = \dfrac{V_s^2}{V_{s0}^2} = \dfrac{T_{h0}^2}{T_h^2} \\ \dfrac{M}{M_0} = \dfrac{V_p^2}{V_{p0}^2} = \dfrac{T_{v0}^2}{T_v^2} \end{cases} \tag{2.30}$$

式中，M_0 为压缩模量初始值；T_{h0} 为水平基本周期初始值；T_{v0} 为竖向基本周期初始值。

此外，联立式 (2.25)、式 (2.27)～式 (2.29)，即可得到描述场地剪切应力-剪切应变关系的模型。虽然地下水会影响场地的压缩特性，但由于其表现主要体现在对场地压缩模量衰减程度的抑制作用[8,33]，对场地正应力-正应变关系的影响有限，可使用统一的模型拟合场地应力与应变之间的关系，即

$$\begin{cases} a_{hr} \propto \tau = \dfrac{b_{\tau1}\gamma}{1+k_{\tau1}\gamma} \\[3mm] a_{vr} \propto \sigma = \dfrac{b_{\sigma1}\varepsilon}{1+k_{\sigma1}\varepsilon} \end{cases} \tag{2.31}$$

$$\begin{cases} a_{hr} \propto \tau = \dfrac{b_{\tau2}\gamma}{1+k_{\tau2}\gamma^{\alpha_\tau}} \\[3mm] a_{vr} \propto \sigma = \dfrac{b_{\sigma2}\varepsilon}{1+k_{\sigma2}\varepsilon^{\alpha_\sigma}} \end{cases} \tag{2.32}$$

式中，$b_{\sigma1}$、$b_{\sigma2}$、$b_{\tau1}$、$b_{\tau2}$、$k_{\sigma1}$、$k_{\sigma2}$、$k_{\tau1}$、$k_{\tau2}$、α_σ、α_τ 均为拟合参数。

2.5.2　压缩模量衰减曲线

根据场地中地下水位与钻孔井底以及岩土交界面的相对位置，分别针对地下水位在钻孔井底以下、地下水位在钻孔井底与岩土交界面之间、地下水位在岩土交界面以上三种情况进行介绍。由于仅使用地表地震动观测记录无法直接估计场地压缩模量，本节分别以 HVSR 法与地震干涉测量法作为仅使用地表地震动观测记录与同时使用地表与井下地震动观测记录这两类方法的代表，在上述三种情况中分别介绍各自对应的压缩模量衰减曲线估计方法。

1. 地下水位在钻孔井底以下

地下水位在钻孔井底以下表明无论是基于 HVSR 法还是地震干涉测量法，估计结果均不受地下水影响。基于一维场地反应理论，当不考虑地下水影响时，压缩模量衰减曲线(以正应变为横坐标)与对应的剪切模量衰减曲线(以剪切应变为横坐标)基本一致，如图 2.10 所示[8]。由此可得 HVSR 法与地震干涉测量法各自对应的压缩模量衰减曲线估计方法。

1) 水平竖向谱比法

首先通过剪切模量与剪切应变的估计结果估计场地剪切模量衰减曲线，然后通过无地下水影响情况下场地压缩模量衰减曲线与对应剪切模量衰减曲线的一致

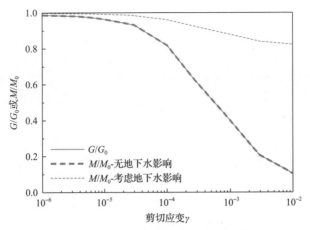

图 2.10　Tsai 等[8]中场地模量衰减曲线的理论形式

性即可得到场地的压缩模量衰减曲线。实际研究中经常需要将场地的压缩模量衰减曲线与剪切模量衰减曲线在相同的应变坐标轴下进行对比，因此通过归纳场地剪切应变与正应变之间的经验关系即可将两种模量衰减曲线转换到相同的应变坐标轴中，如图 2.11 所示。具体步骤如下：

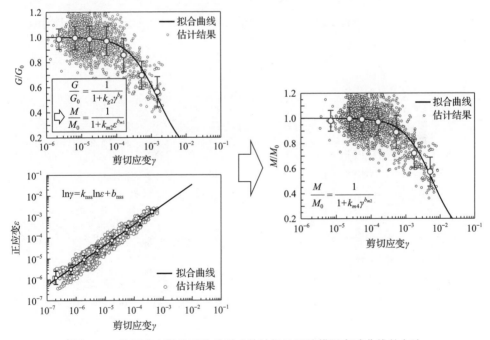

图 2.11　使用应变转换经验关系式估计场地压缩模量衰减曲线的方法

(1)使用 2.1.2 节介绍的 HVSR 法估计场地近地表土层部分的等效剪切波速。

(2)使用 2.3 节介绍的方法估计场地剪切模量与剪切应变。

(3)使用 2.5.1 节中的剪切模量衰减模型拟合步骤(2)中得到的估计结果以得到场地的剪切模量衰减曲线,同时也是场地的压缩模量衰减曲线(具体数值保持一致,坐标分别变为压缩模量比与正应变)。

(4)使用 2.4.2 节中的式(2.24)拟合场地剪切应变与正应变的估计结果以得到相应的应变转换经验关系式。

(5)使用步骤(4)中得到的应变转换经验关系式将压缩模量衰减曲线与剪切模量衰减曲线的估计结果转换到同一坐标系中,实际研究中多将横坐标统一为剪切应变。

2)地震干涉测量法

首先基于地震动观测记录估计场地的压缩模量与应变,然后使用合适的压缩模量衰减模型进行拟合以得到相应的场地压缩模量衰减曲线。场地的压缩模量衰减曲线与剪切模量衰减曲线在不考虑地下水的影响时基本一致,且场地剪切应变与正应变之间的关系可用对数线性模型描述,因此场地的压缩模量衰减模型可直接沿用已有的剪切模量衰减模型,即

$$\frac{M}{M_0} = \frac{1}{1 + k_{m1}\varepsilon} = \frac{1}{1 + k_{m3}\gamma} \tag{2.33}$$

$$\frac{M}{M_0} = \frac{1}{1 + k_{m2}\varepsilon^{b_{m1}}} = \frac{1}{1 + k_{m4}\gamma^{b_{m2}}} \tag{2.34}$$

式中,b_{m1}、b_{m2}、k_{m1}、k_{m2}、k_{m3}、k_{m4} 均为拟合参数。

2. 地下水位在钻孔井底与岩土交界面之间

地下水位在钻孔井底与岩土交界面之间表明基于 HVSR 法的估计结果仍然不受地下水的影响(HVSR 法的估计结果对应场地近地表土层部分的性质),但基于地震干涉测量法的估计结果却需要考虑地下水的影响。

1)水平竖向谱比法

该部分与地下水位在钻孔井底以下时的处理完全一致。

2)地震干涉测量法

由于地下水的影响,场地压缩模量衰减曲线与对应剪切模量衰减曲线的一致性不再存在,需要发展可考虑地下水影响的场地压缩模量衰减模型。Tsai 等[8]在假设场地为单一介质的基础上,基于一维场地反应理论与土力学理论提出了一种利用场地剪切模量衰减曲线间接估计场地压缩模量衰减曲线的方法。具体为首先将场地分为地下水位以上和地下水位以下两部分,然后分别估计两部分各自对应的压缩模量衰减曲线。对于地下水位以上部分,该部分处于非饱和状态,视为不

受地下水的影响，因此可与第一种情况做同样处理；对于地下水位以下部分，该部分处于饱和状态，由于假设场地为单一介质，基于土力学理论，该部分的压缩模量计算公式为[8]

$$M^* = M_d + \frac{K_f}{n} \tag{2.35}$$

式中，K_f 为地下水的体积模量；M_d 为场地地下水位以上部分的压缩模量；M^* 为场地地下水位以下部分的压缩模量；n 为孔隙度。

M_d 不受地下水的影响，所以可直接根据场地剪切模量衰减曲线估计，K_f 与 n 均可通过试验估计，最终即可得到场地地下水位以下部分的压缩模量衰减曲线。Tsai 等[8]提出的方法需要假设场地为单一介质，且无法反映场地的整体等效性质。在此基础上，Shi 等[33]提出了可考虑地下水影响且能反映场地整体等效性质的场地压缩模量衰减模型，如图 2.12 所示。

由于场地的 K_f 与 n 均可视为常数，式 (2.35) 可改写为

$$M^* = M_d + \frac{K_f}{nM_{d0}}M_{d0} = M_d + CM_{d0} \tag{2.36}$$

式中，M_{d0} 为 M_d 的初始值；C 为地下水的压缩性与 M_{d0} 之间的相互比较关系的表征。

通过引入加权结合的思路，基于式 (2.36) 可得到反映场地整体等效性质的场地压缩模量计算公式，即

$$M = M_d + AM_{d0} \tag{2.37}$$

式中，A 为受地下水位和 C 共同影响的反映场地整体等效性质的物理量。

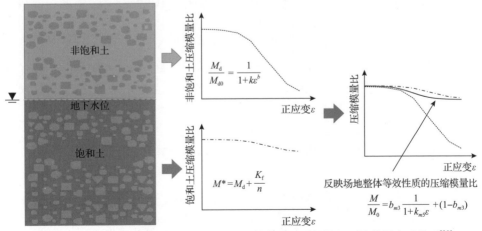

图 2.12　可考虑地下水影响且能反映场地整体等效性质的场地压缩模量衰减模型[33]

当地下水位在钻孔井底以下时，$A = 0$，此时地下水对计算结果无影响；当地下水位非常接近地表时，$A \approx C$，此时场地可视为近似处于饱和状态；当地下水位处于地表与钻孔井底之间时，$0 < A < C$。对于确定场地而言，A 与 M_{d0} 均可视为常数，因此 M_0 与 M_{d0} 呈对应关系，则式 (2.37) 可进一步表示为

$$\frac{M}{M_0} = \frac{M_d + AM_{d0}}{(1+A)M_{d0}} = \frac{1}{1+A}\frac{M_d}{M_{d0}} + \frac{A}{1+A} \tag{2.38}$$

基于无地下水影响情况下场地压缩模量衰减曲线与对应剪切模量衰减曲线的一致性，式 (2.38) 中的 M_d/M_{d0} 可用剪切模量衰减模型描述，最终可得到式 (2.39) 所示的考虑地下水影响且能反映场地整体等效性质的场地压缩模量衰减模型。同样地，式 (2.39) 也适于压缩模量与剪切应变之间的关系。

$$\frac{M}{M_0} = b_{m3}\frac{1}{1+k_{m5}\varepsilon} + (1-b_{m3}) \tag{2.39}$$

式中，b_{m3} 和 k_{m5} 均为拟合参数。$b_{m3} = 1/(1+A)$，表征地下水影响程度；$1 - b_{m3} = A/(1+A)$，为压缩模量比衰减下限。

式 (2.39) 所示的模型中采用式 (2.33) 所示的单参数双曲线模型描述 M_d/M_{d0} 的原因：一是出于计算效率的考虑，因为引入了额外的拟合参数；二是为了可以和式 (2.34) 所示的双参数双曲线模型形成对照。就实际应用来说，也可采用式 (2.34) 描述 M_d/M_{d0}，即构成三参数模型。

最终，使用式 (2.39) 所示的压缩模量衰减模型拟合从地震动观测记录中提取的场地压缩模量与应变即可得到相应的场地压缩模量衰减曲线。

3. 地下水位在岩土交界面以上

地下水位在岩土交界面以上即表明无论是基于 HVSR 法还是地震干涉测量法，对应的估计结果均会受到地下水的影响。

1) 水平竖向谱比法

当地下水位在岩土交界面以上时，场地压缩模量衰减曲线与对应剪切模量衰减曲线的一致性不再存在，所以无法使用 HVSR 法，这类仅使用地表地震动观测记录的方法进行场地压缩模量衰减曲线的估计。

2) 地震干涉测量法

该部分与地下水位在钻孔井底与岩土交界面之间情况下的处理完全一致。

2.6　本　章　小　结

本章介绍了一些应用较广泛的从地震动观测记录中提取场地信息的方法，提

取的场地信息包括固有频率与放大作用、地震波速、模量、泊松比、应力、应变、模量衰减曲线。按照场地信息的种类总结如下：

(1)固有频率、放大作用与地震波速的提取是基于地震动观测记录估计场地信息的基础，对于一维场地反应分析，固有频率与地震波速能在刚性基岩单层场地的情况下相互转换。根据是否需要钻孔井下地震动观测记录，针对固有频率与地震波速各选择了一种方法进行介绍。对于需要钻孔井下地震动观测记录的方法，估计结果对应场地在两地震仪之间部分的整体等效性质；SBSR 法与地震干涉测量法分别被作为固有频率与地震波速的提取方法进行了介绍，SBSR 法可估计场地高阶固有频率与放大作用，而地震干涉测量法的估计精度较高，且地震波速更适于估计场地的其他性质。对于不需要钻孔井下地震动观测记录的方法，估计结果对应场地近地表部分的整体等效性质；HVSR 法与 P 波震动图法分别被作为固有频率与地震波速的提取方法进行了介绍，该类方法的精度低于第一类方法，其应用也主要集中在场地性质先期预估与场地分类等领域；除精度外，该类方法在对象上也仅适用于评估水平地震动对应的场地性质，如剪切波速、水平基本频率；HVSR 法的估计结果大致对应场地近地表土层部分的整体等效性质，P波震动图法的估计结果对应范围则与结果本身有较强相关性。此外，上述方法也可配合时频分析技术使用以达到增加强震记录数目的目的。在得到场地地震波速或固有频率之后，结合场地密度(可通过剪切波速估计)与厚度信息即可对场地模量乃至泊松比进行估计。

(2)目前主要通过将应变等效为场地振动速度与地震波速之比的表征进行估计，根据表征形式的不同，估计方法也有不同的区分，估计结果的性质也有差异。由于理论的局限与地震动观测记录的高离散性，场地应变的估计结果在实际使用时多用于定性研究或量级程度的定量分析。此外，剪切应变与正应变之间的关系可用对数线性模型描述且该模型可能具有区域无关性。相比于场地应变的估计结果可用于量级程度的定量分析，对场地应力的估计多用于对场地应力-应变关系的定性研究，估计方法上也多直接将 PHA 与 PVA 分别作为场地剪切应力与正应力的定性表征。

基于地震动观测记录估计场地模量衰减曲线的主要方法为：首先基于地震动观测记录估计场地模量与应变，然后使用合适的模量衰减模型进行拟合以得到相应的模量衰减曲线。由于实际情况下地下水的存在及其抗压不抗剪的特性，场地压缩模量衰减曲线可能与其剪切模量衰减曲线具有较大差异，在介绍了两种应用较广泛的剪切模量衰减模型之外，还提供了可考虑地下水影响的压缩模量衰减模型。此外，针对无地下水影响的特殊情况，可基于该情况下压缩模量衰减曲线与对应剪切模量衰减曲线的一致性间接估计对应的压缩模量衰减曲线，并可结合剪切应变与正应变之间的经验关系将两种模量衰减曲线转换到同一坐标系中。

参 考 文 献

[1] Zhu C B, Cotton F, Kwak D Y, et al. Within-site variability in earthquake site response[J]. Geophysical Journal International, 2022, 229(2): 1268-1281.

[2] Shearer P M, Orcutt J A. Surface and near-surface effects on seismic waves—Theory and borehole seismometer results[J]. Bulletin of the Seismological Society of America, 1987, 77(4): 1168-1196.

[3] Field E H, Jacob K H, Hough S E. Earthquake site response estimation: A weak-motion case study[J]. Bulletin of the Seismological Society of America, 1992, 82(6): 2283-2307.

[4] Steidl J H. Variation of site response at the UCSB dense array of portable accelerometers[J]. Earthquake Spectra, 1993, 9(2): 289-302.

[5] Steidl J H, Tumarkin A G, Archuleta R J. What is a reference site?[J]. Bulletin of the Seismological Society of America, 1996, 86(6): 1733-1748.

[6] Kramer S L. Geotechnical Earthquake Engineering[M]. Upper Saddle River: Prentice Hall, 1996.

[7] Wu C Q, Peng Z G, Ben-zion Y. Refined thresholds for non-linear ground motion and temporal changes of site response associated with medium-size earthquakes[J]. Geophysical Journal International, 2010, 182(3): 1567-1576.

[8] Tsai C C, Liu H W. Site response analysis of vertical ground motion in consideration of soil nonlinearity[J]. Soil Dynamics and Earthquake Engineering, 2017, 102: 124-136.

[9] Cadet H, Bard P Y, Rodriguez-Marek A. Site effect assessment using KiK-net data: Part 1. A simple correction procedure for surface/downhole spectral ratios[J]. Bulletin of Earthquake Engineering, 2012, 10(2): 421-448.

[10] Carniel R, Barbui L, Malisan P. Improvement of HVSR technique by self-organizing map (SOM) analysis[J]. Soil Dynamics and Earthquake Engineering, 2009, 29(6): 1097-1101.

[11] Gallipoli M R, Mucciarelli M. Comparison of site classification from V_{s30}, V_{s10}, and HVSR in Italy[J]. Bulletin of the Seismological Society of America, 2009, 99(1): 340-351.

[12] Yaghmaei-Sabegh S, Rupakhety R. A new method of seismic site classification using HVSR curves: Case study of the 12 November 2017 M_w 7.3 Ezgeleh earthquake in Iran[J]. Engineering Geology, 2020, 270: 1-12.

[13] Yang Z F, Yuan J, Liu J W, et al. Shear modulus degradation curves of gravelly and clayey soils based on KiK-net in situ seismic observations[J]. Journal of Geotechnical and Geoenvironmental Engineering, 2017, 143(9): 1-18.

[14] Bonilla L F, Steil J H, Lindley G T, et al. Site amplification in the San Fernando Valley, California: Variability of site-effect estimation using the S-wave coda and H/V methods[J]. Bulletin of the Seismological Society of America, 1997, 87(3): 710-730.

[15] Nakamura Y A. Method for dynamic characteristics estimation of subsurface using microtremor on the ground surface[J]. Railway Technical Research Institute Quarterly Reports, 1989, 30(1): 25-33.

[16] Chen S F, Kong L W, Xu G F. An effective way to estimate the Poisson's ratio of silty clay in seasonal frozen regions[J]. Cold Regions Science and Technology, 2018, 154: 74-84.

[17] Wang H Y, Jiang W P, Wang S Y, et al. In situ assessment of soil dynamic parameters for characterizing nonlinear seismic site response using KiK-net vertical array data[J]. Bulletin of Earthquake Engineering, 2019, 17(5): 2331-2360.

[18] Yamada M, Mori J, Ohmi S. Temporal changes of subsurface velocities during strong shaking as seen from seismic interferometry[J]. Journal of Geophysical Research, 2010, 115(B3): 1-10.

[19] Nakata N, Snieder R. Estimating near-surface shear wave velocities in Japan by applying seismic interferometry to KiK-net data[J]. Journal of Geophysical Research Solid Earth, 2012, 117(1): 1-12.

[20] Takagi R, Okada T. Temporal change in shear velocity and polarization anisotropy related to the 2011 M9.0 Tohoku-Oki earthquake examined using KiK-net vertical array data[J]. Geophysical Research Letters, 2012, 39(9): 1-7.

[21] Aki K, Richards P G. Quantitative Seismology[M]. Sausalito: University Science Books, 2002.

[22] Ni S, Li Z, Somerville P. Estimating subsurface shear velocity with radial to vertical ratio of local P waves[J]. Seismological Research Letters, 2014, 85(1): 82-89.

[23] Kim B, Hashash Y M A, Rathje E M, et al. Subsurface shear-wave velocity characterization using P-wave seismograms in Central, and Eastern North America[J]. Earthquake Spectra, 2016, 32(1): 143-169.

[24] 陶毅, 符力耘, 孙伟家, 等. 地震波干涉法研究进展综述[J]. 地球物理学进展, 2010, 25(5): 1775-1784.

[25] Rickett J, Claerbout J. Acoustic daylight imaging via spectral factorization: Helioseismology and reservoir monitoring[J]. The Leading Edge, 1999, 18(8): 957-960.

[26] Snieder R, Wapenaar K, Wegler U. Unified Green's function retrieval by cross-correlation; connection with energy principles[J]. Physical Review E, 2007, 75: 1-14.

[27] Andrew C, Peter G, Haruo S, et al. Seismic interferometry—Turning noise into signal[J]. The Leading Edge, 2006, 25(9): 1082-1092.

[28] Slob E, Wapenaar K. Electromagnetic Green's functions retrieval by cross-correlation and cross-convolution in media with losses[J]. Geophysical Research Letters, 2007, 34: 1-5.

[29] Vasconcelos I, Snieder R. Interferometry by deconvolution, Part 1—Theory for acoustic waves and numerical examples[J]. Geophysics, 2008, 73: S115-S128.

[30] Vasconcelos I, Snieder R. Interferometry by deconvolution, Part 2—Theory for elastic waves and application to drill-bit seismic imaging[J]. Geophysics, 2008, 73: S129-S141.

[31] Miao Y, Shi Y, Zhuang H Y, et al. Influence of seasonal frozen soil on near-surface shear wave velocity in Eastern Hokkaido, Japan[J]. Geophysical Research Letters, 2019, 46(16): 9497-9508.

[32] Bonilla L F, Guéguen P, Ben-Zion Y. Monitoring coseismic temporal changes of shallow material during strong ground motion with interferometry and autocorrelation[J]. Bulletin of the Seismological Society of America, 2019, 109(1): 187-198.

[33] Shi Y, Wang S Y, Cheng K, et al. In situ characterization of nonlinear soil behavior of vertical ground motion using KiK-net data[J]. Bulletin of Earthquake Engineering, 2020, 18: 4605-4627.

[34] 滕浩钧, 尹训强, 盛超. 地震动基线漂移校正方法的比较研究[J]. 大连大学学报, 2018, 39(3): 12-16.

[35] Vaezi Y, Baan M V D. Comparison of the STA/LTA and power spectral density methods for microseismic event detection[J]. Geophysical Journal International, 2015, 203(3): 1896-1908.

[36] Li X B, Shang X Y, Wang Z W, et al. Identifying P-phase arrivals with noise: An improved Kurtosis method based on DWT and STA/LTA[J]. Journal of Applied Geophysics, 2016, 133: 50-61.

[37] Miao Y, Shi Y, Wang S Y. Estimating near-surface shear wave velocity using the P-wave seismograms method in Japan[J]. Earthquake Spectra, 2018, 34(4): 1955-1971.

[38] Oda H, Ushio T. Topography of the Moho and Conrad discontinuities in the Kyushudistrict, Southwest Japan[J]. Journal of Seismology, 2007, 11(2): 221-233.

[39] Zhao D P, Hasegaw A, Kanamori H. Deep structure of Japan subduction zone as derived from local, regional, and teleseismic events[J]. Journal of Geophysical Research Solid Earth, 1994, 99(B11): 22313-22329.

[40] Okada Y, Kasahara K, Hori S, et al. Recent progress of seismic observation networks in Japan-Hi-net, F-net, K-net and KiK-net[J]. Earth Planets and Space, 2004, 56(8): 15-28.

[41] Zalachoris G, Rathje E M, Paine J G. V_{s30} characterization of Texas, Oklahoma, and Kansas using the P-wave seismogram method[J]. Earthquake Spectra, 2017, 33(3): 943-961.

[42] Christensen N I. Poisson's ratio and crustal seismology[J]. Journal of Geophysical Research, 1996, 101(B2): 3139-3156.

[43] Rathje E M, Chang W J, Stokoe K H, et al. Evaluation of ground strain from in situ dynamic response[C]//The 13th World Conference on Earthquake Engineering, Vancouver, 2004: 1-6.

[44] Chandra J, Guéguen P, Bonilla L F. PGA-PGV/V_s considered as a stress-strain proxy for predicting nonlinear soil response[J]. Soil Dynamics and Earthquake Engineering, 2016, 85: 146-160.

[45] Chandra J, Guéguen P, Steidl J H, et al. In situ assessment of the G-γ curve for characterizing the nonlinear response of soil: Application to the Garner Valley downhole array and the wildlife

liquefaction array[J]. Bulletin of the Seismological Society of America, 2015, 105(2A): 993-1010.

[46] Hill D P, Reasenberg P A, Michael A, et al. Seismicity remotely triggered by the magnitude 7.3 Landers, California, earthquake[J]. Science, 1993, 260(5114): 1617-1623.

[47] Griffiths S C, Cox B R, Rathje E M. Challenges associated with site response analyses for soft soils subjected to high-intensity input ground motions[J]. Soil Dynamics and Earthquake Engineering, 2016, 85: 1-10.

[48] Hardin B O, Drnevich V P. Shear modulus and damping in soils: Measurement and parameter effects[J]. Journal of the Soil Mechanics and Foundations Division, 1972, 98(SM6): 603-624.

[49] Zhang J, Andrus R, Juang C. Normalized shear modulus and material damping ratio relationships[J]. Journal of Geotechnical and Geoenvironmental Engineering, 2005, 131(4): 453-464.

[50] Askan A, Akcelik V, Bielak J, et al. Full waveform inversion for seismic velocity and anelastic losses in heterogeneous structures[J]. Bulletin of the Seismological Society of America, 2007, 97(6): 1990-2008.

第 3 章　水平设计反应谱

本章介绍作者近年来基于日本 KiK-net 地震动观测记录在水平设计反应谱研究领域的相关研究成果，主要内容为中国规范[1]中的场地分类方法、美国规范[2]中的场地分类方法和本书提出的场地分类方法的可靠性对比以及不同场地类别对应的水平设计反应谱特征参数(以下简称水平特征参数)的特征。场地分类方法的可靠性对比主要依据特征参数离散性。水平特征参数的特征研究主要包括三方面：①中国规范[1]中不同设计指标下水平特征参数的建议值；②水平场地系数的建议值；③场地类别对水平设计反应谱平台段和下降段高度的影响。

3.1　KiK-net 概况

KiK-net 是日本全国性的强震观测台网，该台网由分布于日本全国的 697 个竖向台阵(也可称为台站，以下统称为台站)组成，每个台站均分别在地表和钻孔井底各配置一个三分量高精度加速度地震仪，其中，643 个台站有完整的钻孔测试数据，包括地震波速剖面数据和土层结构剖面数据。由于日本的地貌分布特征，大多数台站都布设在沉积物厚度较薄的山地和丘陵地区，场地条件按照美国规范[2]中的场地分类方法以 C 类场地为主，按照中国规范[1]中的场地分类方法以 Ⅱ 类场地为主。基于 Boore 等[3]的研究结果，可以确定地震波速剖面数据中最底层的深度即为钻孔深度。大部分台站的钻孔深度分布在 100～200m，少部分能达到数百米至数千米[4]。三分量地震仪的采样频率初始均设为 200Hz，在 2007 年左右第一次台站调整之后统一变更为 100Hz；部分台站在 2013 年左右经历过第二次台站调整，虽然采样频率不变，但场地信息可能会受到影响。

3.2　场地分类方法

在现有的基于水平基本周期的场地分类方法(以下简称基于基本周期的场地分类方法)[5-9]的基础上，本书提出了如表 3.1 所示的场地分类方法。本章中场地水平基本周期 T_{h1} 被定义为剪切波传播时间的 4 倍，即 $T_{h1}=4H_{soil}/V_{ssoil}$，其中 H_{soil} 为剪切波速小于 760m/s 的土层厚度，V_{ssoil} 为对应土层的等效剪切波速。中国规范[1]、美国规范[2]中的场地分类方法分别如表 1.1 和表 1.2 所示。

表 3.1　本书提出的场地分类方法

场地类别	基本周期 T_{h1}/s	V_{s30}/(m/s)	对应美国规范[2]中的场地类别
SCI	$T_{h1}<0.2$	$V_{s30}>600$	A + B
SCI$_1$	$T_{h1}<0.1$	$V_{s30}>1200$	A
SCI$_2$	$0.1\leqslant T_{h1}<0.2$	$600<V_{s30}\leqslant1200$	B
SCII	$0.2\leqslant T_{h1}<0.4$	$300<V_{s30}\leqslant600$	C
SCIII	$0.4\leqslant T_{h1}<0.6$	$200<V_{s30}\leqslant300$	D
SCIV	$T_{h1}\geqslant0.6$	$V_{s30}\leqslant200$	E + F
SCIV$_1$	$0.6\leqslant T_{h1}<1$	$120<V_{s30}\leqslant200$	E
SCIV$_2$	$T_{h1}\geqslant1$	$V_{s30}\leqslant120$	F

3.3　水平地震动加速度反应谱规准化方法

　　竖向地震动加速度反应谱与水平地震动加速度反应谱对应的规准化地震动加速度反应谱均可描述为式(3.1)和图 1.4 所示的形式，特征参数包括动力放大系数或影响系数最大值(β_{max})、地震动峰值加速度表征(a_0)、规准化反应谱平台高度(S_{amax})、第一拐点周期(T_0)、第二拐点周期(特征周期，T_g)、下降段中位移控制段起始周期(T_d)、规准化反应谱截止周期(T_e)、下降段中速度控制段与位移控制段的下降速度参数(γ_1 和 γ_2)。多种地震动观测记录的规准化反应谱特征参数在一定标准下以抗震设计为目标的归纳统计即为设计反应谱特征参数。

$$S_a=\begin{cases}a_0+a_0(\beta_{max}-1)\dfrac{T}{T_0}, & \text{上升段：}T<T_0\\[2mm]\beta_{max}a_0=S_{amax}, & \text{平台段：}T_0\leqslant T<T_g\\[2mm]\beta_{max}a_0\left(\dfrac{T_g}{T}\right)^{\gamma_1}, & \text{速度控制段：}T_g\leqslant T<T_d\\[2mm]\beta_{max}a_0\left[\left(\dfrac{T_g}{T_d}\right)^{\gamma_1}-\dfrac{T_gT_d}{T_d^{\gamma_2}}+\dfrac{T_gT_d}{T^{\gamma_2}}\right], & \text{位移控制段：}T_d\leqslant T<T_e\end{cases}\tag{3.1}$$

式中，a_0 为地震动峰值加速度的表征；S_{amax} 为反应谱平台高度，即反应谱最大值；T_0 为第一拐点周期；T_g 为第二拐点周期(特征周期)；T_d 为位移控制段的起始周期；T_e 为位移控制段的截止周期；β_{max} 为动力放大系数或影响系数最大值；γ_1 为速度控制段的下降速度参数；γ_2 为位移控制段的下降速度参数。

　　实际应用中，抗震设计规范或相关研究会在上述形式的基础上进行一定程度的调整或简化，中国规范[1]采用的设计反应谱形式如图 3.1 所示。该设计反应谱形式将 $\beta_{\max}$ 设为 $1/0.45 \approx 2.25$，将 T_0 设为 0.1s，将 T_d 设为 T_g 的 5 倍，将 T_e 设为 6s，将 γ_1 设为 0.9，并在位移控制段采用线性衰减。

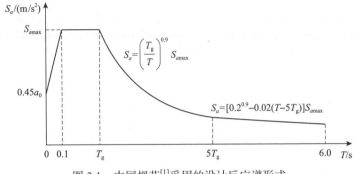

图 3.1　中国规范[1]采用的设计反应谱形式

　　以水平设计反应谱的特征周期(T_{hg})、平台高度(S_{ahmax})、动力放大系数最大值(β_{hmax})与下降段形式为对象，本章使用分段研究的方法分别研究上述特征参数的统计特征，其中需使用地震动加速度反应谱规准化方法确定上述特征参数中的特征周期、平台高度与动力放大系数最大值，具体分以下两部分进行叙述。

3.3.1　特征周期与平台高度

　　参考王国新等[10]和耿淑伟[11]的研究结果，选取两种设计反应谱形式进行地震动加速度反应谱规准化，见式(3.2)和式(3.3)。式(3.2)为中国规范[1]采用的设计反应谱形式，式(3.3)在式(3.2)的基础上做了两方面调整：①借鉴美国规范对动力放大系数最大值的规定，将动力放大系数最大值调整到 2.5；②参考耿淑伟[11]对设计反应谱下降段的讨论，将 6s 内下降段的下降速率统一调整到 T^{-1}。

　　(1)F_1：

$$S_a = \begin{cases} 0.45S_{a\max} + 0.55S_{a\max}\dfrac{T}{0.1}, & T < 0.1\text{s} \\[2mm] S_{a\max}, & 0.1\text{s} \leqslant T < T_g \\[2mm] S_{a\max}\left(\dfrac{T_g}{T}\right)^{0.9}, & T_g \leqslant T < 5T_g \\[2mm] S_{a\max}\left[0.2^{0.9} - 0.02(T - 5T_g)\right], & 5T_g \leqslant T < 6\text{s} \end{cases} \tag{3.2}$$

(2) F_2:

$$S_a = \begin{cases} 0.4S_{a\max} + 0.6S_{a\max}\dfrac{T}{0.1}, & T < 0.1\text{s} \\ S_{a\max}, & 0.1\text{s} \leqslant T < T_g \\ S_{a\max}\dfrac{T_g}{T}, & T_g \leqslant T < 6\text{s} \end{cases} \tag{3.3}$$

拟合过程中，出于计算效率的考虑，需要控制周期点的数目。本章参考耿淑伟[11]的方法在 0～6s 内共选取 119 个周期点：① 0～0.4s 内，间隔取 0.01s，共 41 个周期点；② 0.4～0.8s 内，间隔取 0.02s，共 20 个周期点；③ 0.8～1.6s 内，间隔取 0.04s，共 20 个周期点；④ 1.6～3.2s 内，间隔取 0.08s，共 20 个周期点；⑤ 3.2～6s 内，间隔取 0.16s，共 18 个周期点。

分别针对上述两种设计反应谱形式，在各个特征参数可能的取值范围内按一定的间隔逐一选定每个参数可能的值，按均方误差最小原则确定合适的特征参数拟合结果。然后对比两组特征参数拟合结果各自与地震动加速度反应谱的皮尔逊相关系数，皮尔逊相关系数高的一组即为最终结果。

除此之外，《中国地震动参数区划图》(GB 18306—2015)[12]规定，地震动有效峰值加速度按阻尼比 5%的规准化地震动加速度反应谱平台高度的 1/2.5 倍确定，本章也采用该定义计算地震动观测记录的有效峰值加速度。

3.3.2 动力放大系数最大值

实际研究中，估计动力放大系数最大值(亦称平台段动力放大系数)时需要注意地震动观测记录数量的影响。一般来说，地震动观测记录数量越多，平均加速度反应谱越平滑，其平台段越明显；当地震动观测记录数量较少时，平均加速度反应谱可能会出现非常尖锐的波峰。参考刘文锋等[13]提出的规准化反应谱的概率方法，本章使用面积比法来解决地震动观测记录数量太少引起的动力放大系数最大值不稳定的问题，如图 3.2 所示。其中计算对象为动力放大系数谱(地震动加速度反应谱与其初始值即地震动峰值加速度的比值，以下简称放大系数谱)，α 定义为初始放大系数谱与平台化放大系数谱面积之差与初始放大系数谱面积的比值；α 的取值越大，削峰效果越好，动力放大系数最大值的取值随之下降，估计稳定性随之提高。本章以估计结果离散性对 α 的敏感程度为指标确定地震动加速度反应谱对应的动力放大系数最大值。

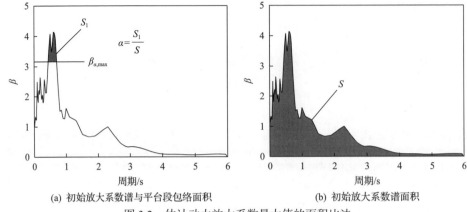

(a) 初始放大系数谱与平台段包络面积　　　　　(b) 初始放大系数谱面积

图 3.2　估计动力放大系数最大值的面积比法

3.4　本章使用的强震动观测记录

利用地震动加速度反应谱规准化方法确定地震动观测记录的有效峰值加速度（即地震动观测记录对应的规准化反应谱平台高度除以 2.5），从 KiK-net 中挑选出约 80000 组地表水平地震动加速度反应谱峰值大于 0.1g（g 表示重力加速度，用此单位的目的在于与规范中相关规定保持一致）的地表地震动观测记录，这些地震动观测记录即为用于水平设计反应谱特征参数研究的数据。针对具有完整钻孔测试数据的台站，按照中国规范[1]和《中国地震动参数区划图》（GB 18306—2015）[12]中的规定筛选出两组研究数据，其中一组数据用于研究水平设计反应谱特征参数，另一组数据用于研究场地分类方法和水平场地系数。

3.4.1　用于水平设计反应谱特征参数研究的数据

按照《建筑抗震设计规范》（GB 50011—2010）[1]与《中国地震动参数区划图》（GB 18306—2015）[12]中的规定，抗震设防烈度、设计基本地震动加速度及地震动有效峰值加速度范围这三种设计指标的对应关系如表 3.2 所示，表中的地震动有效峰值加速度通过前面介绍的地震动加速度反应谱规准化方法确定。

表 3.2　三种设计指标的对应关系

抗震设防烈度	设计基本地震动加速度/g	地震动有效峰值加速度/g
6	0.05	0.04～0.09
7	0.1	0.09～0.14
	0.15	0.14～0.19
8	0.2	0.19～0.28
	0.3	0.28～0.38
9	0.4	0.38～0.75

按照《中国地震动参数区划图》(GB 18306—2015)[12]中的规定以及参考吕西林等[14]的建议，设计地震分组可以参考表3.3确定。

表 3.3　设计地震分组的确定方法

设计地震分组	不同场地类别对应的特征周期				
	I_0	I_1	II	III	IV
第一组	≤0.25s	≤0.3s	≤0.4s	≤0.5s	≤0.7s
第二组	0.25～0.3s	0.3～0.35s	0.4～0.45s	0.5～0.65s	0.7～0.9s
第三组	≥0.3s	≥0.35s	≥0.45s	≥0.65s	≥0.9s

根据表3.2和表3.3对上述约80000组地震动观测记录进行分组，结果如表3.4所示(由于I_1类与I_0类场地数量较少，后面视情况将两类场地合并为一组考虑，统称为I类场地)。可以看出，抗震设防烈度为6度时，第一组的地震动观测记录数量最多，约占总数的50%；抗震设防烈度为7度、设计基本地震动加速度为0.1g时，第一组的地震动观测记录数量次之，约占总数的18%；抗震设防烈度为7度、设计基本地震动加速度为0.15g时，第一组的地震动观测记录数量约占总数的9%；抗震设防烈度为8度、设计基本地震动加速度为0.2g时，第一组的地震动观测记录数量约占总数的8%；其他情况下各设计地震分组的地震动观测记录数量占比均小于2.5%。此外，地震动观测记录以II类场地为主，约占总数的78%；IV类场地最少，占比不足1%。

表 3.4　中国规范[1]中不同场地类别下各分组的地震动观测记录数量

抗震设防烈度	设计基本地震动加速度/g	设计地震分组	不同场地类别对应的地震动观测记录数量			
			I	II	III	IV
6	0.05	第一组	4711	32678	4041	282
		第二组	35	352	112	10
		第三组	224	1270	210	76
7	0.1	第一组	1849	12056	1405	107
		第二组	13	122	31	4
		第三组	58	360	70	24
	0.15	第一组	952	6052	714	45
		第二组	7	70	12	0
		第三组	17	149	40	10

续表

抗震设防烈度	设计基本地震动加速度/g	设计地震分组	不同场地类别对应的地震动观测记录数量			
			I	II	III	IV
8	0.2	第一组	883	5326	646	34
		第二组	1	56	16	1
		第三组	33	113	30	4
	0.3	第一组	436	2983	324	20
		第二组	1	23	6	4
		第三组	11	70	15	9
9	0.4	第一组	505	3637	426	22
		第二组	3	31	11	1
		第三组	7	76	14	2

3.4.2 用于场地分类方法和水平场地系数研究的数据

在设计反应谱特征参数研究中，地震动观测记录在按照规准化反应谱的平台高度确定设计基本地震动加速度时，与场地类别没有关系。换言之，当设计基本地震动加速度相同时，不同场地类别的规准化反应谱平台高度相近。因此，在场地分类方法及其场地系数的研究中，不能直接采用设计反应谱特征参数研究中的地震动观测记录分组的方法。这一点非常重要，否则就会得出场地类别对反应谱平台高度没有明显影响的结论[11]。

在场地系数研究中，通常做法是：首先选择一个参考场地类别，确定该场地类别下不同震级时地震动有效峰值加速度随距离的衰减关系；然后基于地震动有效峰值加速度衰减关系，依据矩震级、距离(震中距或震源距)、场地类别将参考场地的地震动观测记录分组；最后基于参考场地的分组结果以地震动有效峰值加速度为标准将其他场地类别的地震动观测记录进行分组。本章首先将II类场地的地震动观测记录依据矩震级、震源距分组，然后计算各分组内震源距和有效峰值加速度的平均值，结果如表 3.5 所示。由此得到II类场地上地震动有效峰值加速度随距离的衰减关系，如图 3.3 和图 3.4 所示。两图中实心圆与对应的误差棒分别表示不同震源距范围内计算结果的均值与正负一倍标准差。根据表 3.5 和图 3.4 中不同矩震级对应的有效峰值加速度随震源距的衰减关系，以及表 3.2 中设计基本地震动加速度分区范围，依据矩震级、震源距将II类场地上的地震动观测记录分组，结果如表 3.6 所示。

表 3.5　Ⅱ类场地上不同地震动观测记录分组内震源距和有效峰值加速度的平均值

| 震源距/km | 不同矩震级对应的震源距和有效峰值加速度的平均值 | | | | | | | | | | |
| | 3.5~4.5 级 | | 4.5~5.5 级 | | 5.5~6.5 级 | | 6.5~7.5 级 | | 7.5~8.5 级 | | ≥8.5 级 | |
	D_{foc}^*/km	EPA*/g	D_{foc}^*/km	EPA*/g	D_{foc}^*/km	EPA*/g	D_{foc}^*/km	EPA*/g	D_{foc}^*/km	EPA*/g	D_{foc}^*/km	EPA*/g
0~10	6.8	0.046	7.0	0.151	5.7	0.434	7.8	0.756	—	—	—	—
10~20	15.5	0.021	15.9	0.060	15.8	0.167	15.6	0.312	—	—	—	—
20~30	25.1	0.014	25.2	0.039	25.1	0.100	25.5	0.335	—	—	—	—
30~40	35.3	0.010	35.5	0.028	35.0	0.080	34.6	0.191	—	—	—	—
40~50	45.1	0.009	45.3	0.024	45.3	0.056	45.7	0.140	—	—	—	—
50~60	55.1	0.007	55.1	0.021	55.4	0.060	55.7	0.119	57.3	0.253	—	—
60~90	75.2	0.006	76.3	0.016	76.4	0.040	76.4	0.095	75.0	0.345	—	—
90~120	104.0	0.004	105.5	0.009	105.6	0.028	105.9	0.074	105.8	0.242	—	—
120~150	133.4	0.003	135.2	0.006	135.5	0.014	135.8	0.043	137.9	0.086	138.6	0.265
150~180	163.2	0.002	164.7	0.004	165.7	0.009	165.5	0.030	162.6	0.068	165.0	0.419
180~240	201.1	0.002	206.5	0.002	210.1	0.005	210.6	0.016	211.1	0.039	212.9	0.302
240~300	262.3	0.002	265.9	0.002	269.3	0.003	270.1	0.010	271.5	0.012	268.2	0.231
300~360	327.4	0.002	325.8	0.001	328.5	0.002	330.7	0.008	332.5	0.016	323.2	0.168
360~480	402.5	0.001	405.3	0.001	409.9	0.001	417.2	0.006	418.4	0.017	420.6	0.063
480~600	543.8	0.001	534.8	0.002	534.2	0.001	538.7	0.004	543.1	0.009	543.2	0.022
≥600	631.7	0.001	697.9	0.001	746.4	0.001	912.1	0.003	1518	0.003	836.8	0.007

注：D_{foc}^* 为震源距的平均值，EPA* 为有效峰值加速度的平均值。

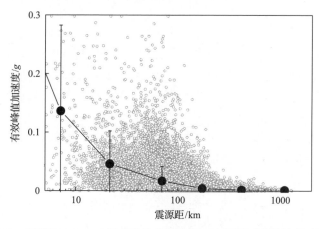

图 3.3　矩震级 4.5~5.5 级对应的有效峰值加速度随震源距的衰减关系

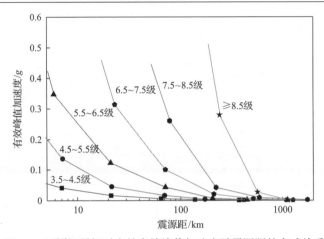

图 3.4　不同矩震级对应的有效峰值加速度随震源距的衰减关系

表 3.6　Ⅱ类场地上不同地震动观测记录分组对应的震源距

抗震设防烈度	设计基本地震动加速度/g	不同矩震级对应的震源距/km					
		3.5～4.5 级	4.5～5.5 级	5.5～6.5 级	6.5～7.5 级	7.5～8.5 级	≥8.5 级
6	0.05	11～62	31～101	61～154	92～357	161～437	258～459
7	0.1	8～49	21～76	43～118	61～270	145～429	254～419
	0.15	3～39	15～87	41～104	33～210	85～98	263-386
8	0.2	3～24	9～59	23～94	50～164	102～152	195～382
	0.3	2～5	8～63	21～87	39～161	75～121	168～277
9	0.4	2～5	3～37	14～93	41～135	64～105	176～271

　　按照表 3.6 中Ⅱ类场地上不同地震动观测记录分组对应的震源距,从初步筛选的地震动观测记录中进一步选出 8 万余组矩震级在 3.5～4.5 级、4.5～5.5 级、5.5～6.5 级、6.5～7.5 级、7.5～8.5 级、≥8.5 级时震源距分别不大于 19km、40km、140km、390km、481km、506km 的地震动观测记录,这些地震动观测记录即为用于场地分类方法和水平场地系数研究的数据。将这些地震动观测记录按照震源距、矩震级及场地类别分组,各分组的地震动观测记录数量如表 3.7～表 3.9 所示。

　　基于表 3.7～表 3.9,统计不同抗震设防烈度、设计基本地震动加速度、场地类别对应的地震动观测记录数量。从抗震设防烈度与设计基本地震动加速度出发,抗震设防烈度为 6 度的地震动观测记录数量最多,约占总数的 52%;抗震设防烈度为 7 度、设计基本地震动加速度为 0.1g 的地震动观测记录数量次之,约占总数的 19%;抗震设防烈度为 7 度、设计基本地震动加速度为 0.15g 的地震动观测记录数量约占总数 10%;其他情况地震动观测记录数量占比多小于 5%。从场地类别出发,表 3.7 中的结果以Ⅱ类场地为主,约占总数的 78%;其次为Ⅰ类场地,约占总数的 12%;再次为Ⅲ类场地,约占总数的 10%;Ⅳ类场地最少,占比不足

1%。表 3.8 中的结果以 C 类场地为主，约占总数的 55%；其次为 D 类场地，约占总数的 31%；再次为 B 类场地，约占总数的 13%；E 类与 A 类场地较少，总占比不足 2%。表 3.9 中的结果以 SCⅡ类场地为主，约占总数的 60%，其次为 SCI$_2$ 类场地，约占总数的 22%；然后为 SCⅢ类场地，约占总数的 16%；再次为 SCⅣ$_2$ 和 SCⅣ$_1$ 类场地，总占比约 2%；SCI$_1$ 类场地最小，占比不足 1%。

表 3.7　中国规范[1]中不同场地类别下各分组的地震动观测记录数量

抗震设防烈度	设计基本地震动加速度/g	不同场地类别对应的地震动观测记录数量			
		I	II	III	IV
6	0.05	4970	34259	4351	366
7	0.1	1920	12526	1505	135
	0.15	976	6260	765	55
8	0.2	917	5492	689	39
	0.3	448	3071	345	33
9	0.4	515	3741	450	25

表 3.8　美国规范[2]中不同场地类别下各分组的地震动观测记录数量

抗震设防烈度	设计基本地震动加速度/g	不同场地类别对应的地震动观测记录数量				
		A	B	C	D	E
6	0.05	3	5206	24262	13855	659
7	0.1	1	2251	8786	4826	238
	0.15	0	1159	4324	2481	93
8	0.2	0	1073	3900	2091	76
	0.3	0	564	2123	1156	57
9	0.4	0	646	2564	1481	44

表 3.9　基于本书提出的场地分类方法的各分组的地震动观测记录数量

抗震设防烈度	设计基本地震动加速度/g	不同场地类别对应的地震动观测记录数量					
		SCI$_1$	SCI$_2$	SCII	SCIII	SCIV$_1$	SCIV$_2$
6	0.05	237	8975	26573	7284	851	65
7	0.1	90	3607	9542	2550	285	28
	0.15	34	1841	4760	1296	114	12
8	0.2	35	1686	4169	1133	113	4
	0.3	12	904	2309	602	65	8
9	0.4	12	1046	2827	787	60	3

3.5　水平设计反应谱特征参数研究

利用 3.4.1 节介绍的 8 万余组地震动观测记录,根据场地类别、地震动有效峰值加速度、设计地震分组对地震动观测记录进行分组,地震动有效峰值加速度与特征周期的估计方法见 3.3.1 节,分组结果如表 3.4 所示。然后,计算每一组地震动观测记录对应的平均加速度反应谱,根据各地震动观测记录分组对应的平均加速度反应谱研究水平设计反应谱对应的动力放大系数最大值(水平动力放大系数最大值, β_{hmax})和下降段形式。以中国规范[1]中的场地分类方法划分场地类别,设计基本地震动加速度为 $0.05g$ 时不同设计地震分组对应的平均加速度反应谱及其标准差如图 3.5 所示。其中,黑线代表该组地震动观测记录的平均加速度反应谱,灰色区域代表平均值加减一倍标准差的范围。

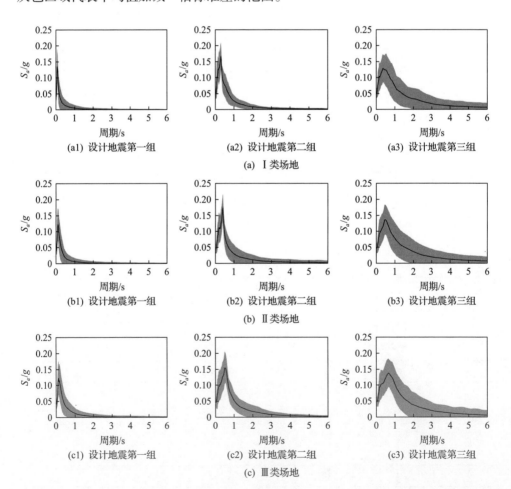

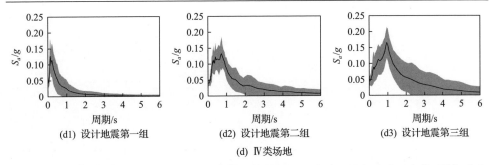

(d1) 设计地震第一组　　　(d2) 设计地震第二组　　　(d3) 设计地震第三组

(d) Ⅳ类场地

图 3.5　设计基本地震动加速度为 0.05g 时不同设计地震分组对应的平均加速度反应谱及其标准差

3.5.1　水平动力放大系数最大值

　　根据不同分组对应的平均加速度反应谱，使用 3.3.2 节介绍的地震动加速度反应谱规准化方法估计不同地震动观测记录分组对应的水平动力放大系数最大值，其中 $\alpha=0$ 时的估计结果如表 3.10 所示。从表 3.4 和表 3.10 可以看出，地震动数量对水平动力放大系数最大值估计结果的影响非常显著，当地震动数量较少时，水平动力放大系数最大值的估计结果具有明显的离散性。

表 3.10　$\alpha=0$ 时不同分组对应的水平动力放大系数最大值

抗震设防烈度	设计基本地震动加速度/g	设计地震分组	不同场地类别对应的水平动力放大系数最大值				
			I_0	I_1	Ⅱ	Ⅲ	Ⅳ
6	0.05	第一组	3.28	3.41	3.36	3.10	3.28
		第二组	2.82	3.04	3.03	2.97	2.82
		第三组	2.63	2.84	2.84	3.10	2.63
7	0.1	第一组	3.35	3.46	3.40	3.12	3.35
		第二组	2.64	3.16	2.95	—	2.64
		第三组	2.46	2.83	2.88	3.14	2.46
	0.15	第一组	3.35	3.46	3.37	3.26	3.35
		第二组	2.66	3.01	2.72	—	2.66
		第三组	2.63	2.78	2.74	3.67	2.63
8	0.2	第一组	3.32	3.48	3.39	3.13	3.32
		第二组	—	3.01	2.79	—	—
		第三组	2.65	2.79	2.84	—	2.65
	0.3	第一组	3.35	3.48	3.41	2.94	3.35
		第二组	—	3.05	2.69	—	—
		第三组	2.66	2.78	2.57	3.79	2.66

续表

抗震设防烈度	设计基本地震动加速度/g	设计地震分组	不同场地类别对应的水平动力放大系数最大值				
			I_0	I_1	II	III	IV
9	0.4	第一组	3.30	3.51	3.41	2.99	3.30
		第二组	0.00	3.26	2.62	—	0.00
		第三组	2.49	2.90	2.85	—	2.49

参考刘文锋等[13]提出的概率方法,使用面积比法解决地震动数量太少引起的动力放大系数最大值不稳定的问题,其中计算对象为放大系数谱,并以估计结果离散性对 α 的敏感程度为指标确定动力放大系数最大值。为确定合理的 α 取值,根据不同的 α 计算水平动力放大系数最大值估计结果随地震动数量的变化关系,结果如图3.6 所示。其中带点实线分别代表地震动数量在 $1\sim10$、$10\sim10^2$、$10^2\sim10^3$、$10^3\sim10^4$ 范围内估计结果的平均值,竖向线段代表平均值加减一倍标准差。从图 3.6 可以看出,当 $\alpha\geqslant1.5\%$ 时,水平动力放大系数最大值不再明显受到地震动数量的影响,而且随着 α 取值的提高,水平动力放大系数最大值的下降速度也非常缓慢。因此,以 $\alpha=1.5\%$ 为标准确定水平动力放大系数最大值,估计结果如表 3.11 所示。

从表 3.11 可以看出,不同分组对应的水平动力放大系数最大值均分布于 $1.98\sim3.23$,平均值为 2.50。根据表 3.11 中的数据,分别计算不同场地类别、设计

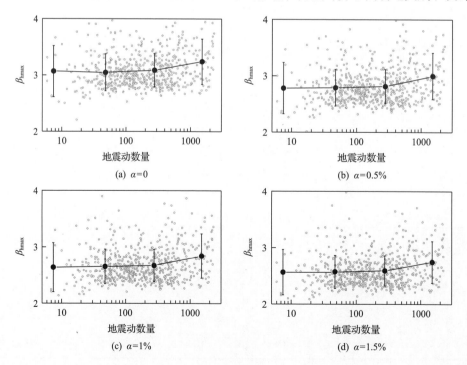

(a) $\alpha=0$

(b) $\alpha=0.5\%$

(c) $\alpha=1\%$

(d) $\alpha=1.5\%$

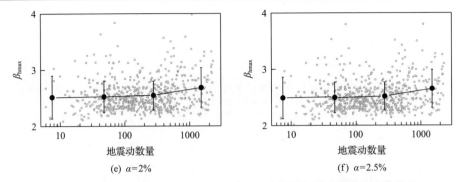

(e) $\alpha=2\%$　　　　　　　　　　　(f) $\alpha=2.5\%$

图 3.6　不同 α 取值时水平动力放大系数最大值随地震动数量的变化关系

表 3.11　$\alpha=1.5\%$ 时不同分组对应的水平动力放大系数最大值

抗震设防烈度	设计基本地震动加速度/g	设计地震分组	不同场地类别对应的水平动力放大系数最大值				
			I_0	I_1	II	III	IV
6	0.05	第一组	2.80	2.87	2.76	2.50	2.80
		第二组	2.30	2.50	2.47	2.36	2.30
		第三组	2.14	2.33	2.37	2.56	2.14
7	0.1	第一组	2.89	2.93	2.81	2.49	2.89
		第二组	2.13	2.61	2.43	—	2.13
		第三组	1.98	2.32	2.38	2.59	1.98
	0.15	第一组	2.89	2.93	2.78	2.63	2.89
		第二组	2.08	2.49	2.21	—	2.08
		第三组	2.14	2.29	2.27	3.04	2.14
8	0.2	第一组	2.88	2.94	2.78	2.50	2.88
		第二组	—	2.45	2.24	—	—
		第三组	2.13	2.30	2.36	—	2.13
	0.3	第一组	2.90	2.95	2.79	2.33	2.90
		第二组	—	2.56	2.19	—	—
		第三组	2.15	2.31	2.14	3.23	2.15
9	0.4	第一组	2.83	2.96	2.78	2.34	2.83
		第二组	—	2.73	2.16	—	—
		第三组	2.01	2.38	2.44	—	2.01

基本地震动加速度、设计地震分组对应的水平动力放大系数平均值与标准差，结果如图 3.7 所示。其中竖向线段表示平均值加减一倍标准差的变化范围。可以看

出，场地类别、设计基本地震动加速度、设计地震分组对水平动力放大系数最大值均存在一定影响，总体上，场地越软、地震动强度越高、距离越近，水平动力放大系数最大值越大；此外，大部分情况下水平动力放大系数最大值的平均值分布于 2.25～2.75。因此，建议水平设计反应谱的动力放大系数最大值取值为 2.5。

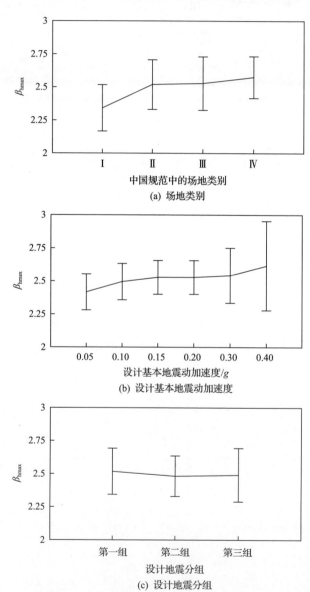

图 3.7　不同场地类别、设计基本地震动加速度、设计地震分组对应的水平动力
放大系数平均值与标准差

3.5.2 下降段形式

理论上，设计反应谱的下降段有两个部分：速度控制段和位移控制段。在加速度反应谱中，理论上前者衰减指数为 1，后者衰减指数为 2。中国规范[1]中设计反应谱下降段在速度控制段采用 $T^{-0.9}$ 形式衰减，在位移控制段采用线性衰减。

参考耿淑伟[11]的研究结果，利用不同地震动观测记录分组对应的平均计算结果比较三种设计反应谱下降段形式对水平设计反应谱的适用性。三种下降段形式分别为：①中国规范[1]中规定的下降段形式。在 T_{hg}～$5T_{hg}$ 内，以 $T^{-0.9}$ 形式衰减；在 $5T_{hg}$～6s 内，以线性形式衰减。②美国规范[2]中规定的下降段形式。在 T_{hg}～$5T_{hg}$ 内，以 T^{-1} 形式衰减；在 $5T_{hg}$～6s 内，以 T^{-2} 形式衰减。③耿淑伟[11]建议的下降段形式。在 T_{hg}～6s 内，统一以 T^{-1} 形式衰减。各计算结果如图 3.8 所示，其中灰色区域代表该组内地震动加速度反应谱的平均值加减一倍标准差的范围。

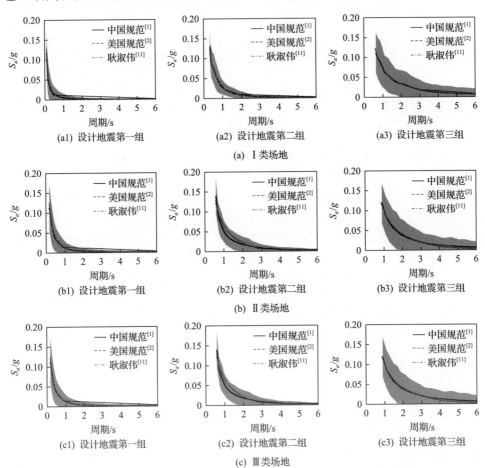

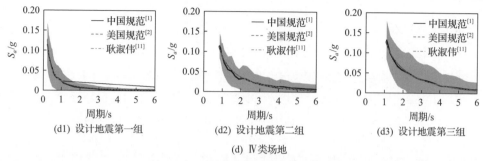

(d) Ⅳ类场地

图 3.8　三种下降段形式对应的计算结果

　　除从图 3.8 中直观比较不同的下降段形式外，为进一步定量地比较下降段形式，使用式(3.4)所示的标准误差衡量不同下降段形式与实际地震动观测结果之间的差异程度，结果如表 3.12～表 3.14 所示。

$$\sigma_{d} = \sqrt{\dfrac{\sum\limits_{i=1}^{n}(y_{ei} - y_{mi})^{2}}{n}} \tag{3.4}$$

式中，n 为 T_{hg}～6s 内的周期点数；y_{ei} 为第 i 个周期点对应的规准化结果；y_{mi} 为第 i 个周期点对应的地震动观测结果(不同地震动观测记录分组对应的平均地震动加速度反应谱)。

表 3.12　中国规范[1]规准化结果的下降段标准误差

抗震设防烈度	设计基本地震动加速度/g	设计地震分组	不同场地类别对应的下降段标准误差/%			
			Ⅰ	Ⅱ	Ⅲ	Ⅳ
6	0.05	第一组	0.53	0.33	0.62	1.13
		第二组	0.31	0.52	0.68	0.41
		第三组	0.25	0.20	0.32	0.25
7	0.1	第一组	0.64	0.36	0.96	2.56
		第二组	0.71	1.22	1.26	—
		第三组	0.73	0.25	1.32	0.48
	0.15	第一组	1.29	0.66	1.41	3.89
		第二组	2.48	1.86	1.38	—
		第三组	1.04	0.49	1.66	2.04
8	0.2	第一组	0.78	0.63	2.59	9.29
		第二组	—	2.17	1.66	—
		第三组	0.66	0.70	1.69	—

抗震设防烈度	设计基本地震动加速度/g	设计地震分组	不同场地类别对应的下降段标准误差/%			
			I	II	III	IV
8	0.3	第一组	1.08	1.16	3.60	10.74
		第二组	—	5.83	3.99	—
		第三组	4.30	2.18	2.64	4.34
9	0.4	第一组	2.03	2.24	6.66	8.85
		第二组	—	10.94	4.05	—
		第三组	1.74	1.94	6.95	

表 3.13　美国规范[2]规准化结果的下降段标准误差

抗震设防烈度	设计基本地震动加速度/g	设计地震分组	不同场地类别对应的下降段标准误差/%			
			I	II	III	IV
6	0.05	第一组	0.46	0.20	0.05	0.19
		第二组	0.14	0.64	0.68	0.39
		第三组	0.17	0.16	0.26	0.21
7	0.1	第一组	0.93	0.50	0.24	0.72
		第二组	0.35	1.42	1.40	—
		第三组	0.53	0.12	1.22	0.52
	0.15	第一组	1.59	0.68	0.43	1.33
		第二组	0.77	2.21	1.38	—
		第三组	0.99	0.61	1.52	1.91
8	0.2	第一组	2.25	1.21	0.34	2.87
		第二组	—	2.95	1.78	—
		第三组	0.64	1.15	1.49	—
	0.3	第一组	3.22	1.50	0.32	5.21
		第二组	—	6.19	5.18	—
		第三组	3.48	2.52	2.60	4.11
9	0.4	第一组	5.28	2.13	0.77	1.37
		第二组	—	11.24	4.58	—
		第三组	1.75	1.45	6.53	—

表 3.14　耿淑伟[11]规准化结果的下降段标准误差

抗震设防烈度	设计基本地震动加速度/g	设计地震分组	不同场地类别对应的下降段标准误差/%			
			I	II	III	IV
6	0.05	第一组	0.25	0.35	0.24	0.14
		第二组	0.29	0.38	0.49	0.33
		第三组	0.11	0.13	0.24	0.21
7	0.1	第一组	0.54	0.72	0.51	0.40
		第二组	0.54	0.76	0.93	—
		第三组	0.35	0.14	1.15	0.52
	0.15	第一组	0.95	1.00	0.83	1.03
		第二组	0.90	1.14	1.19	—
		第三组	1.15	0.39	1.25	1.86
8	0.2	第一组	1.19	1.50	0.89	2.01
		第二组	—	1.29	1.69	—
		第三组	0.87	0.42	1.49	—
	0.3	第一组	1.83	2.13	1.38	2.32
		第二组	—	3.02	2.30	—
		第三组	2.14	1.74	1.99	4.04
9	0.4	第一组	2.75	3.38	1.84	1.32
		第二组	—	5.56	2.99	—
		第三组	2.53	1.44	5.80	—

　　基于表 3.12～表 3.14 的数据,计算不同场地类别、设计基本地震动加速度、设计地震分组对应的标准误差平均值,结果如图 3.9 所示。从图中可以看出,除中国规范[1]外,场地类别对标准误差没有明显影响,设计基本地震动加速度与标准误差整体呈正相关;除中国规范[1]外,设计地震第二组对应的标准误差略高于其他情况。对比美国规范[2]和耿淑伟[11]建议的下降段形式,两者的标准误差非常接近,均明显小于中国规范的对应结果。从图 3.8 可以看出,中国规范[1]规定的下降段形式过于保守,明显高于观测结果,美国规范[2]规定的下降形式有时会低于观测结果,偏于危险。综上所述,与耿淑伟[11]建议的下降段形式一致,本书推荐在 $5T_{hg}$～6s 内,水平设计反应谱下降段统一采用 T^{-1} 形式衰减。

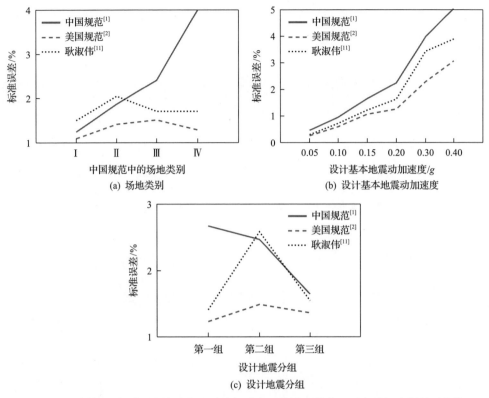

图 3.9　不同场地类别、设计基本地震动加速度、设计地震分组对应的标准误差平均值

3.6　场地分类方法和水平场地系数研究

利用 3.4.2 节介绍的地震动观测记录，依据震中距、矩震级、地震动有效峰值加速度及场地类别对地震动观测记录进行分组，分组方案与各组的地震动观测记录数量如表 3.5～表 3.9 所示。然后，计算每组地震动观测记录对应的平均加速度反应谱，根据各地震动观测记录分组对应的平均加速度反应谱研究场地分类方法和水平场地系数。设计基本地震动加速度为 0.05g 时不同场地类别对应的平均加速度反应谱及其标准差如图 3.10 所示。其中黑色线代表该组地震动观测记录的平均加速度反应谱，灰色区域代表平均值加减一倍标准差的范围。

3.6.1　场地分类方法的可靠性对比

为比较三种场地分类方法的可靠性，以反应谱标准误差的概念作为衡量场地分类方法可靠性的指标，用于本节研究的标准误差计算公式见式(3.5)。三种场地分类方法中不同场地类别对应的动力放大系数标准误差如图 3.11 所示。三种场地分类方法之间的标准误差对比如图 3.12 所示。在部分图表中出于简洁性考虑，本书提出的场地分类方法简称为本书方法。

$$\sigma_{\mathrm{m}}(T) = \sqrt{\dfrac{\displaystyle\sum_{i=1}^{n}\left(\dfrac{y_{ei}(T) - y_{\mathrm{m}}(T)}{y_{\mathrm{m}}(0)}\right)^{2}}{n}} \tag{3.5}$$

式中，n 为地震动观测记录分组内包含的地震动观测记录数量；$y_{ei}(T)$ 为地震动观测记录分组内第 i 条地震动观测记录在周期 T 处的加速度反应谱值；$y_{\mathrm{m}}(T)$ 为地震动观测记录分组的平均加速度反应谱在周期 T 处的谱值。

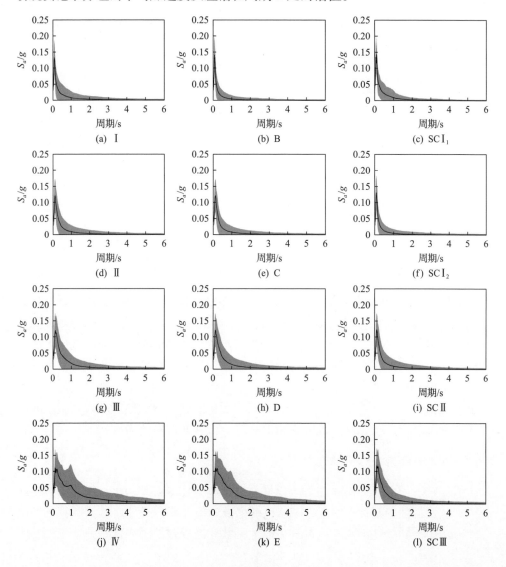

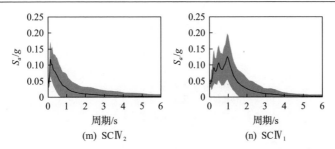

(m) SCIV$_2$　　　　　　　　　　(n) SCIV$_1$

图 3.10　设计基本地震动加速度为 0.05g 时不同场地类别对应的平均加速度反应谱及其标准差

从图 3.11 可以看出：①对于中国规范[1]，Ⅰ、Ⅱ类场地对应的动力放大系数标准误差小于Ⅲ和Ⅳ类场地；②对于美国规范[2]，B、C、D、E 类场地对应的动力放大系数标准误差依次增加；③对于本书提出的场地分类方法，SCI$_1$、SCI$_2$、SCII类场地对应的动力放大系数标准误差小于 SCIII 和 SCIV$_1$ 类场地，SCIV$_2$ 类场地对应的动力放大系数标准误差最大。基于上述结果可以发现，场地越软，其对应规准化结果的标准误差越大。

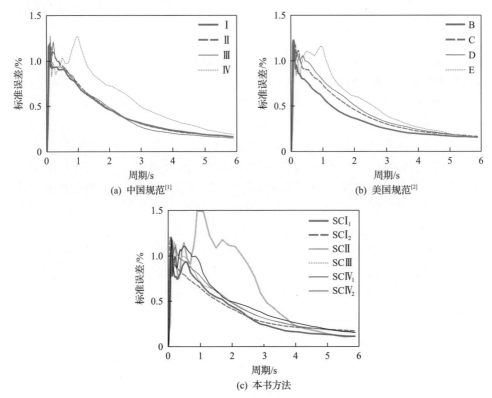

(a) 中国规范[1]　　　　　　　　　　　　　(b) 美国规范[2]

(c) 本书方法

图 3.11　三种场地分类方法中不同场地类别对应的动力放大系数标准误差

如图 3.12 所示，本书提出的场地分类方法对应的标准误差在大部分周期范围内小于其他两种场地分类方法。因此，本书推荐采用基于水平基本周期的场地分类方法划分场地类别。

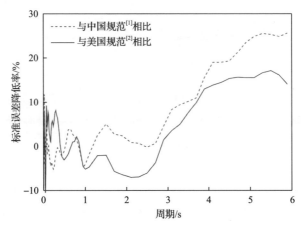

图 3.12　三种场地分类方法之间的标准误差对比

3.6.2　水平场地系数研究

《中国地震动参数区划图》(GB 18306—2015)[12]和美国规范[2]对场地系数的规定略有区别，主要体现在以下方面：

(1)参考场地类别不相同。《中国地震动参数区划图》(GB 18306—2015)[12]和美国规范[2]中分别选取了Ⅱ类和 B 类场地作为参考场地类别。此外，基于本书提出的场地分类方法计算场地系数时，选取 SCI_2 类场地作为参考场地类别。

(2)场地系数对应的周期不相同。《中国地震动参数区划图》(GB 18306—2015)[12]中场地系数 F_{ac} 对应的周期为平台段，美国规范[2]中给出的场地系数 F_a 和 F_v 对应的周期分别为 0.2s 和 1s。其中，F_a 和 F_v 分别为反应谱加速度控制段(不大于特征周期的周期范围)和速度控制段的场地系数，F_{ac} 为平台段的场地系数。

本节利用不同场地类别的平均水平方向加速度反应谱，计算相应的水平方向平台段场地系数 F_{ac}，计算结果如表 3.15 所示。其中，PGA_r 为参考场地类别的设计基本地震动加速度，其确定方法与《中国地震动参数区划图》(GB 18306—2015)[12]一致。

由于部分地震动分组内的地震动观测记录较少，以及现行规范和研究方法中还存在着一些欠缺和不足，表 3.15 中计算的场地系数表现出较强的离散性和不稳定性。这个问题尚没有很好的解决方法，通常采用的做法是在场地系数计算值的基础上，参照现有认识和规定提出场地系数的建议值，以用于科学研究与工程实践。

在表 3.15 计算的水平场地系数的基础上，本书参照以下两条调整原则提出水平场地系数的建议值：①对于岩石类场地，包括中国规范[1]中的Ⅰ类场地和本书

表 3.15　水平场地系数的计算值

PGA$_r$/g	中国规范[1]				美国规范[2]				本书方法					
	I	II	III	IV	B	C	D	E	SCI$_1$	SCI$_2$	SCII	SCIII	SCIV$_1$	SCIV$_2$
0.05	0.54	1.00	0.99	1.15	1.00	1.65	2.21	2.51	0.46	1.00	1.41	1.85	1.24	0.88
0.10	0.59	1.00	1.14	1.06	1.00	1.63	2.16	2.58	0.41	1.00	1.66	1.51	1.40	0.53
0.15	0.51	1.00	1.10	0.84	1.00	1.40	1.69	2.21	0.42	1.00	1.41	1.47	1.71	0.50
0.20	0.54	1.00	1.11	0.86	1.00	1.62	1.89	1.58	0.44	1.00	1.23	1.22	0.61	0.19
0.30	0.54	1.00	0.94	0.79	1.00	1.94	2.04	4.15	—	1.00	0.98	—	—	—
0.40	0.58	1.00	1.05	0.79	1.00	1.08	1.44	1.12	0.25	1.00	1.14	0.59	1.17	—

提出的场地分类方法中的 SCI$_1$ 类场地，水平场地系数不随地震动强度变化。②对于土层类场地，包括中国规范[1]中的 III 类、IV 类场地，美国规范[2]中的 C、D、E 类场场地，本书提出的场地分类方法中的 SCII 类、SCIII 类、SCIV 类场地，在线性反应和轻微程度非线性反应阶段(有效峰值加速度小于 0.15g/0.2g 时)，水平场地系数不随地震动强度变化；在明显和严重非线性反应阶段(有效峰值加速度大于或等于 0.15g/0.2g 时)，水平场地系数随地震动强度的增加而降低。最终水平场地系数的建议值如表 3.16 所示。

表 3.16　水平场地系数的建议值

PGA$_r$/g	中国规范[1]				美国规范[2]				本书方法					
	I	II	III	IV	B	C	D	E	SCI$_1$	SCI$_2$	SCII	SCIII	SCIV$_1$	SCIV$_2$
0.05	0.6	1.0	1.15	1.15	1.0	1.65	1.7	1.6	0.5	1.0	1.4	1.5	1.2	0.9
0.10	0.6	1.0	1.15	1.15	1.0	1.65	1.7	1.6	0.5	1.0	1.4	1.5	1.2	0.8
0.15	0.6	1.0	1.15	0.9	1.0	1.65	1.6	1.4	0.5	1.0	1.3	1.4	1.0	0.7
0.20	0.6	1.0	1.1	0.9	1.0	1.5	1.4	1.3	0.5	1.0	1.1	1.2	0.8	0.6
0.30	0.6	1.0	1.05	0.8	1.0	1.3	1.2	1.1	0.5	1.0	1.0	0.9	0.7	0.5
0.40	0.6	1.0	1.05	0.7	1.0	1.1	1.0	0.9	0.5	1.0	0.9	0.7	0.6	0.4

对上述两项原则做进一步说明：第一条原则是根据计算的岩石类场地的水平场地系数随地震动强度无明显的变化趋势，并参考美国规范[2]中 A 类(坚硬岩石)场地的水平场地系数确定的；第二条原则是根据计算的土层类场地的水平场地系数随地震动强度的变化趋势，并参考中国规范[1]与美国规范[2]中土层场地的水平场地系数确定的。

根据表 3.16 比较中国规范[1]中不同场地类别对应的平台段场地系数，可以总结得到以下规律：①III 类场地的平台高度高于 IV 类场地，与《中国地震动参数区划图》(GB 18306—2015)[12]中的规定一致，因此在外推 IV 类场地的场地系数时应该采取在Ⅲ类场地的场地系数上略作降低的做法；②Ⅱ类场地在峰值加速度小于 0.2g 时的平台高度与Ⅲ类场地差不多，在峰值加速度大于 0.2g 时的平台高度高于 Ⅲ类场地，与李平等[15]和郭晓云等[16]的结果基本一致。

3.7　本章小结

　　本章介绍了作者近年来在水平设计反应谱研究领域中的相关研究成果，主要内容包括本书提出的场地分类方法与中国规范[1]和美国规范[2]中场地分类方法的可靠性对比以及上述场地分类方法下不同场地类别对应的水平设计反应谱特征参数的特征。主要结论如下：

　　(1)基于概率方法，以估计结果离散性的参数敏感程度为指标确定水平设计反应谱的动力放大系数最大值，基于统计结果建议水平设计反应谱的动力放大系数最大值取值为 2.5。此外，考虑到中国规范[1]规定的下降段形式过于保守，明显高于地震动观测结果，而且与耿淑伟[11]建议的下降段形式相比，美国规范[2]规定的下降段形式偏于危险，有时会低于观测结果，建议水平设计反应谱的下降段采用 T^{-1} 形式衰减。

　　(2)根据动力放大系数的标准误差，比较不同场地分类方法的可靠性。结果表明，本书提出的场地分类方法对应的标准误差最小，美国规范[2]中的场地分类方法对应的标准误差次之，中国规范[1]中的场地分类方法对应的标准误差最大。因此，本书提出的场地分类方法能够有效降低设计反应谱规准化结果的标准误差。

　　(3)在水平场地系数的研究中，利用不同场地类别对应的平均加速度反应谱，分别计算了其他场地类别与参考场地类别之间规准化反应谱平台高度的比值。根据水平场地系数的计算结果确定了如下两条原则：①对于岩石类场地，场地系数不随地震动强度变化。②对于土层类场地，在线性反应和轻微程度非线性反应阶段，场地系数不随地震动强度变化；在明显和严重非线性反应阶段，场地系数随地震动强度的增加而降低。依据上述原则，基于计算结果提出了不同周期对应的水平场地系数的建议值。

参 考 文 献

[1] 中华人民共和国住房和城乡建设部, 中华人民共和国国家质量监督检验检疫总局. 建筑抗震设计规范(GB 50011—2010)[S]. 北京: 中国建筑工业出版社, 2010.

[2] Building Seismic Safety Council (BSSC). NEHRP recommended provisions for seismic regulations for new buildings and other structures (FEMA 450), 2003 Edition, Part 1: Provisions[S]. Washington D.C., 2003.

[3] Boore D M, Thompson E M, Cadet H. Regional correlations of V_{s30} and velocities averaged over

depths less than and greater than 30 meters[J]. Bulletin of the Seismological Society of America, 2011, 101: 3046-3059.

[4] Aoi S, Kunugi T, Fujiwara H. Strong-motion seismograph network operated by NIED: K-net and KiK-net[J]. Journal of Japan Association for Earthquake Engineering, 2004, 4(3): 65-74.

[5] Zhao J X. An empirical site-classification method for strong-motion stations in Japan using H/V response spectral ratio[J]. Bulletin of the Seismological Society of America, 2006, 96(3): 914-925.

[6] Luzi L, Puglia R, Pacor F, et al. Proposal for a soil classification based on parameters alternative or complementary to V_{s30}[J]. Bulletin of Earthquake Engineering, 2011, 9(6): 1877-1898.

[7] Pitilakis K, Riga E, Anastasiadis A. New code site classification, amplification factors and normalized response spectra based on a worldwide ground-motion database[J]. Bulletin of Earthquake Engineering, 2013, 11(4): 925-966.

[8] Zhao J X, Xu H. A comparison of V_{s30} and site period as site-effect parameters in response spectral ground-motion prediction equations[J]. Bulletin of the Seismological Society of America, 2013, 103(1): 1-18.

[9] Zhao J X, Hu J S, Jiang F, et al. Nonlinear site models derived from 1D analyses for ground-motion prediction equations using site class as the site parameter[J]. Bulletin of the Seismological Society of America, 2015, 105(4): 2010-2022.

[10] 王国新, 陶夏新, 姜海燕. 反应谱特征参数的提取及其变化规律研究[J]. 世界地震工程, 2001, 17(2): 73-78.

[11] 耿淑伟. 抗震设计规范中地震作用的规定[D]. 哈尔滨: 中国地震局工程力学研究所, 2005.

[12] 中华人民共和国国家质量监督检验检疫总局, 中国国家标准化管理委员会. 中国地震动参数区划图(GB 18306—2015)[S]. 北京: 中国标准出版社, 2015.

[13] 刘文锋, 付兴潘, 于振兴, 等. 反应谱特征周期的统计分析[J]. 青岛理工大学学报, 2009, 30(5): 1-7.

[14] 吕西林, 周定松. 考虑场地类别与设计分组的延性需求谱和弹塑性位移反应谱[J]. 地震工程与工程振动, 2004, 24(1): 39-48.

[15] 李平, 薄景山, 孙有为, 等. 场地类型对反应谱平台值的影响[J]. 地震工程与工程振动, 2011, 31(1): 25-29.

[16] 郭晓云, 薄景山, 巴文辉. 汶川地震不同场地反应谱平台值统计分析[J]. 地震工程与工程振动, 2012, 32(4): 54-62.

第 4 章 竖向设计反应谱

本章介绍作者近年来基于日本 KiK-net 地震动观测记录在竖向设计反应谱研究领域的相关研究成果,研究对象为地震动加速度反应谱规准化方法与竖向设计反应谱特征参数(以下简称竖向特征参数)。地震动加速度反应谱规准化方法的研究主要包括两个方面:①差分进化算法与模拟退火算法在地震动加速度反应谱规准化问题上的算法参数研究;②上述两种算法在地震动反应谱规准化问题上的适用性比较。竖向特征参数研究主要包括四个方面:①不同场地类别与地震参数下竖向特征参数的建议值;②竖向特征参数与部分地震参数之间的经验关系;③竖向场地系数的建议值;④竖向特征参数与水平特征参数的经验关系。

4.1 竖向地震动加速度反应谱规准化方法

本章使用多参数拟合方法直接同时确定各特征参数[1-4]。综合考虑计算结果是否为全局最优拟合、计算结果的初值依赖性、计算精度与稳定性、计算原理与操作难易程度等指标,基于差分进化算法[4]和模拟退火算法[3]的规准化方法整体上优于其他方法,此外,这两种方法的拟合结果虽然与初值无关,但本身性能却受到各种算法参数的显著影响。基于此,本章首先针对上述两种方法开展相应的算法参数研究并对比两者在反应谱规准化问题中的适用性,在此基础上选择合适的方法与算法参数对研究数据进行规准化。

由于差分进化算法和模拟退火算法均与复杂多参数拟合问题具有较好的适配性,本章中竖向规准化反应谱或竖向设计反应谱的形式也可选择与式(3.1)更为接近的形式。由于工程实际中大部分建筑结构的竖向自振周期小于水平自振周期,竖向地震动加速度反应谱的峰值主要出现在短周期段,考虑到计算效率,本章以式(3.1)为基础,参考美国规范[5]中设计反应谱位移控制段的形式,将本书中竖向规准化反应谱与竖向设计反应谱的形式确定为式(4.1)。与第 3 章不同,本章中反应谱平台高度与动力放大系数被同时计算与研究,为保证两部分研究之间的协调性,在计算对象上采用动力放大系数谱的形式。

$$\beta_{v} = \begin{cases} 1 + (\beta_{vmax} - 1)\dfrac{T}{T_{v0}}, & \text{上升段：} T < T_{v0} \\[2mm] \beta_{vmax}, & \text{平台段：} T_{v0} \leqslant T < T_{vg} \\[2mm] \beta_{vmax}\left(\dfrac{T_{vg}}{T}\right)^{\gamma_{v}}, & \text{速度控制段：} T_{vg} \leqslant T < T_{vd} \\[2mm] \beta_{vmax}\dfrac{(T_{vg}T_{vd})^{\gamma_{v}}}{T^{2\gamma_{v}}}, & \text{位移控制段：} T_{vd} \leqslant T < T_{ve} \end{cases} \tag{4.1}$$

式中，T_{v0} 为竖向第一拐点周期；T_{vg} 为竖向第二拐点周期(竖向特征周期)；T_{vd} 为竖向设计反应谱位移控制段的起始周期；T_{ve} 为竖向设计反应谱位移控制段的截止周期，设为 6s；β_{vmax} 为竖向动力放大系数最大值；γ_{v} 为竖向设计反应谱的下降速度参数。

4.1.1 差分进化算法

差分进化算法的基本方法是：将多参数拟合问题中的解视为自然种群中的个体，将拟合误差最小视为自然界优胜劣汰的法则；通过数学抽象模拟自然种群中不同个体之间的杂交、变异乃至整个种群的进化；最终在有限的进化代数内选择出最适应环境的个体，即在有限的迭代步数内从解空间中搜索出拟合误差最小的解。

从式(4.1)可以看出，本章中的地震动加速度反应谱规准化问题可抽象为 5 参数拟合问题，解的形式为 $\{T_{v0}, T_{vg}, T_{vd}, \beta_{vmax}, \gamma_{v}\}$，为使操作步骤说明更简洁，步骤说明中解的形式以 $\{x_1, x_2, x_3, x_4, x_5\}$ 代表。

差分进化算法的步骤分为五步：初始化、差分变异、修补、杂交和选择[6]。

1)初始化

如上所述，解被视为种群中的个体，因此第 t 代进化种群中的第 i 个个体 $X_{i,t}$ 被定义为

$$X_{i,t} = \{x_{i1,t}, x_{i2,t}, x_{i3,t}, x_{i4,t}, x_{i5,t}\}, \quad i = 1, 2, \cdots, NP \tag{4.2}$$

式中，NP 为种群规模，即种群中包含的个体数目。

在此基础上，初始化即为确定第 0 代的种群，计算公式为

$$X_{i,0} = X_{min} + \text{Rand}(0,1)(X_{max} - X_{min}), \quad i = 1, 2, \cdots, NP \tag{4.3}$$

式中，$\text{Rand}(0,1)$ 表示 0~1 的随机数；X_{min} 为个体的搜索下限；X_{max} 为个体的搜索上限。

2)差分变异

确定了初始种群之后，接下来为种群中个体的变异。差分进化算法有多种不

同的变异方案[7]，在对比三种较常用的具有代表性的变异方案之后（具体见 4.1.3
节），最终确定使用 DE/rand/1 方案，计算公式为

$$V_{i,t} = X_{r_1,t} + F(X_{r_2,t} - X_{r_3,t}) \tag{4.4}$$

式中，F 为控制个体变异程度的控制因子，为 0～1 的常数，本章设为 0.5；r_1、r_2、
r_3 为 $\{1,2,\cdots,NP\}\backslash\{i\}$ 中三个互不相同的元素；$V_{i,t}$ 为个体 $X_{i,t}$ 对应的变异个体。

　　3）修补

　　由于变异的随机性，当变异个体处于解空间之外时，还需要对其进行相应的
修补操作，计算公式为

$$v_{ij,t} = \begin{cases} \min\{x_{j\max}, 2x_{j\min} - v_{ij,t}\}, & v_{ij,t} < x_{j\min} \\ \max\{x_{j\min}, 2x_{j\max} - v_{ij,t}\}, & v_{ij,t} > x_{j\max} \end{cases}, j = 1,2,3,4,5 \tag{4.5}$$

式中，$v_{ij,t}$ 为变异个体 $V_{i,t}$ 中的第 j 个元素；$x_{j\min}$ 为待定参数 x_j 的搜索下限；$x_{j\max}$
为待定参数 x_j 的搜索上限。

　　4）杂交

　　得到合理的变异个体之后，将其和与之对应的原个体杂交得到相应的杂交个
体 $U_{i,t}$ 以增加种群的多样性。计算公式为

$$u_{ij,t} = \begin{cases} v_{ij,t}, & \text{Rand}(0,1) < \text{Cr 或 } j = j_{\text{rand}} \\ x_{ij,t}, & \text{其余情况} \end{cases}, j = 1,2,3,4,5 \tag{4.6}$$

式中，Cr 为杂交概率，为 0～1 的常数，本章设为 0.5；j_{rand} 为 $\{1,2,3,4,5\}$ 中的任
一元素以避免无效杂交；$u_{ij,t}$ 为杂交个体 $U_{i,t}$ 中的第 j 个元素。

　　5）选择

　　对比杂交个体 $U_{i,t}$ 与原个体 $X_{i,t}$ 确定下一进化代数对应的新个体 $X_{i,t+1}$。本章采
用贪婪搜索策略[4]，即永远以当前拟合误差最小为目标，对应的选择方案为

$$X_{i,t+1} = \begin{cases} U_{i,t}, & Q(U_{i,t}) < Q(X_{i,t}) \\ X_{i,t}, & \text{其余情况} \end{cases} \tag{4.7}$$

式中，Q 为目标函数，本章设为解对应的标准误差，计算公式为

$$Q = \left[\frac{1}{T_e} \int_0^{T_e} (\beta_e(T) - \beta_m(T))^2 \, dT \right]^{\frac{1}{2}} \tag{4.8}$$

式中，β_e 为解对应的动力放大系数谱的规准化结果；β_m 为解对应的动力放大系数

谱的地震动观测结果。

对于第 t 代进化种群 X_t，当不断循环步骤 2)～5)直至其中的所有个体均更新为下一代个体时，第 t 代种群即进化为下一代种群 X_{t+1}。若在此过程中出现了目标函数小于容许误差的个体，则该个体即为目标地震动观测记录对应的规准化动力放大系数谱的特征参数，否则继续循环步骤 2)～5)直至达到最大进化代数 G。本章的容许误差设为 10^{-3}。

4.1.2　模拟退火算法

模拟退火算法来源于固体退火原理，即将解空间中的解视为固体中的分子；通过引入系统温度概念使解的搜索过程活性化，具体体现在温度越高，固体中的分子热运动越无序，即新解的接受概率越高；随着搜索过程的推进，系统温度逐渐降低，分子热运动逐渐由无序转化为有序，算法的搜索策略逐渐靠近贪婪搜索策略(永远以当前拟合误差最小为目标)[4]；最后在有限的降温步数内，在解空间中搜索出拟合误差最小的解。

模拟退火算法的步骤大体上分为四步：初始化、扰动、选择和降温[8]。

1)初始化

确定初始温度 T_{in}、终止温度 T_{ed}、每一温度循环次数 L。模拟退火算法的初始化操作与差分进化算法基本一致，计算公式为

$$X_0 = X_{min} + \mathrm{Rand}(0,1)(X_{max} - X_{min}) \tag{4.9}$$

式中，X_0 为初始温度 T_{in} 下的解。

2)扰动

对解进行扰动得到对应的扰动解。温度 T_{sub} 下的解 X_i 对应的扰动解 U_i 的计算公式为

$$U_i = X_i + p[\mathrm{Rand}(0,1)(X_{max} - X_i) - \mathrm{Rand}(0,1)(X_i - X_{min})] \tag{4.10}$$

式中，p 为扰动系数，本章设为 0.1。

3)选择

对比扰动解 U_i 与原解 X_i 确定进入下一次循环的新解 X_{i+1}。与差分进化算法采用贪婪搜索策略不同，模拟退火算法的选择方案具有与温度 T_{sub} 相关的随机性，计算公式为

$$X_{i+1} = \begin{cases} U_i, & Q(U_i) < Q(X_i) \text{ 或 } \mathrm{Rand}(0,\ 1) < \exp\left(\dfrac{Q(X_i) - Q(U_i)}{T_{sub}}\right) \\ X_i, & \text{其余情况} \end{cases} \tag{4.11}$$

式中，目标函数 Q 的定义与式(4.8)一致。

步骤 2)与 3)在任一温度 T_{sub} 下需循环 L 次才会进入降温操作。

4)降温

对于模拟退火算法，本章选取的降温策略为

$$T_{sub} \leftarrow cT_{sub} \tag{4.12}$$

式中，c 为接近 1 的常数，本章设为 0.95。

与差分进化算法类似，不断循环步骤 2)~4)直至出现目标函数小于容许误差的解或温度降至终止温度。

4.1.3　算法参数研究及方法对比

本章采取先设定默认值再根据具体地震动观测记录的预运算结果调整的策略分别确定每一条地震动观测记录各自对应的解的搜索下限与上限，具体步骤如下：

(1)设定解的搜索下限与上限的默认值，针对本章选择的 5 个竖向特征参数，分别为 $T_{v0} \in [0.01, 0.15]\text{s}$、$T_{vg} \in [0.15, 1.5]\text{s}$、$T_{vd} \in [1.5, 6]\text{s}$、$\beta_{vmax} \in [1, 4]$ 和 $\gamma_v \in [0.2, 2]$。

(2)对地震动观测记录的地震动加速度反应谱进行一次规准化，其结果即为预运算结果，表示为 T_{v0p}、T_{vgp}、T_{vdp}、β_{vmaxp} 和 γ_{vp}。

(3)根据预运算结果调整该记录对应的解的搜索下限与上限，具体标准为：

当 $|T_{v0p} - 0.15\text{s}| < 10^{-3}\text{s}$ 时，T_{v0max} 和 T_{vgmin} 均调整为 0.25s；

当 $|T_{vgp} - 0.15\text{s}| < 10^{-3}\text{s}$ 时，T_{v0max} 和 T_{vgmin} 均调整为 0.1s；

当 $|T_{vdp} - 1.5\text{s}| < 10^{-3}\text{s}$ 时，T_{vgmax} 和 T_{vdmin} 均调整为 $T_{vgp} + 0.2\text{s}$；

当 $|T_{vgp} - 1.5\text{s}| < 10^{-3}\text{s}$ 时，T_{vgmax} 和 T_{vdmin} 均调整为 2s。

以三条竖向地震动加速度反应谱具有代表性的地震动观测记录作为反应谱规准化方法研究的样本记录，具体信息如表 4.1 所示。

表 4.1　反应谱规准化方法研究的样本地震动观测记录相关信息

地震动观测记录	$PVA/(\text{cm/s}^2)$	M_w	D_{epi}/km	D_e/km	$V_{s30}/(\text{m/s})$	中国规范[9]中的场地类别
AKTH121103111446	19	9.0	304	24	389	II
FKSH051611220559	17	7.4	153	25	596	II
GIFH191102270219	18	5.0	16	4	744	II

注：PVA 为地表竖向峰值加速度；M_w 为矩震级；D_{epi} 为震中距；D_e 为震源深度。

差分进化算法的算法参数主要包括种群规模(NP)与最大进化代数(G)，模拟退火算法的算法参数主要包括初始温度(T_{in})、终止温度(T_{ed})与每一温度循环次数(L)。综合考虑计算精度与效率，本节选择表 4.2 所示的若干组算法参数作为算法参数试验组，其中差分进化算法 6 组，模拟退火算法 8 组。差分进化算法与模拟退火算法均为启发式算法，算法过程带有一定的随机性，因此无法预测与控制计算结果与最优解的偏差，同样条件下两次重复计算的结果之间可能存在较大的差异。因此，实际使用时对于每一条地震动观测记录的规准化，这两种方法都需要进行一定次数的重复计算，然后基于重复计算的结果确定最终解。本节将重复计算次数确定为 100 次，以重复计算结果的平均值作为最终解。

表 4.2　反应谱规准化方法研究的算法参数试验组

差分进化算法 的算法参数试验组			模拟退火算法的算法参数试验组							
算法参数 试验组	算法参数		算法参数 试验组	算法参数			算法参数 试验组	算法参数		
	NP	G		T_{in}	T_{ed}	L		T_{in}	T_{ed}	L
DE1	50	100	SA1	10^4	10^{-4}		SA1L			10
DE2-1	50	200	SA2-1	10^{12}	10^{-4}					
DE2-2	100	100	SA2-2	10^4	10^{-12}	10	SA2L	10^4	10^{-4}	20
DE3-1	50	400	SA3-1	10^{28}	10^{-4}					
DE3-2	100	200	SA3-2	10^{16}	10^{-16}					
DE3-3	200	100	SA3-3	10^4	10^{-28}		SA3L			40

本节以三个计算指标作为规准化方法研究的评价标准，分别为 100 次重复计算的总时间(T_{total})、100 次重复计算结果的标准误差平均值(MSTE)与 100 次重复计算结果的变异系数(COV)，这三个指标分别代表规准化方法的计算效率、计算精度与稳定性。图 4.1 为各算法参数试验组对应的样本地震动观测记录的规准化结果。可以看出，模拟退火算法的结果受算法参数影响更加明显。

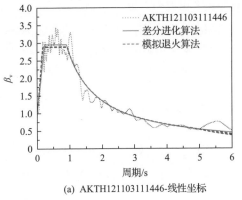

(a) AKTH121103111446-线性坐标

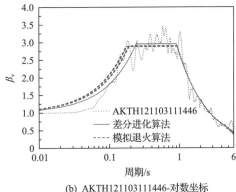

(b) AKTH121103111446-对数坐标

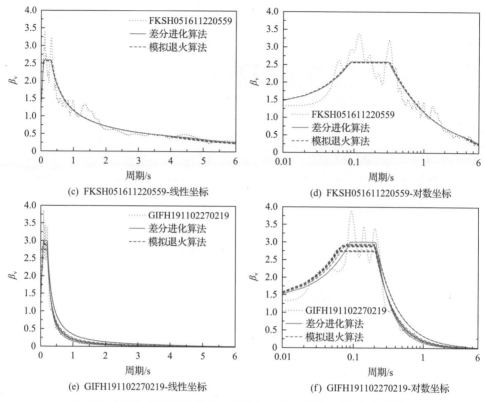

(c) FKSH051611220559-线性坐标　　　(d) FKSH051611220559-对数坐标

(e) GIFH191102270219-线性坐标　　　(f) GIFH191102270219-对数坐标

图 4.1　各算法参数试验组对应的样本地震动观测记录的规准化结果

图 4.2 为各算法参数试验组的计算指标对比，其中 $COV_{T_{vg}}$ 表示竖向特征周期 T_{vg} 对应的变异系数，另外两条样本地震动观测记录的对比结果与图 4.2 在规律性上一致。基于上述结果从规准化方法的计算效率、计算精度、稳定性三方面可以得到以下结论：

(1)差分进化算法的计算效率主要由 $NP×G$ 控制，且呈负相关；模拟退火算法的计算效率主要由 $Llg(T_{in}/T_{ed})$ 控制，同样呈负相关。

(2)差分进化算法的计算精度受到算法参数的影响较小，原因可能是对于地震动加速度反应谱规准化问题，该算法在 $NP×G<5000$ 时就已经能比较稳定地搜索到问题的全局最优解；对于模拟退火算法，在保持计算效率基本不变的情况下，其计算精度主要受到终止温度(T_{ed})控制，呈负相关，每一温度循环次数(L)的增加也能一定程度上提高方法的计算效率；在计算效率基本一致的情况下，差分进化算法的计算精度优于模拟退火算法。

(3)差分进化算法的稳定性主要由最大进化代数(G)控制，呈正相关；模拟退火算法的稳定性主要受终止温度(T_{ed})控制，同样呈正相关；差分进化算法的稳定性显著优于模拟退火算法。

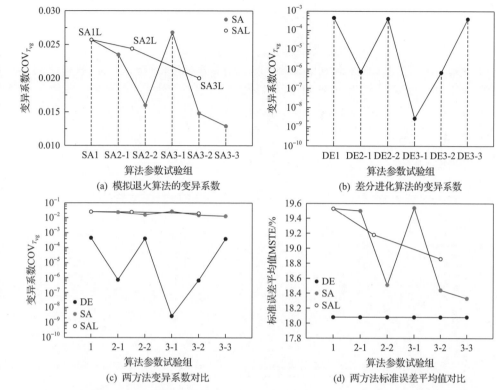

图 4.2　各算法参数试验组的计算指标对比（基于 AKTH121103111446 地震动观测记录）

　　综上所述，差分进化算法在反应谱规准化问题上的适用性整体上优于模拟退火算法，特别是稳定性方面，因此选择差分进化算法进行地震动加速度反应谱的规准化。考虑到计算效率，正式计算中每条地震动观测记录的重复计算次数被设为 5 次，差分进化算法的种群规模（NP）与最大进化代数（G）分别设为 50 与 200，即表 4.2 中算法参数试验组 DE2-1。

　　除此之外，本章还对比了差分进化算法中几种常见变异方案的适用性，包括 DE/rand/1、DE/rand/2 和 DE/best/1，即[7]

（1）DE/rand/1：

$$V_{i,t} = X_{r_1,t} + F(X_{r_2,t} - X_{r_3,t})$$

（2）DE/rand/2：

$$V_{i,t} = X_{r_1,t} + F(X_{r_2,t} - X_{r_3,t}) + F(X_{r_4,t} - X_{r_5,t}) \tag{4.13}$$

（3）DE/best/1：

$$V_{i,t} = X_{\text{best},t} + F(X_{r_2,t} - X_{r_3,t})$$

式中，$X_{\text{best},t}$ 为第 t 代种群中的最优个体。

　　基于 AKTH121103111446 地震动观测记录，差分进化算法中各变异方案的比较结果如表 4.3 所示，基于另外两条样本地震动观测记录的比较结果与表 4.3 在规律性上一致。可以看出，DE/rand/1 方案的适用性最好。除这些变异方案外，还有部分方案也受到了广泛使用[7]；但是这些方案多是以 DE/best/1 方案为基础的衍生，计算效率较低。综上所述，最终选择 DE/rand/1 方案作为差分进化算法的变异方案。

表 4.3　差分进化算法中各变异方案的比较结果

计算指标		变异方案		
		DE/rand/1	DE/rand/2	DE/best/1
MSTE		0.1808	0.1808	0.1820
COV	T_{v0}	1.04×10^{-7}	2.78×10^{-5}	0.0742
	T_{vg}	7.31×10^{-7}	2.40×10^{-5}	0.0479
	T_{vd}	7.05×10^{-9}	3.29×10^{-6}	0.1317
	β_{vmax}	3.71×10^{-7}	1.07×10^{-5}	0.0090
	γ_v	8.26×10^{-7}	2.12×10^{-5}	0.0785
T_{total}/s		407.6	429.0	6776.8

4.2　本章使用的强震动观测记录

　　为了满足竖向设计反应谱研究的要求，按照以下四个条件筛选研究数据：

　　(1) 台站必须有完整的钻孔测试数据，包括地震波速剖面数据和土层结构剖面数据。

　　(2) 有效地震动观测记录的日期必须在第一次台站调整之后。

　　(3) 有效地震动观测记录对应震源的矩震级应不小于 4 级。

　　(4) 有效地震动观测记录的 PVA 应不小于 10cm/s^2。

　　最终约 9500 组地表地震动观测记录被选为本章的研究数据，表 4.4 为这些记录的相关信息。可以看出，研究数据的矩震级、震中距、场地类别都具有高度的不均匀性，因此在归纳不同情况下估计结果的统计值之前先将估计结果按矩震级、震中距、场地类别进行基础分组以降低数据不均匀性的影响，然后在此基础上根据不同的研究要求将基础分组的计算结果进行不同方向的合并。与第 3 章中直接根据不同的研究要求进行分组的方法相比，本章的方法可以降低数据不均匀性的影响。

与第 3 章不同，本章直接对组内各地震动观测记录进行规准化，地震动观测记录分组对应的特征参数即为组内各地震动观测记录对应特征参数的统计平均。此外，本章也基于美国规范[5]中的场地分类方法开展了相应研究，如表 4.5 所示。考虑到绝大部分地震动观测记录对应的美国规范[5]中的场地类别为 B、C 与 D 类，因此该部分研究也以这三类地震动观测记录为主。

表 4.4　中国规范[9]中不同场地类别下不同分组的地震动观测记录数量

场地类别	震中距/km	不同矩震级对应的地震动观测记录数量				
		4~5.5 级	5.5~6.5 级	6.5~7.5 级	7.5~8.5 级	≥8.5 级
I	<20	154	8	2	0	0
II		691	44	10	0	0
III		126	14	2	0	0
IV		3	1	0	0	0
I	20~40	180	29	4	0	0
II		930	122	39	0	0
III		88	28	5	0	0
IV		8	1	0	0	0
I	40~60	168	43	13	0	0
II		950	194	52	0	0
III		74	32	3	2	0
IV		5	0	0	0	0
I	60~80	107	53	18	0	0
II		890	292	95	1	0
III		63	25	3	0	0
IV		7	2	0	0	0
I	80~100	48	44	32	1	0
II		497	329	100	4	0
III		46	26	8	0	0
IV		2	1	1	0	0
I	100~150	16	57	38	1	1
II		351	566	267	9	1
III		29	54	33	3	0
IV		1	6	3	0	0

场地类别	震中距/km	不同矩震级对应的地震动观测记录数量				
		4~5.5 级	5.5~6.5 级	6.5~7.5 级	7.5~8.5 级	≥8.5 级
I	150~200	1	11	26	4	4
II		24	180	219	15	10
III		1	14	18	0	0
IV		0	0	4	0	0
I	200~300	0	1	18	0	6
II		1	26	167	10	60
III		0	2	17	0	4
IV		0	2	6	0	0
I	≥300	0	0	20	11	15
II		0	5	200	70	73
III		0	1	46	12	12
IV		0	0	5	2	4

表 4.5　美国规范[5]中不同场地类别下不同分组的地震动观测记录数量

场地类别	震中距/km	不同矩震级对应的地震动观测记录数量				
		4~5.5 级	5.5~6.5 级	6.5~7.5 级	7.5~8.5 级	≥8.5 级
B	<20	147	9	1	0	0
C		485	32	8	0	0
D		328	25	5	0	0
B	20~40	223	29	6	0	0
C		625	99	31	0	0
D		343	50	10	0	0
B	40~60	228	55	12	0	0
C		578	130	42	0	0
D		383	79	12	2	0
B	60~80	139	66	28	0	0
C		552	188	60	1	0
D		366	114	28	0	0
B	80~100	47	36	31	1	0
C		328	212	76	2	0
D		216	151	33	2	0

续表

场地类别	震中距/km	不同矩震级对应的地震动观测记录数量				
		4～5.5 级	5.5～6.5 级	6.5～7.5 级	7.5～8.5 级	≥8.5 级
B		23	52	31	0	1
C	100～150	221	354	175	7	1
D		152	271	129	6	0
B		2	10	16	4	3
C	150～200	12	111	137	12	7
D		12	84	110	3	4
B		0	2	20	0	6
C	200～300	1	18	96	4	41
D		0	9	84	6	23
B		0	0	23	10	9
C	≥300	0	2	120	45	53
D		0	4	120	37	34

4.3　竖向设计反应谱特征参数研究

在归纳不同情况下竖向设计反应谱特征参数的统计值之前，需先将地震动观测记录的规准化结果分别按表4.4和表4.5进行基础分组以消除地震动观测记录不均匀性的影响，然后在此基础上根据不同的研究要求进行合并。基于中国规范[9]中场地分类方法的基础分组结果见附录 A，基于美国规范[5]中场地分类方法的基础分组结果见附录 B。

为了提高估计结果的安全性，基础分组结果中 T_{vg} 与 T_{vd} 的结果为对应分组中全部地震动观测记录规准化结果的平均值加一倍标准差，T_{v0} 与 γ_v 的结果为对应分组中全部地震动观测记录规准化结果的平均值减一倍标准差。

4.3.1　不同情况下竖向特征参数的统计值

由于基础分组中许多分组并没有对应的地震动观测记录，有必要根据不同的需求对其进行不同方向的合并。首先，直接基于矩震级与震中距对基础分组结果进行合并。如表4.4和表4.5所示，大部分强震记录($M_w \geqslant 6.5$)的震中距大于 100km，弱震记录($4 \leqslant M_w < 6.5$)则相反，基于此对强震记录与弱震记录采用不同的合并策略。基于中国规范[9]中场地分类方法的估计结果如图 4.3、图 4.4、表 4.6 和表 4.7所示，其中浅灰色线为不同地震动观测记录的竖向动力放大系数谱，黑色线为

该组地震动观测记录对应的规准化结果。基于美国规范[5]中场地分类方法的估计结果如图 4.5、图 4.6、表 4.8 和表 4.9 所示。

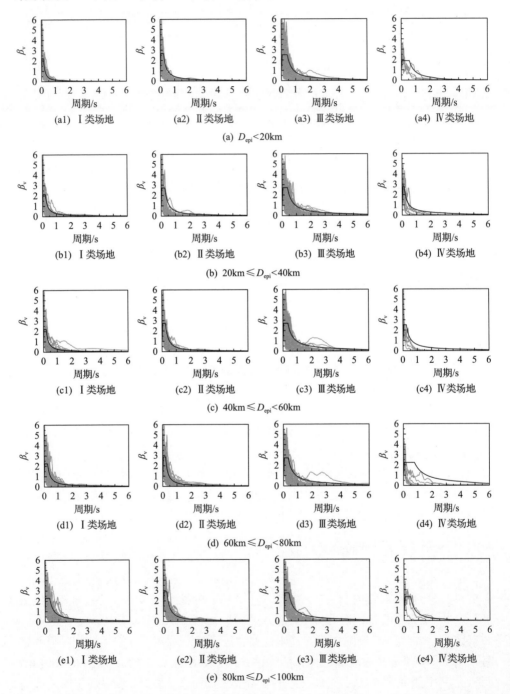

(a1) Ⅰ类场地　　(a2) Ⅱ类场地　　(a3) Ⅲ类场地　　(a4) Ⅳ类场地

(a) $D_{epi} < 20km$

(b1) Ⅰ类场地　　(b2) Ⅱ类场地　　(b3) Ⅲ类场地　　(b4) Ⅳ类场地

(b) $20km \leqslant D_{epi} < 40km$

(c1) Ⅰ类场地　　(c2) Ⅱ类场地　　(c3) Ⅲ类场地　　(c4) Ⅳ类场地

(c) $40km \leqslant D_{epi} < 60km$

(d1) Ⅰ类场地　　(d2) Ⅱ类场地　　(d3) Ⅲ类场地　　(d4) Ⅳ类场地

(d) $60km \leqslant D_{epi} < 80km$

(e1) Ⅰ类场地　　(e2) Ⅱ类场地　　(e3) Ⅲ类场地　　(e4) Ⅳ类场地

(e) $80km \leqslant D_{epi} < 100km$

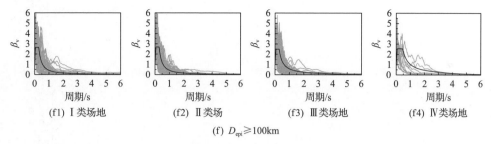

(f) $D_{epi} \geqslant 100km$

图 4.3　基于中国规范[9]中场地分类方法的估计结果（$4 \leqslant M_w < 6.5$）

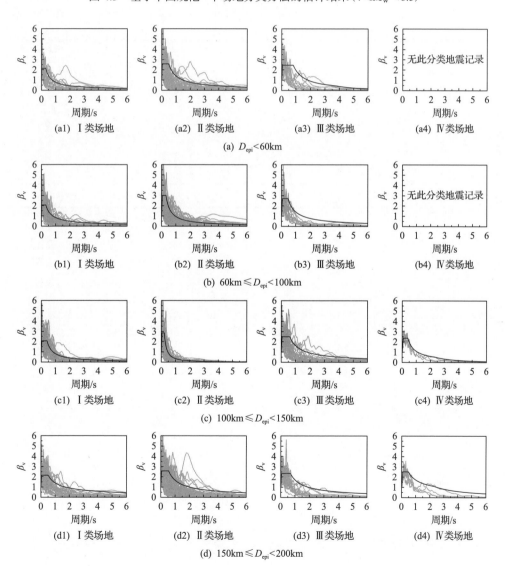

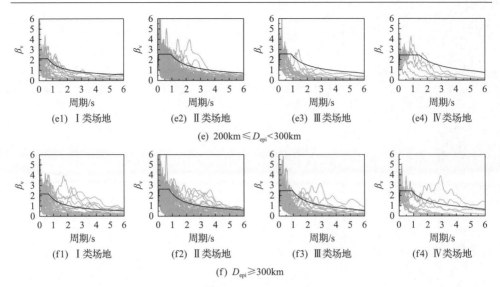

(e1) Ⅰ类场地　　　(e2) Ⅱ类场地　　　(e3) Ⅲ类场地　　　(e4) Ⅳ类场地

(e) 200km≤D_{epi}<300km

(f1) Ⅰ类场地　　　(f2) Ⅱ类场地　　　(f3) Ⅲ类场地　　　(f4) Ⅳ类场地

(f) D_{epi}≥300km

图 4.4　基于中国规范[9]中场地分类方法的估计结果(M_w≥6.5)

表 4.6　中国规范[9]中不同场地类别下不同分组的 T_{v0}、T_{vg}、β_{vmax}

场地类别	弱震(4≤M_w<6.5)				强震(M_w≥6.5)			
	D_{epi}/km	T_{v0}/s	T_{vg}/s	β_{vmax}	D_{epi}/km	T_{v0}/s	T_{vg}/s	β_{vmax}
Ⅰ	<20	0.032	0.138	2.230	<60	0.016	0.303	2.126
Ⅱ		0.040	0.232	2.657		0.043	0.485	2.577
Ⅲ		0.064	0.416	2.505		0.061	0.816	2.457
Ⅳ		0.046	0.551	1.894		—	—	—
Ⅰ	20~40	0.026	0.200	2.135	60~100	0.029	0.315	2.060
Ⅱ		0.042	0.269	2.720		0.062	0.309	3.014
Ⅲ		0.058	0.378	2.711		0.067	0.464	2.718
Ⅳ		0.064	0.146	2.831		—	—	—
Ⅰ	40~60	0.025	0.201	2.194	100~150	0.039	0.402	2.069
Ⅱ		0.048	0.253	2.738		0.045	0.510	2.522
Ⅲ		0.053	0.354	2.697		0.060	0.607	2.482
Ⅳ		0.056	0.241	2.522		0.078	0.405	2.381
Ⅰ	60~80	0.024	0.239	2.240	150~200	0.053	0.509	2.144
Ⅱ		0.050	0.209	2.859		0.058	0.547	2.587
Ⅲ		0.056	0.337	2.716		0.060	0.682	2.357
Ⅳ		0.056	0.763	2.225		0.084	0.484	2.553

续表

场地类别	弱震($4 \leqslant M_{\mathrm{w}} < 6.5$)				强震($M_{\mathrm{w}} \geqslant 6.5$)			
	D_{epi}/km	T_{v0}/s	T_{vg}/s	β_{vmax}	D_{epi}/km	T_{v0}/s	T_{vg}/s	β_{vmax}
I	80~100	0.028	0.333	2.298	200~300	0.010	0.643	2.134
II		0.055	0.254	2.882		0.078	0.936	2.549
III		0.049	0.336	2.731		0.060	0.876	2.569
IV		0.072	0.452	2.319		0.063	1.433	2.470
I	≥100	0.050	0.285	2.640	≥300	0.019	0.671	2.178
II		0.062	0.285	2.688		0.060	0.781	2.632
III		0.065	0.294	2.482		0.060	0.956	2.478
IV		0.069	0.456	2.546		0.069	0.883	2.471

表 4.7 中国规范[9]中不同场地类别下不同分组的 T_{vd}、γ_{v}

场地类别	弱震($4 \leqslant M_{\mathrm{w}} < 6.5$)				强震($M_{\mathrm{w}} \geqslant 6.5$)			
	D_{epi}/km	T_{vd}/s	γ_{v}	$2\gamma_{\mathrm{v}}$	D_{epi}/km	T_{vd}/s	γ_{v}	$2\gamma_{\mathrm{v}}$
I	<20	6.37	1.35	2.70	<60	4.35	0.95	1.90
II		5.45	1.16	2.32		6.32	0.81	1.62
III		5.46	1.36	2.72		5.60	1.12	2.24
IV		6.07	1.26	2.52		5.93	0.79	1.58
I	20~40	5.89	1.26	2.52	60~100	6.09	1.03	2.06
II		5.17	1.22	2.44		6.32	0.70	1.40
III		6.06	1.28	2.56		5.87	0.82	1.64
IV		6.06	1.34	2.68		4.48	0.83	1.66
I	40~60	5.50	1.30	2.60	100~150	3.72	0.76	1.52
II		6.12	1.28	2.56		6.49	0.61	1.22
III		6.08	1.39	2.78		6.12	0.77	1.54
IV		5.37	1.22	2.44		5.11	0.68	1.36
I	60~80	5.31	1.24	2.48	150~200	6.31	0.57	1.14
II		6.06	1.32	2.64		6.04	0.68	1.36
III		5.89	1.10	2.20		5.59	0.69	1.38
IV		6.41	1.44	2.88		6.11	0.68	1.36
I	80~100	5.94	1.45	2.90	200~300	6.00	0.72	1.44
II		5.26	1.25	2.50		5.44	0.72	1.44
III		6.37	1.35	2.70		4.35	0.95	1.90
IV		5.45	1.16	2.32		6.32	0.81	1.62

场地类别	弱震($4 \leqslant M_w < 6.5$)				强震($M_w \geqslant 6.5$)			
	D_{epi}/km	T_{vd}/s	γ_v	$2\gamma_v$	D_{epi}/km	T_{vd}/s	γ_v	$2\gamma_v$
I		5.46	1.36	2.72		5.60	1.12	2.24
II	$\geqslant 100$	6.07	1.26	2.52	$\geqslant 300$	5.93	0.79	1.58
III		5.89	1.26	2.52		6.09	1.03	2.06
IV		5.17	1.22	2.44		6.32	0.70	1.40

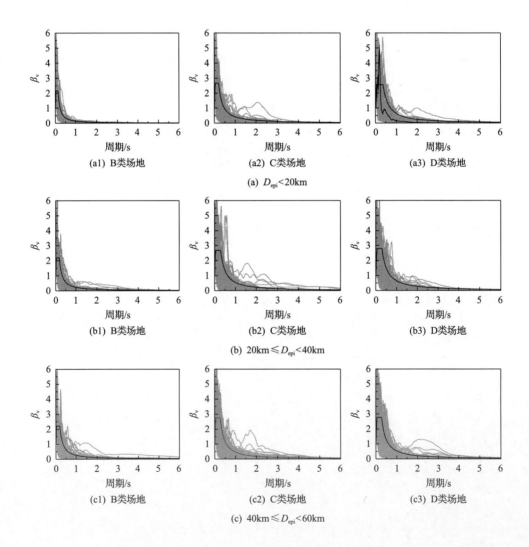

(a1) B类场地　　　　　　(a2) C类场地　　　　　　(a3) D类场地

(a) $D_{epi} < 20$km

(b1) B类场地　　　　　　(b2) C类场地　　　　　　(b3) D类场地

(b) 20km$\leqslant D_{epi} < 40$km

(c1) B类场地　　　　　　(c2) C类场地　　　　　　(c3) D类场地

(c) 40km$\leqslant D_{epi} < 60$km

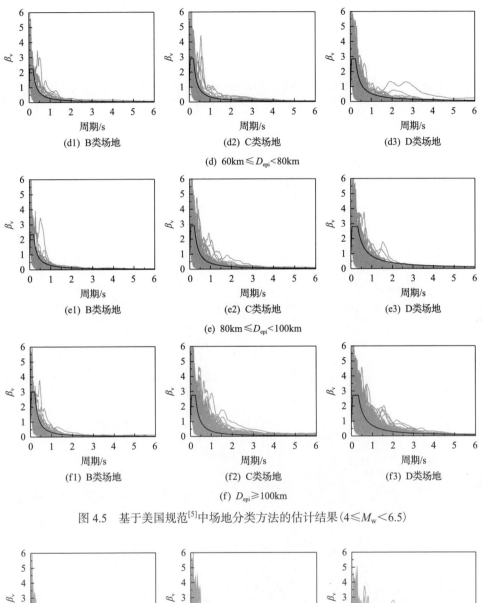

(d1) B类场地　　　　(d2) C类场地　　　　(d3) D类场地

(d)　60km≤D_{epi}<80km

(e1) B类场地　　　　(e2) C类场地　　　　(e3) D类场地

(e)　80km≤D_{epi}<100km

(f1) B类场地　　　　(f2) C类场地　　　　(f3) D类场地

(f)　D_{epi}≥100km

图 4.5　基于美国规范[5]中场地分类方法的估计结果(4≤M_w<6.5)

(a1) B类场地　　　　(a2) C类场地　　　　(a3) D类场地

(a)　D_{epi}<60km

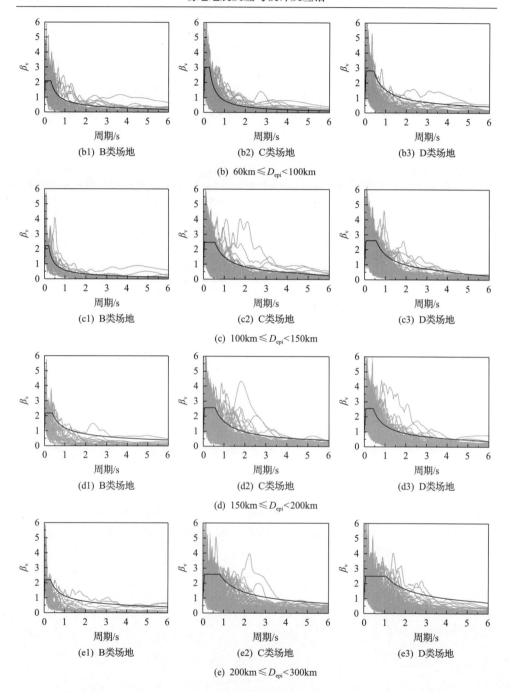

(b1) B类场地　　　　　　　(b2) C类场地　　　　　　　(b3) D类场地

(b) 60km≤D_{epi}<100km

(c1) B类场地　　　　　　　(c2) C类场地　　　　　　　(c3) D类场地

(c) 100km≤D_{epi}<150km

(d1) B类场地　　　　　　　(d2) C类场地　　　　　　　(d3) D类场地

(d) 150km≤D_{epi}<200km

(e1) B类场地　　　　　　　(e2) C类场地　　　　　　　(e3) D类场地

(e) 200km≤D_{epi}<300km

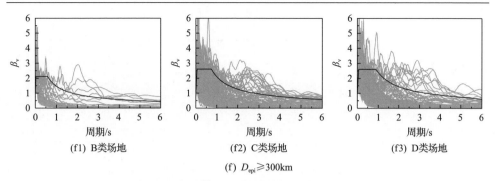

(f1) B类场地　　　　　(f2) C类场地　　　　　(f3) D类场地

(f) $D_{\mathrm{epi}} \geqslant 300\mathrm{km}$

图 4.6　基于美国规范[5]中场地分类方法的估计结果($M_{\mathrm{w}} \geqslant 6.5$)

表 4.8　美国规范[5]中不同场地类别下不同分组的 T_{v0}、T_{vg}、β_{vmax}

场地类别	弱震($4 \leqslant M_{\mathrm{w}} < 6.5$)				强震($M_{\mathrm{w}} \geqslant 6.5$)			
	$D_{\mathrm{epi}}/\mathrm{km}$	$T_{\mathrm{v0}}/\mathrm{s}$	$T_{\mathrm{vg}}/\mathrm{s}$	β_{vmax}	$D_{\mathrm{epi}}/\mathrm{km}$	$T_{\mathrm{v0}}/\mathrm{s}$	$T_{\mathrm{vg}}/\mathrm{s}$	β_{vmax}
B	<20	0.032	0.132	2.154	<60	0.027	0.231	2.288
C		0.039	0.205	2.670		0.043	0.625	2.503
D		0.054	0.361	2.575		0.048	0.853	2.466
B	20～40	0.027	0.173	2.200	60～100	0.027	0.302	2.087
C		0.038	0.287	2.679		0.061	0.276	3.012
D		0.056	0.300	2.800		0.057	0.423	2.810
B	40～60	0.026	0.189	2.224	100～150	0.027	0.197	2.211
C		0.048	0.263	2.744		0.039	0.548	2.459
D		0.053	0.278	2.776		0.062	0.558	2.607
B	60～80	0.030	0.195	2.249	150～200	0.031	0.377	2.180
C		0.051	0.211	2.890		0.053	0.565	2.570
D		0.054	0.247	2.841		0.075	0.427	2.556
B	80～100	0.029	0.188	2.345	200～300	0.034	0.310	2.206
C		0.054	0.226	2.900		0.075	0.809	2.591
D		0.057	0.336	2.799		0.081	1.066	2.498
B	≥100	0.053	0.212	3.015	≥300	0.029	0.580	2.122
C		0.058	0.250	2.748		0.057	0.741	2.610
D		0.069	0.343	2.710		0.063	0.886	2.605

表 4.9　美国规范[5]中不同场地类别下不同分组的 T_{vd}、γ_{v}

场地类别	弱震($4 \leqslant M_{\mathrm{w}} < 6.5$)			强震($M_{\mathrm{w}} \geqslant 6.5$)		
	$D_{\mathrm{epi}}/\mathrm{km}$	$T_{\mathrm{vd}}/\mathrm{s}$	γ_{v}	$2\gamma_{\mathrm{v}}$	$D_{\mathrm{epi}}/\mathrm{km}$	$T_{\mathrm{vd}}/\mathrm{s}$	γ_{v}	$2\gamma_{\mathrm{v}}$
B	<20	6.37	1.35	2.70	<60	4.35	0.95	1.90
C		5.45	1.16	2.32		6.32	0.81	1.62
D		5.46	1.36	2.72		5.60	1.12	2.24

场地类别	弱震($4 \leqslant M_w < 6.5$)				强震($M_w \geqslant 6.5$)			
	D_{epi}/km	T_{vd}/s	γ_v	$2\gamma_v$	D_{epi}/km	T_{vd}/s	γ_v	$2\gamma_v$
B		6.07	1.26	2.52		5.93	0.79	1.58
C	20~40	5.89	1.26	2.52	60~100	6.09	1.03	2.06
D		5.17	1.22	2.44		6.32	0.70	1.40
B		6.06	1.28	2.56		5.87	0.82	1.64
C	40~60	6.06	1.34	2.68	100~150	4.48	0.83	1.66
D		5.50	1.30	2.60		3.72	0.76	1.52
B		6.12	1.28	2.56		6.49	0.61	1.22
C	60~80	6.08	1.39	2.78	150~200	6.12	0.77	1.54
D		5.37	1.22	2.44		5.11	0.68	1.36
B		5.31	1.24	2.48		6.31	0.57	1.14
C	80~100	6.06	1.32	2.64	200~300	6.04	0.68	1.36
D		5.89	1.10	2.20		5.59	0.69	1.38
B		6.41	1.44	2.88		6.11	0.68	1.36
C	≥100	5.94	1.45	2.90	≥300	6.00	0.72	1.44
D		5.26	1.25	2.50		5.44	0.72	1.44

从图 4.3～图 4.6 可以看出，上述规准化结果能较好地反映对应分组内实际地震动加速度反应谱的性质。分析表 4.6～表 4.9 中的竖向设计反应谱特征参数，可以得到以下结论：

(1) 竖向第一拐点周期(T_{v0})与竖向特征周期(T_{vg})随着场地变软或场地刚度降低而增大；一般情况下，强震记录($M_w \geqslant 6.5$)与远场地震动观测记录($D_{epi} \geqslant 100$km)具有更大的 T_{vg}，与之相比，矩震级与震中距对 T_{v0} 的影响并不明显。这些结论与第 3 章以及许多已有水平或竖向设计反应谱研究的结果基本一致[10-12]，可解释为远场强震的能量往往更集中于长周期部分[13-15]且软土场地具有更长的自振周期[16]。

(2) I 类场地对应的竖向动力放大系数最大值(β_{vmax})小于其余场地类别，II、III、IV 类场地对应的 β_{vmax} 之间的差距并不明显；B 类场地对应的 β_{vmax} 小于其余场地类别，C、D 类场地对应的 β_{vmax} 之间的差距并不明显。这些规律与第 3 章中水平设计反应谱特征参数研究的结果基本一致。此外，一般情况下，弱震记录($4 \leqslant M_w < 6.5$)具有更大的 β_{vmax}，原因可能为强震作用下场地应变增大，等效阻尼提高，即场地的塑性耗能能力增强，进而削弱了场地的放大作用。

(3) 位移控制段起始周期(T_{vd})并未表现出与场地类别、矩震级和震中距相关的明显规律，且整体上与本章设定的截止周期(6s)非常接近；结合第 3 章中水平设计反应谱下降段形式研究的结果，说明竖向设计反应谱与水平设计反应谱的下降段均可采用一段式下降的形式。

(4)一般情况下，弱震记录具有更大的下降速度参数(γ_v)，综合考虑安全性与实际使用的便利性，建议弱震记录的 γ_v 取 1.0，强震记录的 γ_v 取 0.7，这也与许多其他研究者的研究结果基本一致，如赵培培等[17]的建议值为 0.7、高跃春等[18]的建议值为 0.8。

按照与场地系数研究类似的方法，将基础分组的结果按照《中国地震动参数区划图》(GB 18306—2015)[19]中设计基本地震动加速度与地震动有效峰值加速度范围的对应关系进行合并，如表 3.2 所示。由于实际情况下大多数场地为Ⅱ类或 C 类场地，分别以Ⅱ类场地与 C 类场地作为基于中国规范[9]与基于美国规范[5]的参考场地类别；除此之外，以地震动观测记录的 PHA 替代有效峰值加速度作为确定设计基本地震动加速度的标准，统计分组内的地震动观测记录数量不小于 3 条的情况，结果如表 4.10～表 4.19 所示。

表 4.10　中国规范[9]中不同场地类别下不同分组对应的 T_{v0}

场地类别	不同Ⅱ类场地 PHA 对应的 T_{v0}/s					
	0.05g	0.1g	0.15g	0.2g	0.3g	0.4g
Ⅰ	0.04	0.03	0.01	0.03	0.03	0.02
Ⅱ	0.06	0.04	0.04	0.06	0.05	0.06
Ⅲ	0.06	0.07	0.08	0.06	0.05	—
Ⅳ	0.06	—	—	—	—	—

表 4.11　中国规范[9]中不同场地类别下不同分组对应的 T_{vg}

场地类别	不同Ⅱ类场地 PHA 对应的 T_{vg}/s					
	0.05g	0.1g	0.15g	0.2g	0.3g	0.4g
Ⅰ	0.39	0.40	0.39	0.27	0.22	0.22
Ⅱ	0.44	0.51	0.50	0.47	0.45	0.24
Ⅲ	0.47	0.46	0.54	0.81	0.93	—
Ⅳ	0.62	—	—	—	—	—

表 4.12　中国规范[9]中不同场地类别下不同分组对应的 β_{vmax}

场地类别	不同Ⅱ类场地 PHA 对应的 β_{vmax}					
	0.05g	0.1g	0.15g	0.2g	0.3g	0.4g
Ⅰ	2.31	2.09	2.10	2.08	2.13	2.15
Ⅱ	2.70	2.69	2.63	2.72	2.56	2.77
Ⅲ	2.57	2.64	2.46	2.45	2.28	—
Ⅳ	2.45	—	—	—	—	—

表 **4.13**　中国规范[9]中不同场地类别下不同分组对应的 T_{vd}

场地类别	不同 II 类场地 PHA 对应的 T_{vd}/s					
	0.05g	0.1g	0.15g	0.2g	0.3g	0.4g
I	5.85	5.96	4.08	6.17	6.55	3.66
II	5.81	6.28	6.30	6.35	6.05	5.09
III	4.28	5.66	1.77	5.38	5.66	—
IV	3.73	—	—	—	—	—

表 **4.14**　中国规范[9]中不同场地类别下不同分组对应的 γ_v

场地类别	不同 II 类场地 PHA 对应的 γ_v					
	0.05g	0.1g	0.15g	0.2g	0.3g	0.4g
I	1.13	0.90	0.69	0.84	0.81	0.94
II	1.18	0.87	0.84	0.80	0.69	0.99
III	1.04	0.87	0.78	0.79	0.70	—
IV	0.97	—	—	—	—	—

表 **4.15**　美国规范[5]中不同场地类别下不同分组对应的 T_{v0}

场地类别	不同 C 类场地 PHA 对应的 T_{v0}/s					
	0.05g	0.1g	0.15g	0.2g	0.3g	0.4g
B	0.03	0.02	0.00	0.04	0.04	0.04
C	0.06	0.04	0.04	0.06	0.05	0.06
D	0.07	0.06	0.04	0.06	0.04	0.07

表 **4.16**　美国规范[5]中不同场地类别下不同分组对应的 T_{vg}

场地类别	不同 C 类场地 PHA 对应的 T_{vg}/s					
	0.05g	0.1g	0.15g	0.2g	0.3g	0.4g
B	0.28	0.34	0.48	0.19	0.11	0.16
C	0.41	0.54	0.26	0.40	0.49	0.38
D	0.48	0.44	0.90	0.62	0.66	0.31

表 **4.17**　美国规范[5]中不同场地类别下不同分组对应的 β_{vmax}

场地类别	不同 C 类场地 PHA 对应的 β_{vmax}					
	0.05g	0.1g	0.15g	0.2g	0.3g	0.4g
B	2.35	2.21	1.95	2.04	2.37	2.35
C	2.71	2.61	2.69	2.79	2.55	2.72
D	2.71	2.74	2.53	2.60	2.36	2.62

表 4.18　美国规范[5]中不同场地类别下不同分组对应的 T_{vd}

场地类别	不同 C 类场地 PHA 对应的 T_{vd}/s					
	0.05g	0.1g	0.15g	0.2g	0.3g	0.4g
B	6.14	6.07	4.35	6.22	6.53	3.72
C	5.94	6.19	6.38	5.91	6.32	5.05
D	5.37	5.95	5.56	6.23	4.36	5.05

表 4.19　美国规范[5]中不同场地类别下不同分组对应的 γ_v

场地类别	不同 C 类场地 PHA 对应的 γ_v					
	0.05g	0.1g	0.15g	0.2g	0.3g	0.4g
B	1.11	0.78	0.71	0.80	1.00	0.95
C	1.18	0.89	0.82	0.83	0.72	1.00
D	1.09	0.82	0.76	0.79	0.58	0.94

分析表 4.10～表 4.19，可以得到以下结论：

(1) Ⅰ类与 B 类场地的 T_{v0} 可取为 0.03s，其他场地类别的 T_{v0} 可取为 0.06s。基于中国规范[9]的结果除Ⅰ类场地外大体上与赵培培等[17]和齐娟等[20]的结果一致（分别为 0.07s 与 0.05s），Ⅰ类场地的结果存在差异的原因可能有两点：一是日本与其他地区地震动观测记录的区域差异；二是这些研究的研究数据中Ⅰ类场地的数据较少，因此可能导致一定程度的离散性。

(2) 参考国内外抗震设计规范的相关规定[5,9]，Ⅰ、Ⅱ、Ⅲ、Ⅳ类场地 T_{vg} 的取值范围分别可设为 0.25～0.35s、0.35～0.45s、0.45～0.65s、0.65～0.9s，B、C、D 类场地 T_{vg} 的取值范围分别可设为 0.15～0.35s、0.35～0.5s、0.5～0.6s。本章基于中国规范[9]的结果总体上大于赵培培等[17]的研究结果，其原因除第一条结论提到的外，还可能是由于本章中对特征参数的保守化处理；与之相比，本章基于美国规范[5]的结果总体上与 Moradpouri 等[11]的研究结果基本一致。

(3) Ⅰ类与 B 类场地的 β_{vmax} 可取为 2.2，Ⅱ类与 C 类场地的 β_{vmax} 可取为 2.7，Ⅲ类与Ⅳ类场地的 β_{vmax} 可取为 2.5，D 类场地的 β_{vmax} 可取为 2.6。总体上，β_{vmax} 可与水平动力放大系数最大值（β_{hmax}）一致，统一取为 2.5。

(4) T_{vd} 对竖向设计反应谱的影响可忽略，即竖向设计反应谱可与水平设计反应谱一样采用一段式下降的形式。

(5) 在仅考虑场地类别的情况下，γ_v 可统一取为 0.8，这也与一些已有研究结果基本一致[17,18]。

4.3.2　竖向特征参数与矩震级和震中距的经验关系

进一步研究 T_{vg}、β_{vmax} 分别与矩震级和震中距的经验关系，结果如图 4.7～图 4.10 所示。从图 4.7 和图 4.8 可以看出，T_{vg} 和 β_{vmax} 与矩震级的关系均可用线性模型近似描述，特别是基于美国规范[5]的远场地震结果。从图 4.9 和图 4.10 可以看出，T_{vg} 和 β_{vmax} 与震中距的关系均不明显，因此以震中距 100km 为分界给出了定性的结论。

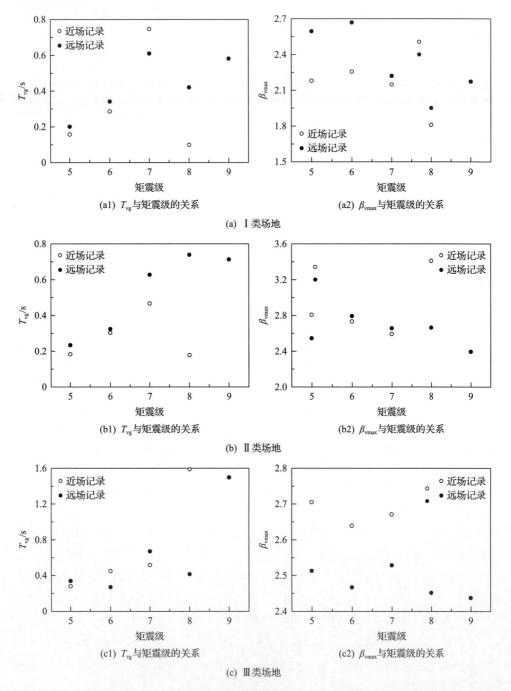

(a1) T_{vg} 与矩震级的关系　　　　　　　(a2) β_{vmax} 与矩震级的关系

(a) Ⅰ类场地

(b1) T_{vg} 与矩震级的关系　　　　　　　(b2) β_{vmax} 与矩震级的关系

(b) Ⅱ类场地

(c1) T_{vg} 与矩震级的关系　　　　　　　(c2) β_{vmax} 与矩震级的关系

(c) Ⅲ类场地

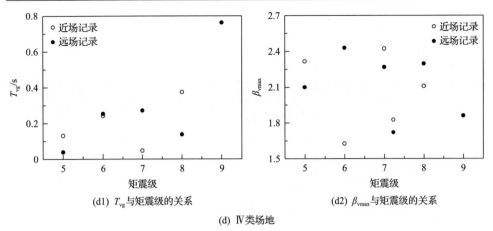

(d1) T_{vg} 与矩震级的关系　　　　　　(d2) β_{vmax} 与矩震级的关系

(d) Ⅳ类场地

图 4.7　T_{vg} 和 β_{vmax} 与矩震级的经验关系(中国规范[9])

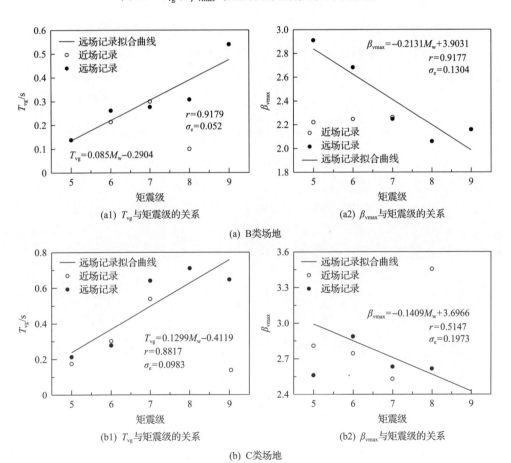

(a1) T_{vg} 与矩震级的关系　　　　　　(a2) β_{vmax} 与矩震级的关系

(a) B类场地

(b1) T_{vg} 与矩震级的关系　　　　　　(b2) β_{vmax} 与矩震级的关系

(b) C类场地

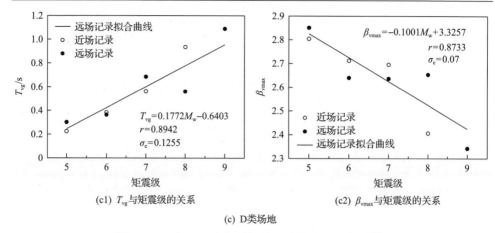

(c1) T_{vg} 与矩震级的关系　　　(c2) β_{vmax} 与矩震级的关系

(c) D类场地

图 4.8　T_{vg} 和 β_{vmax} 与矩震级的经验关系（美国规范[5]）

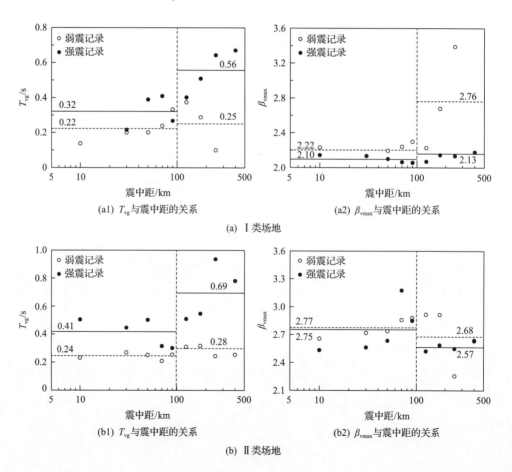

(a1) T_{vg} 与震中距的关系　　　(a2) β_{vmax} 与震中距的关系

(a) I 类场地

(b1) T_{vg} 与震中距的关系　　　(b2) β_{vmax} 与震中距的关系

(b) II 类场地

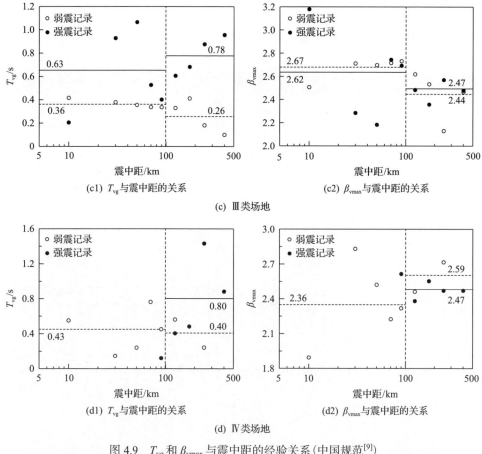

(c1) T_{vg} 与震中距的关系　　　　　(c2) β_{vmax} 与震中距的关系

(c) Ⅲ类场地

(d1) T_{vg} 与震中距的关系　　　　　(d2) β_{vmax} 与震中距的关系

(d) Ⅳ类场地

图 4.9　T_{vg} 和 β_{vmax} 与震中距的经验关系(中国规范[9])

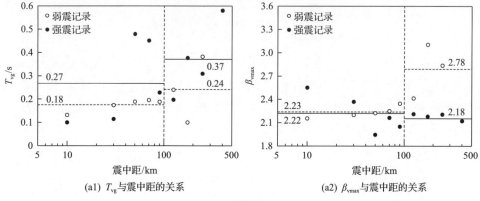

(a1) T_{vg} 与震中距的关系　　　　　(a2) β_{vmax} 与震中距的关系

(a) B类场地

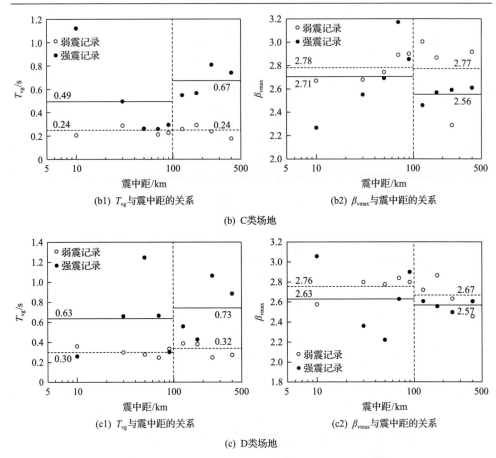

(b1) T_{vg} 与震中距的关系　　　　　　　(b2) β_{vmax} 与震中距的关系

(b) C类场地

(c1) T_{vg} 与震中距的关系　　　　　　　(c2) β_{vmax} 与震中距的关系

(c) D类场地

图 4.10　T_{vg} 和 β_{vmax} 与震中距的经验关系(美国规范[5])

4.4　竖向场地系数研究

以 PHA 作为确定设计基本地震动加速度的标准,以 Ⅱ 类场地作为参考场地类别。首先计算中国规范[9]中不同场地类别下不同地震动强度分组的竖向规准化反应谱平台高度,如表 4.20 所示;然后以 Ⅱ 类场地计算结果为基准得到竖向场地系数的计算值,如表 4.21 所示;最后根据 3.6.2 节中场地系数的调整原则,得到竖向场地系数的建议值,如表 4.22 所示。

表 4.20　中国规范[9]中不同场地类别下不同分组的竖向规准化反应谱平台高度

场地类别	不同 Ⅱ 类场地 PHA 对应的反应谱平台高度/(cm/s²)					
	0.05g	0.1g	0.15g	0.2g	0.3g	0.4g
Ⅰ	48.29	89.86	153.15	252.30	374.35	499.25

续表

场地类别	不同Ⅱ类场地 PHA 对应的反应谱平台高度/(cm/s²)					
	0.05g	0.1g	0.15g	0.2g	0.3g	0.4g
Ⅱ	62.89	163.25	245.84	427.04	537.45	1101.80
Ⅲ	62.89	161.63	376.59	305.69	200.13	—
Ⅳ	39.91	—	—	—	—	—

表 4.21　竖向场地系数的计算值

场地类别	不同Ⅱ类场地 PHA 对应的竖向场地系数					
	0.05g	0.1g	0.15g	0.2g	0.3g	0.4g
Ⅰ	0.77	0.55	0.62	0.59	0.70	0.45
Ⅱ	1.00	1.00	1.00	1.00	1.00	1.00
Ⅲ	1.00	0.99	1.53	0.72	0.37	—
Ⅳ	0.63	—	—	—	—	—

表 4.22　竖向场地系数的建议值

场地类别	不同Ⅱ类场地 PHA 对应的竖向场地系数建议值					
	0.05g	0.1g	0.15g	0.2g	0.3g	0.4g
Ⅰ	0.8	0.8	0.8	0.8	0.8	0.8
Ⅱ	1	1	1	1	1	1
Ⅲ	1.1	1.05	1.05	0.8	0.7	0.6
Ⅳ	0.8	0.8	0.75	0.7	0.6	0.5

4.5　竖向与水平特征参数的经验关系

4.5.1　样本记录选取及相关信息

由于现行抗震设计规范[5,9]仍以水平设计反应谱为主，本节进一步研究竖向特征参数与水平特征参数之间的经验关系。考虑到计算成本，通过随机抽样在研究数据中抽取若干组具有代表性的地震动观测记录作为研究样本，相关信息如表 4.23～表 4.25 所示。可以看出，研究样本在地表沉积物刚度、场地类别、矩震级、震中距、震源深度、地震动强度以及地震台站分布区域上都具有一定程度的代表性。

表 4.23　本节研究样本的相关信息(美国规范[5]中的 B 类场地)

地震动观测记录分组	地震动观测记录	地址	PGA/(cm/s²)			M_{w}	D_{epi}/km	D_{e}/km	V_{s30} /(m/s)
			EW	NS	UD				
强震远场 $M_{\mathrm{w}} \geqslant 6.5$ $D_{\mathrm{epi}} \geqslant 100\mathrm{km}$	OITH101604160125	Otake	41	45	27	7.3	105	12	837
	MYGH031203272000	Miyagi	23	25	16	6.6	115	21	934
	IWTH091302022317	Iwate	24	16	15	6.5	317	102	967
	SAGH011604160125	Saga	33	30	13	7.3	117	12	980
	IWTH231108191436	Iwate	33	38	16	6.5	181	51	923
强震近场 $M_{\mathrm{w}} \geqslant 6.5$ $D_{\mathrm{epi}} < 50\mathrm{km}$	AKTH050806140843	Akita	66	84	40	7.2	49	8	829
	IWTH140807240026	Iwate	317	486	346	6.8	23	108	816
	IWTH141203272000	Iwate	192	219	175	6.6	37	21	816
	MYGH040806140843	Miyagi	151	229	130	7.2	47	8	850
	IBRH141104111716	Ibaraki	244	244	210	7	30	6	816
弱震远场 $M_{\mathrm{w}} < 5.5$ $D_{\mathrm{epi}} \geqslant 100\mathrm{km}$	IWTH231105191732	Iwate	32	29	11	4.8	105	60	923
	IWTH091404051016	Iwate	18	26	12	5.3	117	34	967
	IWTH141112101508	Iwate	24	25	12	4.7	125	45	816
	IWTH231104091842	Iwate	39	51	17	5.4	114	58	923
	TCGH140807051649	Tochigi	39	33	14	5.2	120	50	849
弱震近场 $M_{\mathrm{w}} < 5.5$ $D_{\mathrm{epi}} < 50\mathrm{km}$	MYGH031304020409	Miyagi	14	13	12	4.2	25	51	934
	MYGH041007040433	Miyagi	23	31	12	5.2	44	7	850
	MYZH161201300318	Miyazaki	29	38	10	4.9	31	39	847
	MYGH111511291638	Miyagi	33	33	14	4.1	50	47	859
	FKOH050906252304	Fukuoka	32	61	51	4.7	19	12	777

表 4.24　本节研究样本的相关信息(美国规范[5]中的 C 类场地)

地震动观测记录分组	地震动观测记录	地址	PGA/(cm/s²)			M_{w}	D_{epi}/km	D_{e}/km	V_{s30} /(m/s)
			EW	NS	UD				
强震远场 $M_{\mathrm{w}} \geqslant 6.5$ $D_{\mathrm{epi}} \geqslant 100\mathrm{km}$	IWTH041302022317	Iwate	28	23	14	6.5	421	102	456
	TCGH131103111446	Tochigi	840	555	246	9	282	24	574
	HDKH061103111446	Hokkaido	33	40	14	9	474	24	412
	IWTH041203272000	Iwate	114	87	59	6.6	107	21	456
	FKSH121212071718	Fukushima	93	123	52	7.3	304	49	449
强震近场 $M_{\mathrm{w}} \geqslant 6.5$ $D_{\mathrm{epi}} < 50\mathrm{km}$	SZOH330908110507	Shizuoka	432	429	246	6.5	29	23	520
	KMMH021604142126	Kumamoto	143	142	38	6.5	48	11	577
	IWTH220806140843	Iwate	162	207	235	7.2	50	8	532
	SZOH400908110507	Shizuoka	94	101	67	6.5	43	23	493
	TTRH061610211407	Tottori	102	160	50	6.6	31	11	587

地震动观测记录分组	地震动观测记录	地址	PGA/(cm/s²)			M_w	D_{epi}/km	D_e/km	V_{s30}/(m/s)
			EW	NS	UD				
弱震远场 $M_w<5.5$ $D_{epi}\geqslant100km$	AOMH171106142356	Aomori	18	24	10	5.3	147	28	378
	IWTH041206301611	Iwate	13	12	10	4.8	117	64	456
	FKSH171103141552	Fukushima	34	35	12	5.2	100	40	544
	IWTH011307160746	Iwate	40	25	11	5.1	108	70	438
	IWTH041108171205	Iwate	24	20	12	5.1	106	31	456
弱震近场 $M_w<5.5$ $D_{epi}<50km$	GIFH271112141301	Gifu	62	50	40	5.1	24	49	685
	IWTH211201090713	Iwate	56	77	37	5.1	19	48	521
	MYGH131509051213	Miyagi	25	28	12	4.5	40	51	570
	MIEH051107242332	Mie	207	84	77	4.8	16	42	590
	KMMH091604142328	Kumamoto	24	30	16	4.4	33	13	400

表 4.25　本节研究样本的相关信息(美国规范[5]中的 D 类场地)

地震动观测记录分组	地震动观测记录	地址	PGA/(cm/s²)			M_w	D_{epi}/km	D_e/km	V_{s30}/(m/s)
			EW	NS	UD				
强震远场 $M_w\geqslant6.5$ $D_{epi}\geqslant100km$	AOMH051212071718	Aomori	147	151	41	7.3	395	49	238
	MYGH091611220559	Miyagi	41	36	29	7.4	114	25	358
	IWTH081103111629	Iwate	37	35	16	6.5	144	36	305
	MYGH081103111629	Miyagi	52	75	28	6.5	161	36	203
	AOMH161103112037	Aomori	69	71	34	6.7	194	24	226
强震近场 $M_w\geqslant6.5$ $D_{epi}<50km$	TTRH021610211407	Tottori	82	91	46	6.6	45	11	310
	TTRH041610211407	Tottori	211	159	195	6.6	22	11	254
	NIGH181103120359	Niigata	137	91	41	6.7	30	8	311
	KMMH161604160125	Kumamoto	1157	653	873	7.3	7	12	280
	FKSH141107310354	Fukushima	119	180	66	6.5	26	57	237
弱震远场 $M_w<5.5$ $D_{epi}\geqslant100km$	AOMH161307160746	Aomori	42	25	11	5.1	140	70	226
	TCGH111103302219	Tochigi	27	23	11	5	110	50	329
	KSRH031301240634	Hokkaido	25	28	15	5.2	104	65	250
	IBRH111302091343	Ibaraki	22	22	11	5.2	121	33	242
	IBRH131304142225	Ibaraki	18	25	18	5.3	110	51	335
弱震近场 $M_w<5.5$ $D_{epi}<50km$	KMMH141604142243	Kumamoto	81	139	78	4.4	5	11	248
	IBRH131704200213	Ibaraki	36	20	17	4.5	12	6	335
	IBRH131105291323	Ibaraki	11	20	12	4.2	21	10	335
	IBRH201610201150	Ibaraki	74	140	15	5.3	19	37	244
	AKTH171111100743	Akita	16	14	13	4.1	15	7	289

4.5.2　竖向与水平特征参数之间的关系

图 4.11 为研究样本中各地震动观测记录分组的三方向分量对应的设计反应谱，相应的设计反应谱特征参数如表 4.26 所示。可以看出，本节研究样本对应的竖向特征参数与本章全体研究数据对应的竖向特征参数基本一致，表明该研究样本可以反映全体研究数据的性质。然后，对比各竖向特征参数与对应的水平特征参数，竖向第一拐点周期(T_{v0})与竖向特征周期(T_{vg})整体上小于对应的水平特征参数，这也与一些已有研究结果[10,11,17]和抗震设计规范[5,9,19]基本一致，原因可能是地震动中的 P 波包含了更多的高频分量[16,21]。

对于美国规范[5]中的 C 类与 D 类场地，针对研究样本，竖向特征周期(T_{vg})与水平特征周期$(T_{hg}$，本章确定为 EW 分量与 NS 分量对应结果的较大者)之间的

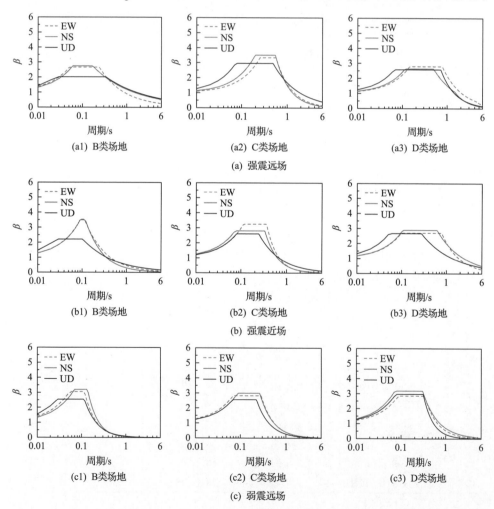

(a1) B类场地　　　　　(a2) C类场地　　　　　(a3) D类场地

(a) 强震远场

(b1) B类场地　　　　　(b2) C类场地　　　　　(b3) D类场地

(b) 强震近场

(c1) B类场地　　　　　(c2) C类场地　　　　　(c3) D类场地

(c) 弱震远场

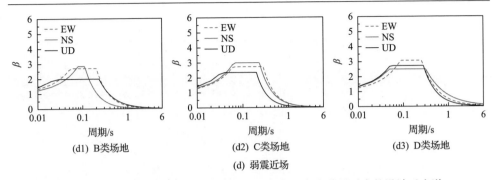

图 4.11　研究样本中各地震动观测记录分组的三方向分量对应的设计反应谱

表 4.26　本节研究样本中各地震动观测记录分组对应的特征参数

场地类别	记录分组	方向	设计反应谱特征参数				
			T_0/s	T_g/s	T_d/s	β_m	γ
B	强震远场	EW	0.05	0.23	5.98	2.64	0.77
		NS	0.06	0.16	5.31	2.72	0.48
		UD	0.03	0.34	5.92	1.99	0.45
	强震近场	EW	0.09	0.11	6.27	3.53	0.94
		NS	0.09	0.12	7.29	3.49	1.15
		UD	0.03	0.10	5.99	2.21	0.64
	弱震远场	EW	0.05	0.12	4.35	3.06	1.78
		NS	0.07	0.14	5.71	3.20	1.98
		UD	0.03	0.12	6.78	2.58	1.57
	弱震近场	EW	0.05	0.20	6.78	2.70	1.63
		NS	0.08	0.11	6.78	2.84	1.69
		UD	0.02	0.23	5.18	2.00	1.39
C	强震远场	EW	0.25	0.56	5.72	3.33	1.29
		NS	0.20	0.54	6.78	3.51	1.42
		UD	0.07	0.48	7.06	2.96	0.78
	强震近场	EW	0.11	0.36	7.13	3.25	1.80
		NS	0.07	0.33	6.72	2.80	1.58
		UD	0.08	0.24	6.22	2.60	0.92
	弱震远场	EW	0.07	0.28	1.16	2.82	1.55
		NS	0.09	0.26	4.34	2.99	1.51
		UD	0.07	0.22	5.88	2.55	1.49
	弱震近场	EW	0.06	0.28	5.82	2.73	1.78
		NS	0.06	0.23	6.82	2.99	1.66
		UD	0.03	0.20	7.08	2.35	1.97

续表

场地类别	记录分组	方向	设计反应谱特征参数				
			T_0/s	T_g/s	T_d/s	β_m	γ
D	强震远场	EW	0.14	0.78	4.28	2.78	1.02
		NS	0.15	0.50	1.48	2.63	0.80
		UD	0.07	0.73	5.77	2.58	1.34
	强震近场	EW	0.10	0.78	6.31	2.70	1.13
		NS	0.10	0.62	5.76	2.89	0.76
		UD	0.05	0.27	5.41	2.67	0.60
	弱震远场	EW	0.09	0.33	5.77	2.85	1.50
		NS	0.07	0.30	4.07	3.18	1.25
		UD	0.08	0.31	6.75	2.96	1.96
	弱震近场	EW	0.09	0.25	4.92	3.07	1.32
		NS	0.05	0.31	6.32	2.49	1.04
		UD	0.05	0.28	5.91	2.73	1.60

经验关系可以用图 4.12(b) 所示的双对数指数函数模型描述。如图 4.12(a) 所示，B 类场地与该模型不兼容的原因可能是该类场地为岩石类场地，与土类场地的性质差异较大[10]。除此之外，由于研究样本的局限性，本书提出的模型主要适用于水平特征周期不大于 0.7s 的情况。

如图 4.12(c) 和 (d) 所示，相比特征周期，β_{vmax} 与对应的水平动力放大系数最大值(β_{hmax}，为 EW 分量与 NS 分量对应结果的平均值)之间并无明显规律性的经验关系；通过归纳不同场地类型对应的 $\beta_{vmax}/\beta_{hmax}$ 可以发现，对于美国规范[5]中的 B 类场地，$\beta_{vmax}/\beta_{hmax}$ 的分布范围为 0.55~0.85(平均值为 0.68)，对于 C 类与 D 类场地，$\beta_{vmax}/\beta_{hmax}$ 的分布范围为 0.7~1.0(平均值为 0.86)，综上所述，建议 $\beta_{vmax}/\beta_{hmax}$ 可统一设为 0.9。

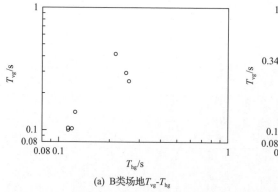

(a) B类场地 T_{vg}-T_{hg}

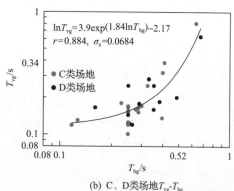

(b) C、D类场地 T_{vg}-T_{hg}

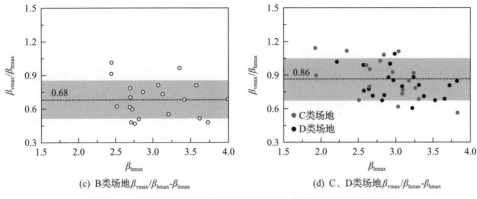

图 4.12　部分竖向特征参数与水平特征参数之间的经验关系

4.6　本　章　小　结

本章介绍了作者近年来在竖向设计反应谱研究领域中的相关研究成果。在研究竖向设计反应谱特征参数的性质之前，针对差分进化算法与模拟退火算法开展了相应的算法参数及对比研究，以确定合适的设计反应谱规准化方法与相关参数设置；此外，通过随机抽样的方法初步研究了竖向特征参数与水平特征参数之间的关系。主要结论如下：

（1）对于设计反应谱规准化问题，差分进化算法中的 DE/rand/1 变异方案具有较好的适用性，特别是具有较高的稳定性；差分进化算法的稳定性主要受最大进化代数控制，模拟退火算法的稳定性主要受终止温度控制；差分进化算法在各方面均优于模拟退火算法；将差分进化算法的种群规模与最大进化代数分别设为 50 与 200 即可保证该算法的稳定性在 99.9% 以上。

（2）随着场地变软或场地刚度降低，竖向设计反应谱的第一拐点周期与特征周期逐渐增大。一般情况下，强震远场地震动观测记录往往具有更大的竖向特征周期且其与矩震级之间的关系可用线性正相关模型近似描述。整体上看，中国规范[9]中 Ⅰ 类场地对应的竖向动力放大系数最大值明显小于其余场地类别，Ⅱ、Ⅲ、Ⅳ 类场地之间的差别并不明显；美国规范[5]中 B 类场地对应的竖向动力放大系数最大值明显小于其余场地类别，C 类与 D 类场地之间的差别并不明显。一般情况下，弱震记录具有更大的竖向动力放大系数最大值与下降速度参数。位移控制段起始周期并未表现出与场地类别、矩震级和震中距相关的明显规律，且整体上与截止周期非常接近，说明竖向设计反应谱可采用一段式下降的谱型。以上结论与第 3 章以及已有的水平设计反应谱的对应研究结果基本一致，表明了水平设计反应谱与竖向设计反应谱在某些性质上的共通性。综合考虑安全性与便利性，建议弱震记录的下降速度参数取 1.0，强震记录的下降速度参数取 0.7。

（3）对于中国规范[9]中Ⅰ类场地与美国规范[5]中 B 类场地，第一拐点周期可取为 0.03s，其他场地类别可取为 0.06s；中国规范[9]中Ⅰ、Ⅱ、Ⅲ、Ⅳ类场地的特征周期取值范围分别可设为 0.25～0.35s、0.35～0.45s、0.45～0.65s、0.65～0.9s，美国规范[5]中 B、C、D 类场地的特征周期取值范围分别可设为 0.15～0.35s、0.35～0.5s、0.5～0.6s；Ⅰ类与 B 类场地的动力放大系数最大值可取为 2.2，Ⅱ类与 C 类场地的动力放大系数最大值可取为 2.7，Ⅲ、Ⅳ类场地的动力放大系数最大值可取为 2.5，D 类场地的动力放大系数最大值可取为 2.6。总体上，动力放大系数最大值可统一取为 2.5；下降速度参数可统一取为 0.8。除此之外，以 PHA 作为确定设计基本地震动加速度的标准，以Ⅱ类场地作为参考场地类别，给出了竖向场地系数的建议值。

（4）对于美国规范[5]中 C 类与 D 类场地，竖向特征周期与水平特征周期之间的关系可用双对数指数函数模型描述，B 类场地与该模型不兼容的原因可能是该类场地为岩石类场地，与土类场地的性质存在较大差异；由于研究样本的局限性，该模型主要适用于水平特征周期不大于 0.7s 的情况。对于 B 类场地，竖向设计反应谱与水平设计反应谱的动力放大系数最大值之比的分布范围为 0.55～0.85，对于 C 类与 D 类场地，竖向设计反应谱与水平设计反应谱的动力放大系数最大值之比的分布范围为 0.7～1.0，综上所述，建议竖向设计反应谱的动力放大系数最大值可设为对应水平设计反应谱的 90%。

参 考 文 献

[1] 夏江, 陈清军. 基于遗传算法的设计地震反应谱标定方法[J]. 力学季刊, 2006, 27(2): 317-322.

[2] 刘红帅. 基于小生境遗传算法的设计地震动反应谱标定方法[J]. 岩土工程学报, 2009, 31(6): 975-979.

[3] 谭启迪, 薄景山, 郭晓云, 等. 反应谱及标定方法研究的历史与现状[J]. 世界地震工程, 2017, 33(2): 46-54.

[4] 赵培培, 王振宇, 薄景山. 利用差分进化算法标定设计反应谱[J]. 地震工程与工程振动, 2017, 37(5): 45-50.

[5] Building Seismic Safety Council (BSSC). NEHRP recommended provisions for seismic regulations for new buildings and other structures (FEMA 450), 2003 Edition, Part 1: Provisions[S]. Washington D.C., 2003.

[6] Storn R, Price K. Differential evolution-A simple and efficient heuristic for global optimization over continuous spaces[J]. Journal of Global Optimization, 1997, 11(4): 341-359.

[7] 汪慎文, 丁立新, 张文生, 等. 差分进化算法研究进展[J]. 武汉大学学报(理学版), 2014, 60(4): 283-292.

[8] Kim K H, Moon K C. Berth scheduling by simulated annealing[J]. Transportation Research Part B-Methodological, 2003, 37(6): 541-560.

[9] 中华人民共和国住房和城乡建设部, 中华人民共和国国家质量监督检验检疫总局. 建筑抗震设计规范(GB 50011—2010)[S]. 北京: 中国建筑工业出版社, 2010.

[10] Bozorgnia Y, Campbell K W. The vertical-to-horizontal response spectral ratio and tentative procedures for developing simplified V/H and vertical design spectra[J]. Journal of Earthquake Engineering, 2004, 8(2): 175-207.

[11] Moradpouri F, Mojarab M. Determination of horizontal and vertical design spectra based on ground motion records at Lali tunnel, Iran[J]. Earthquake Science, 2012, 25(4): 315-322.

[12] Aboye S A, Andrus R D, Ravichandran N, et al. Seismic site factors and design response spectra based on conditions in Charleston, South Carolina[J]. Earthquake Spectra, 2015, 31(2): 723-744.

[13] Elnashai A S, Papazoglou A J. Procedure and spectra for analysis of RC structures subjected to strong vertical earthquake loads[J]. Journal of Earthquake Engineering, 1997, 1(1): 121-155.

[14] Elgamal A, He L. Vertical earthquake ground motion records: An overview[J]. Journal of Earthquake Engineering, 2004, 8(5): 663-697.

[15] Kim S J, Holub C J, Elnashai A S. Analytical assessment of the effect of vertical earthquake motion on RC bridge piers[J]. Journal of Structural Engineering, 2011, 137(2): 252-260.

[16] Kramer S L. Geotechnical Earthquake Engineering[M]. Upper Saddle River: Prentice Hall, 1996.

[17] 赵培培, 王振宇, 薄景山. 竖向设计反应谱特征参数的研究[J]. 工程抗震与加固改造, 2018, 40(3): 159-166.

[18] 高跃春, 林淋. 房屋抗震设计的竖向地震动反应谱研究[J]. 黑龙江工程学院学报(自然科学版), 2006, 20(3): 23-25.

[19] 中华人民共和国国家质量监督检验检疫总局, 中国国家标准化管理委员会. 中国地震动参数区划图(GB 18306—2015)[S]. 北京: 中国标准出版社, 2015.

[20] 齐娟, 罗开海. 竖向地震标准设计反应谱曲线研究[J]. 工程抗震与加固改造, 2016, 38(5): 44-49.

[21] Beresnev I A, Nightengale A M, Silva W J. Properties of vertical ground motions[J]. Bulletin of the Seismological Society of America, 2002, 92(8): 3152-3164.

第 5 章 水平线性场地反应

本章介绍作者近年来基于日本 KiK-net 地震动观测记录在水平线性场地反应研究领域的相关研究成果，研究对象为场地水平固有频率。研究内容主要包括以下四个方面：①水平固有频率的各向异性；②高阶水平固有频率与基本频率之比的分布规律；③水平基本周期的主要影响因素；④不同场地类别的水平基本周期分布。

5.1 本章使用的强震动观测记录

为满足水平线性场地反应研究的要求，按照以下四个条件筛选研究数据：

(1)台站必须有完整的钻孔测试数据，包括地震波速剖面数据和土层结构剖面数据。

(2)有效地震动观测记录的日期必须在第一次台站调整之后且对应台站在第二次台站调整中未受到影响。

(3)综合已有场地线性阈值研究的结果，可以归纳出多数场地的 PHA 线性阈值的分布下限约为 20cm/s^2[1-5]。为消除强震瞬时影响，本章中有效地震动观测记录的 PHA 需分布于 5～20cm/s^2。

(4)为保证地震动观测记录的质量，无论是地表还是钻孔井下地震动观测记录，其各水平方向分量的信噪比(signal-to-noise ratio, SNR)必须大于等于 5。SNR 的计算公式为

$$SNR = 20lg \frac{P_s}{P_n} \tag{5.1}$$

式中，P_s 为地震动观测记录自功率谱密度函数的幅值；P_n 为地震动观测记录对应的噪声记录自功率谱密度函数的幅值。

地震动观测记录对应的噪声记录理论上被设为地震动观测记录中 P 波初至时间之前的部分，地震动观测记录的 P 波初至时间可由长短时间平均方法估计[6-8]。经统计与对比分析，针对基于 KiK-net 地震动观测记录的场地反应研究，考虑到 P 波初至时间一般在地震动观测记录的前 15s 内，因此噪声记录也可近似定义为地震动观测记录的前 15s，本章按此标准确定噪声记录。计算信噪比之前，用带宽为 0.4Hz 的 Parzen 窗分别平滑地震动观测记录和噪声记录的自功率谱密度函数。

基于上述条件筛选出了 633 个台站约 20 万条地震动观测记录。为了抑制场地各向异性的影响[9]，基于筛选出的有效地震动观测记录，将地震台站所在场地的场地反应表征定义为该台站中所有有效地震动观测记录的平均傅里叶幅值谱比，使用

2.1 节中介绍的 SBSR 法估计 633 个台站在不同方向的场地反应,然后对这些方向的结果进行平均,得到各向同性结果。

使用 2.1 节中介绍的技术(进行地震动观测记录傅里叶幅值谱比的平滑处理时采用的平滑窗类型为 Parzen 窗)即可从上述各向同性结果中提取出 633 个台站对应的各阶固有频率与放大作用。需要注意的是,本章中如无特别说明,场地基本频率/周期、卓越频率、各阶固有频率与放大作用等概念均特指水平场地反应或水平地震动对应的性质。

5.2　场地水平固有频率特征

5.2.1　各向异性对固有频率的影响

王海云[10]的研究工作表明,在同一次地震中,场地在不同水平方向上的卓越频率可能对应不同的振型,这说明了各向异性对场地卓越频率的影响比较显著。因此,在利用卓越频率研究场地反应时,很有可能造成不同振型之间的混淆。基于上述成果,王海云[10]建议在场地反应研究中按照不同振型分析场地放大作用的特征,从而从本质上揭示场地的固有特性。

基于王海云[10]的研究结论,进一步研究各向异性对场地固有频率的影响,以 KiK-net 中的 IKRH01 台站为例,比较场地的基本频率与卓越频率。IKRH01 台站位于日本北海道地区,地质情况较简单,剪切波速测试数据表明:①该台站的钻孔深度为 200m,土体主要为风化泥岩和泥岩,等效剪切波速为 661m/s;②地表以下 20m 等效剪切波速为 385m/s,属于中国规范[11]中的 II 类场地。V_{s30} 为 405m/s,属于美国规范[12]中的 C 类场地。利用该台站在 2008 年 1 月到 2019 年 5 月记录的 168 次弱震动数据水平分量,使用 SBSR 法估计地震动观测记录傅里叶幅值谱比,根据台站中地震动观测记录的平均傅里叶幅值谱比结果识别各阶固有频率与对应放大作用,结果如图 5.1 和表 5.1 所示。

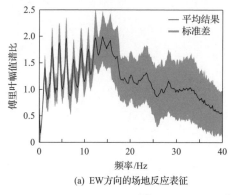
(a) EW方向的场地反应表征

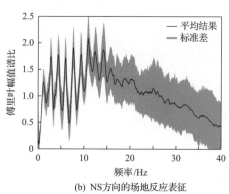
(b) NS方向的场地反应表征

图 5.1　IKRH01 台站的场地反应表征

表 5.1　IKRH01 台站的各阶固有频率与对应放大作用

阶数	EW 方向		NS 方向	
	固有频率/Hz	放大作用	固有频率/Hz	放大作用
1	1.22	1.42	1.12	1.27
2	2.77	1.80	2.78	1.75
3	4.35	1.87	4.36	1.77
4	5.90	1.96	5.98	1.73
5	7.59	1.58	7.69	1.92
6	9.24	1.78	9.31	1.80

　　从表 5.1 可以看出，2～6 阶固有频率对应的放大作用均大于基本频率对应的放大作用；EW 方向 4 阶固有频率对应的放大作用最大，NS 方向 5 阶固有频率对应的放大作用最大。对比 EW 与 NS 方向上相同阶数的固有频率，可以看出 IKRH01 台站在两方向上的固有频率非常相近，但是对应的放大作用存在一定差异，体现了各向异性对场地卓越频率的影响。

　　为进一步研究各向异性对场地各阶固有频率的影响，以 10° 为间隔计算 IKRH01 台站在 18 个水平方向上的场地反应，并提取对应的固有频率，结果如图 5.2 所示。IKRH01 台站的各向异性最大影响幅度如表 5.2 所示。从表中可以看出，

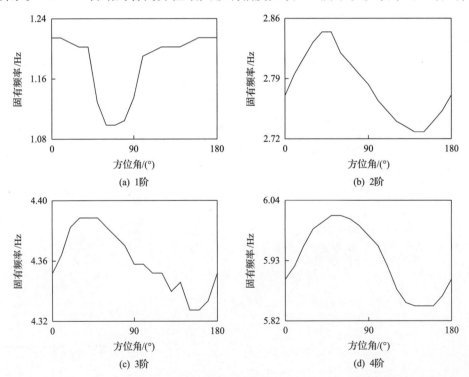

(a) 1阶

(b) 2阶

(c) 3阶

(d) 4阶

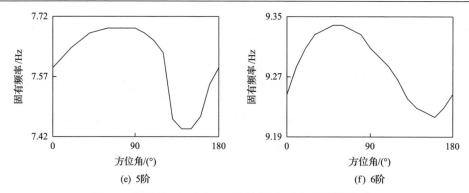

(e) 5阶　　　　　　　　　　　　(f) 6阶

图 5.2　IKRH01 台站在 18 个水平方向上的各阶固有频率

表 5.2　IKRH01 台站的各向异性最大影响幅度

阶数	各向异性最大影响幅度/%
1	4.91
2	2.09
3	0.70
4	1.39
5	1.64
6	0.66

各向异性对固有频率的影响并不明显，最大影响幅度不超过 5%。上述结果进一步支持了王海云[10]的建议，即场地反应研究中应按照不同振型分析场地放大作用的特征。

5.2.2　高阶固有频率与基本频率之比随阶数的变化规律

　　基于 KiK-net 在 2008 年 1 月到 2019 年 5 月的弱震动数据，使用 SBSR 法估计地震动观测记录的傅里叶幅值谱比，台站所在场地的场地反应表征即为台站中地震动观测记录的平均傅里叶幅值谱比结果，基于此识别场地各阶固有频率。在 633 个台站中，69 个台站能够在 0.1～20Hz 范围内被识别出不少于 3 阶固有频率，其中，CHBH06 台站和 IKRH03 台站分别能被识别出 16 阶和 15 阶固有频率。为消除各向异性影响，本节以前面 18 个方向的平均结果表征场地的固有频率。69 个台站的前 8 阶固有频率如表 5.3 所示。

表 5.3　69 个台站的前 8 阶固有频率

台站	场地各阶固有频率/Hz							
	1	2	3	4	5	6	7	8
ABSH09	1.4	3.36	6.39	—	—	—	—	—
ABSH13	1.84	4.11	6.28	8.28	10.13	12	13.5	15

台站	场地各阶固有频率/Hz							
	1	2	3	4	5	6	7	8
ABSH14	2.1	4.25	7.15	10.5	12.98	—	—	—
ABSH15	2.4	5.1	8.97	12.07	—	—	—	—
AICH09	0.665	1.4	2.25	3.08	4.42	—	—	—
AICH12	1.477	3.86	6.16	9.1	—	—	—	—
AICH14	1.14	2.38	3.83	—	—	—	—	—
AICH16	2.53	6.18	9.83	12.81	—	—	—	—
AKTH07	1.465	3.33	5.21	7.15	9.11	—	—	—
AKTH16	1.111	2.72	4.45	6.34	—	—	—	—
AKTH17	1.031	2.29	3.69	5.05	6.37	7.855	—	—
AKTH19	1.24	2.67	4.14	5.4	—	—	—	—
AOMH13	0.757	1.404	2.332	3.22	4.224	5.005	5.762	—
AOMH16	1.221	2.441	3.79	5.072	6.036	7.465	8.905	10.14
CHBH06	0.708	1.776	2.95	3.906	4.846	6.018	7.092	8.026
CHBH14	0.714	1.361	2.21	—	—	—	—	—
CHBH17	0.354	0.9155	1.495	2.057	2.625	—	—	—
EHMH04	1.251	2.667	4.242	5.75	7.233	8.771	—	—
FKIH05	1.105	2.197	3.259	—	—	—	—	—
FKSH02	2.24	5.048	7.922	10.94	13.26	15.5	—	—
FKSH14	1.16	2.93	4.12	5.902	7.55	10.55	12.54	15.34
FKSH16	0.8423	2.057	3.394	4.742	6.27	—	—	—
HRSH07	2.704	5.55	8.53	—	—	—	—	—
HYGH10	1.434	3.369	5.066	7.129	—	—	—	—
IBRH11	2.527	5.188	8.16	—	—	—	—	—
IBRH17	0.3906	0.9216	1.459	1.996	2.582	3.058	3.72	—
IKRH01	1.221	2.777	4.352	5.939	7.66	9.29	10.88	12.4
IKRH02	0.6348	1.465	2.185	3.101	3.833	—	—	—
IKRH03	0.4883	1.105	1.917	2.643	3.455	4.645	5.469	6.122
IWTH15	1.52	3.25	5.267	—	—	—	—	—

续表

台站	场地各阶固有频率/Hz							
	1	2	3	4	5	6	7	8
IWTH16	1.44	3.412	5.652	7.452	9.68	—	—	—
KMMH13	1.062	2.856	4.089	5.96	—	—	—	—
KSRH03	1.215	3.247	5.145	7.184	8.752	—	—	—
KSRH05	0.647	1.556	2.502	3.479	—	—	—	—
KSRH06	0.714	1.593	2.789	3.699	4.822	6.061	—	—
MIEH01	1.904	4.712	7.477	—	—	—	—	—
MYGH05	0.769	1.52	2.478	3.375	4.565	—	—	—
MYGH07	1.099	2.673	4.071	5.53	7.263	8.923	10.38	—
MYGH10	0.9705	2.643	4.0004	5.524	6.787	7.953	9.375	—
MYZH10	2.6	5.847	9.521	12.74	—	—	—	—
NGNH29	1.953	4.156	6.555	—	—	—	—	—
NGNH31	1.282	3.326	5.377	10.77	—	—	—	—
NIGH02	1.672	3.693	6.067	8.661	11.8	15.2	—	—
NIGH03	0.763	1.556	2.539	3.314	—	—	—	—
NIGH04	1.55	4.23	7.019	9.363	—	—	—	—
NIGH05	0.7385	1.691	2.972	3.857	5.243	6.213	7.068	8.496
NIGH11	1.038	2.252	3.668	4.974	—	—	—	—
NIGH12	1.794	4.968	7.483	10.66	—	—	—	—
NIGH14	0.885	2.032	3.168	4.205	—	—	—	—
NMRH03	0.5066	1.1111	1.849	2.417	3.149	3.87	4.596	5.359
NMRH04	0.4333	1.074	1.837	2.393	2.966	3.644	4.352	—
NMRH05	0.5432	1.355	2.045	2.924	3.522	4.346	5.402	—
OSMH01	1.068	1.929	3.259	—	—	—	—	—
SRCH10	2.081	5.316	8.777	13.79	—	—	—	—
SZOH25	0.5371	1.306	2.185	2.997	3.894	4.303	5.096	5.823
TCGH10	1.605	3.714	5.579	8.24	—	—	—	—
TCGH12	1.471	3.223	5.438	7.831	9.491	—	—	—
TCGH16	1.313	3.21	4.578	5.463	7.202	9.125	11.55	13.16

台站	场地各阶固有频率/Hz							
	1	2	3	4	5	6	7	8
TKCH01	1.904	4.376	7.324	—	—	—	—	—
TKCH04	1.843	3.76	5.896	7.483	9.882	12.27	14.17	—
TKCH06	0.6897	1.453	2.356	3.119	4.37	5.402	—	—
TKCH07	1.166	2.106	2.985	4.205	—	—	—	—
TYMH05	2.191	5.133	8.099	11.1	—	—	—	—
TYMH06	1.3	2.582	4.303	6.073	—	—	—	—
YMNH12	2.356	4.956	7.257	10.77	—	—	—	—
YMTH01	0.8606	2.014	3.326	4.419	5.835	6.921	8.264	9.869
YMTH06	1.379	2.734	4.187	5.42	6.964	8.899	11.05	13.16
YMTH09	1.544	3.308	4.742	6.091	—	—	—	—
YMTH15	1.605	3.265	4.755	5.64	—	—	—	—

根据一维单层场地模型，场地固有频率的计算公式为

$$\begin{cases} f_{hi} = \dfrac{V_s}{4H(2i-1)} \\ f_{vi} = \dfrac{V_p}{4H(2i-1)} \end{cases} \tag{5.2}$$

式中，f_{hi} 为第 i 阶水平固有频率；f_{vi} 为第 i 阶竖向固有频率；H 为场地厚度；V_s 为场地的剪切波速；V_p 为场地的压缩波速。

计算 69 个台站的高阶固有频率与基本频率之比，前 15 阶固有频率与基本频率之比与阶数的经验关系如图 5.3 所示，其中实心方块与对应误差棒表示各阶结果的均值与正负一倍标准差。利用式 (5.3) 所示的拟合关系式，可以得到式 (5.4) 所示的经验关系，其皮尔逊相关系数高达 0.993。此外，与理论比值相比，固有频率与基本频率的实际比值偏小。

$$\frac{f_{hi}}{f_{h1}} = ki + b \tag{5.3}$$

式中，f_{h1} 为基本频率；i 为振型阶数；k、b 为拟合参数。

$$\frac{f_{\mathrm{h}i}}{f_{\mathrm{h}1}} = 1.604i - 1.454 \tag{5.4}$$

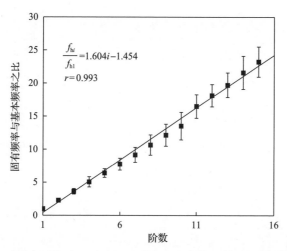

图 5.3　69 个台站的前 15 阶固有频率与基本频率之比与阶数的经验关系

5.3　场地水平基本周期特征

5.3.1　场地基本周期的主要影响因素

基于 633 个台站在 2008 年 1 月到 2019 年 5 月的 20 万余组地表和钻孔井下弱震动数据，使用 SBSR 法估计地震动观测记录的傅里叶幅值谱比，基于此识别 380 个台站所在场地的基本周期。本节将分别讨论场地基本周期与不同影响因素的相关性。

基本周期 $(T_{\mathrm{h}1})$ 与场地厚度 (H) 和场地刚度（地表与钻孔井下地震仪之间部分的等效剪切波速 V_{s}^{*}）的关系如图 5.4 所示，其中 H 与 V_{s}^{*} 的计算公式见式 (5.5) 和式 (5.6)，使用线性拟合可以得到 $T_{\mathrm{h}1}$ 分别与 H 和 V_{s}^{*} 的经验关系式，见式 (5.7) 和式 (5.8)。从图 5.4 可以看出，基本周期与场地厚度之间的相关性较高，与场地刚度之间的相关性很差。

$$H = \sum_{i=1}^{N} h_i \tag{5.5}$$

$$V_{\mathrm{s}}^{*} = \frac{H}{\displaystyle\sum_{i=1}^{N} \frac{h_i}{V_{si}}} \tag{5.6}$$

$$T_{h1} = \frac{0.48H}{100} + 0.28 \tag{5.7}$$

$$T_{h1} = 0.0005V_s^* + 0.36 \tag{5.8}$$

式中，h_i 为第 i 层场地的厚度；N 为场地层数；V_{si} 为第 i 层场地的剪切波速。

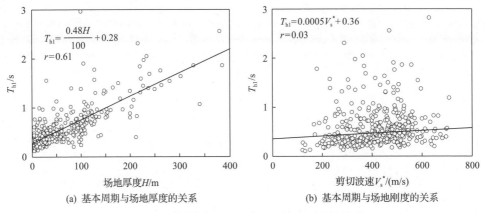

(a) 基本周期与场地厚度的关系　　　　　　　(b) 基本周期与场地刚度的关系

图 5.4　基本周期与场地厚度和场地刚度的关系

　　参照 Zhao 等[13]在基于 V_{s30} 的地震动预测方程研究中的做法，本节在讨论基本周期与近地表沉积物刚度的关系时，将地表以下 20m 和 30m 等效剪切波速分别根据式(5.9)和式(5.10)转换为 T_{vs20} 和 T_{vs30}。基本周期与近地表沉积物刚度(T_{vs20} 和 T_{vs30})的关系如图 5.5 所示。使用线性公式拟合，可以得到基本周期与对应近地表沉积物刚度之间的经验关系式，分别见式(5.11)和式(5.12)。从图 5.5 可以看出，基本周期与 T_{vs20} 和 T_{vs30} 之间的相关性均一般。上述结果表明，近地表沉积物刚度与基本周期之间存在一定关系，但相关性并不高。

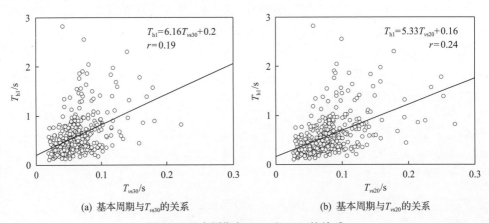

(a) 基本周期与T_{vs30}的关系　　　　　　　(b) 基本周期与T_{vs20}的关系

图 5.5　基本周期与 T_{vs30} 和 T_{vs20} 的关系

$$T_{vs30} = \frac{120}{V_{s30}} \tag{5.9}$$

$$T_{vs20} = \frac{120}{V_{s20}} \tag{5.10}$$

$$T_{h1} = 6.16T_{vs30} + 0.2 \tag{5.11}$$

$$T_{h1} = 5.33T_{vs20} + 0.16 \tag{5.12}$$

基于一维场地反应理论中的单层场地模型和多层场地模型,利用式(5.13)和式(5.14)可分别计算出基本周期的估计值 T_{h1s} 和 T_{h1m}。基于地震动观测记录的基本周期估计值(本章用 T_{h1} 代表)与基于理论的估计值(T_{h1s} 和 T_{h1m})的关系如图 5.6 所示,拟合关系式见式(5.15)。从图 5.6 中可以看出,基本周期与基于单层场地模型和多层场地模型的理论估计值之间的相关性均很高。因此,同时使用场地的厚度与刚度能够较好地预测基本周期。

$$T_{h1s} = \frac{4H}{V_s^*} \tag{5.13}$$

式中, T_{h1s} 为基于单层场地模型的基本周期估计值。

$$T_{h1m} = \sqrt{\sum_{i=1}^{N} \left(\frac{4h_i}{V_{si}} \right)^2 \frac{2H_i}{h_i}} \tag{5.14}$$

式中, H_i 为第 i 层场地中点的深度; T_{h1m} 为基于多层场地模型的基本周期估计值。

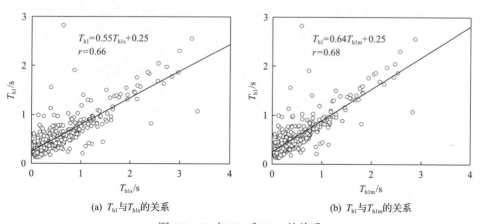

(a) T_{h1} 与 T_{h1s} 的关系　　　　　　　　(b) T_{h1} 与 T_{h1m} 的关系

图 5.6　T_{h1} 与 T_{h1s} 和 T_{h1m} 的关系

$$y = kx + b \tag{5.15}$$

式中，b 和 k 均为拟合参数。

　　将基本周期与各影响因素的相关性汇总于图 5.7。可以看出，利用场地刚度与厚度的组合估计基本周期时，对应的相关性最高；单独利用场地厚度估计基本周期时，对应的相关性较高；利用近地表沉积物的刚度估计基本周期时，对应的相关性一般；单独利用场地刚度估计基本周期时，对应的相关性很差。综上所述，建议利用场地刚度与厚度的组合进行基本周期的估计。

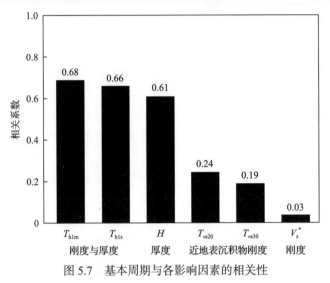

图 5.7　基本周期与各影响因素的相关性

5.3.2　不同场地类别的基本周期分布

　　将基本周期的估计结果按场地类别分组，统计不同场地类别对应的基本周期中位值、平均值与标准差，结果如表 5.4 所示。不同场地类别对应的基本周期累积分布函数如图 5.8 所示。由于 380 个台站中没有中国规范[11]中的 I_0 类场地和美国规范[12]中的 A 类场地，图 5.8 中并未给出相应的累积分布函数。图中累积分布函数的斜率越大，表示基本周期的分布越集中，其离散性越小。

表 5.4　不同场地类别对应的基本周期的中位值、平均值与标准差

场地分类方法	场地类别	中位值/s	平均值/s	标准差/s
中国规范[11]	I_1	0.39	0.41	0.19
	II	0.43	0.54	0.37
	III	0.90	1.03	0.45
	IV	1.39	1.45	0.50

场地分类方法	场地类别	中位值/s	平均值/s	标准差/s
美国规范[12]	B	0.30	0.35	0.18
	C	0.40	0.47	0.29
	D	0.67	0.79	0.47
	E	0.96	1.18	0.55

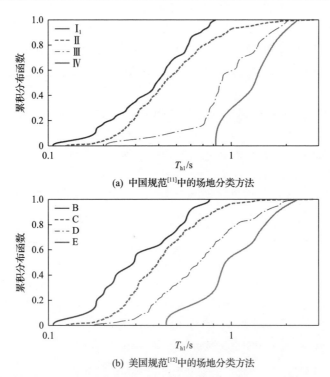

(a) 中国规范[11]中的场地分类方法

(b) 美国规范[12]中的场地分类方法

图 5.8　不同场地类别对应的基本周期累积分布函数

从表 5.4 可以看出，随着场地变软或场地刚度降低，中国规范[11]中不同场地类别（I_0 类场地除外）对应的基本周期中位值由 0.39s 逐步递增到 1.39s，平均值由 0.41s 逐步递增到 1.45s；美国规范[12]中不同场地类别（A 类场地除外）对应的基本周期中位值由 0.3s 逐步递增到 0.96s，平均值由 0.35s 逐步递增到 1.18s。对比表 5.4 中不同场地分类方法中基本周期的标准差可以看出，中国规范[11]和美国规范[12]中基本周期的离散性相近。

从图 5.8 可以看出，随着场地变软，不同场地类别对应的基本周期向长周期方向移动，此外，基本周期的离散性也随之增加。值得注意的是，中国规范[11]中的 I_1 类和 Ⅱ 类场地的累积分布函数比较相近，Ⅲ 类和 Ⅳ 类场地的累积分布函数比较相近。美国规范[12]中不同类型场地的累积分布函数分布比较均匀。

5.4　本章小结

　　本章介绍了作者近年来在水平线性场地反应研究领域中对场地水平固有频率与基本周期特征的相关研究成果。主要结论如下：

　　(1)研究了各向异性对场地固有频率的影响。研究结果表明，与卓越频率相比，各向异性对各阶固有频率的影响并不明显。这进一步支持了王海云[10]的建议，即在场地反应研究中按照不同振型分析场地放大作用的特征。

　　(2)建立了场地高阶固有频率与基本频率之比随阶数的经验关系。该经验关系有可能适用于前16阶甚至更高阶数固有频率的估计。此外，从强震观测角度验证了基于地震动观测记录的估计结果小于基于一维场地反应理论的估计结果。

　　(3)场地刚度和厚度的组合与基本周期之间的相关性最高，单独的场地厚度与基本周期之间的相关性较高，近地表沉积物的刚度与基本周期之间的相关性一般，单独的场地刚度与基本周期之间的相关性很差。因此，建议综合利用场地刚度与厚度进行基本周期的估计。

　　(4)比较了不同场地类别对应的场地基本周期分布特征。研究结果表明，随着场地变软或刚度降低，基本周期向长周期方向移动且离散性逐渐增加。

参 考 文 献

[1] Chin B H, Aki K. Simultaneous study of the source, path, and site effects on strong ground motion during the 1989 Loma Prieta earthquake: A preliminary result on pervasive nonlinear site effects[J]. Bulletin of the Seismological Society of America, 1991, 81(5): 1859-1884.

[2] Wen K L, Beresnev I A, Yeh Y T. Nonlinear soil amplification inferred from downhole strong seismic motion data[J]. Geophysical Research Letters, 1994, 21(24): 2625-2628.

[3] Beresnev I A, Wen K L. Nonlinear soil response—A reality?[J]. Bulletin of the Seismological Society of America, 1996, 86(6): 1964-1978.

[4] Wu C Q, Peng Z G, Ben-Zion Y. Refined thresholds for non-linear ground motion and temporal changes of site response associated with medium-size earthquakes[J]. Geophysical Journal International, 2010, 182(3): 1567-1576.

[5] Rubinstein J L. Nonlinear site response in medium magnitude earthquakes near Parkfield, California[J]. Bulletin of the Seismological Society of America, 2011, 101(1): 275-286.

[6] Vaezi Y, Baan M V D. Comparison of the STA/LTA and power spectral density methods for microseismic event detection[J]. Geophysical Journal International, 2015, 203(3): 1896-1908.

[7] Li X B, Shang X Y, Wang Z W, et al. Identifying P-phase arrivals with noise: An improved Kurtosis method based on DWT and STA/LTA[J]. Journal of Applied Geophysics, 2016, 133:

50-61.

[8] Miao Y, Shi Y, Wang S Y. Estimating near-surface shear wave velocity using the P-wave seismograms method in Japan[J]. Earthquake Spectra, 2018, 34(4): 1955-1971.

[9] Takagi R, Okada T. Temporal change in shear velocity and polarization anisotropy related to the 2011 M9.0 Tohoku-Oki earthquake examined using KiK-net vertical array data[J]. Geophysical Research Letters, 2012, 39(9): 1-7.

[10] 王海云. 土层场地的放大作用随深度的变化规律研究——以金银岛岩土台阵为例[J]. 地球物理学报, 2014, 57(5): 1498-1509.

[11] 中华人民共和国住房和城乡建设部, 中华人民共和国国家质量监督检验检疫总局. 建筑抗震设计规范(GB 50011—2010)[S]. 北京: 中国建筑工业出版社, 2010.

[12] Building Seismic Safety Council (BSSC). NEHRP recommended provisions for seismic regulations for new buildings and other structures (FEMA 450), 2003 Edition, Part 1: Provisions[S]. Washington D.C., 2003.

[13] Zhao J X, Xu H. A comparison of V_{s30} and site period as site-effect parameters in response spectral ground-motion prediction equations[J]. Bulletin of the Seismological Society of America, 2013, 103(1): 1-18.

第6章 竖向线性场地反应

本章介绍作者近年来基于日本 KiK-net 地震动观测记录在竖向线性场地反应研究领域的相关研究成果，研究对象主要为场地竖向固有频率。以第 5 章水平固有频率研究成果为基础与切入点，本章研究内容主要包括两个方面：①卓越频率离散性的定量评估；②针对高阶固有频率与基本频率之比的分布规律的进一步细化。其中，水平线性场地反应的结果同样被计算出来作为上述结果的对照组。

6.1 本章使用的强震动观测记录

与第 5 章中水平线性场地反应研究的要求对应，本章按照以下条件筛选研究数据：

(1)台站必须有完整的钻孔测试数据，包括地震波速剖面数据和土层结构剖面数据。

(2)有效地震动观测记录的日期必须在第一次台站调整之后且对应台站在第二次台站调整中未受到影响。

(3)为了消除强震在各方向上的瞬时影响，有效地震动观测记录的 PHA 与 PVA 均需分布于 5～20cm/s^2。

(4)为保证地震动观测记录各分量的信号质量，无论是地表还是钻孔井下地震动观测记录，其竖向分量与各水平方向分量的信噪比均要求不小于 5。信噪比的计算公式见式(5.1)，与第 5 章不同的是，地震动观测记录对应的噪声记录被设为地震动观测记录中 P 波初至时间之前的部分，地震动观测记录的 P 波初至时间由长短时间平均方法估计[1,2]。在计算信噪比之前，用带宽为 0.4Hz 的矩形窗分别平滑地震动观测记录和噪声记录的自功率谱密度函数。

(5)为了消除强震之后恢复过程的影响，强震影响时间内的地震动观测记录被筛除。强震影响时间通过对应地震动观测记录的 PHA 确定，PHA 分布范围为 200～400cm/s^2、400～800cm/s^2 和≥800cm/s^2 的强震分别对应 30 天、90 天和 180 天的影响时间[3]。

为降低场地反应估计结果的离散性，考虑到本章对研究数据的要求比第 5 章更为严格，本章要求台站必须满足有效地震动观测记录的组数不低于 3 组。在 643 个有完整钻孔测试数据的台站中，有 446 个台站满足上述要求，总有效地震动观测记录组数约 12000 组。针对有效地震动观测记录对应震源的信息，如图 6.1(a)

所示，绝大多数震源的震源深度小于 60km，对应的地震动观测记录占有效地震动观测记录总数的 83%，说明本章的有效地震动观测记录多为浅层地震动观测记录。针对有效地震动观测记录的信息，如图 6.1(b)所示，有效地震动观测记录对应震源矩震级与地震动观测记录震中距之间存在近似正相关关系，原因可能有两点：①由于本章对 PHA 和 PVA 的限制，震源震级大的地震动观测记录相比震源震级小的地震动观测记录整体上需要更大的震中距以削弱地震动观测记录的强度；②地震动观测记录的强度整体上随震中距的增加而衰减，因此弱震影响范围相比强震较小，如图 6.1(c)和(d)所示。

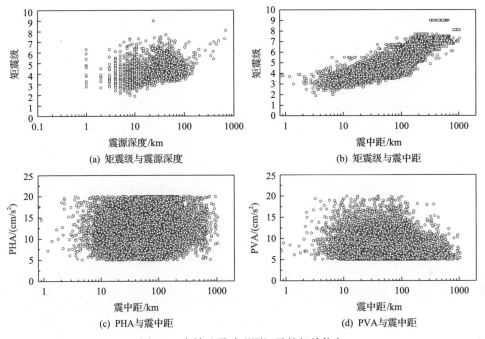

图 6.1　有效地震动观测记录的相关信息

　　将地震台站所在场地的场地反应表征定义为该台站中所有有效地震动观测记录的平均傅里叶幅值谱比结果，使用 2.1 节介绍的技术(进行地震动观测记录傅里叶幅值谱比的平滑处理时采用的平滑窗类型为矩形窗)即可从上述研究数据中提取出 446 个台站对应的各阶固有频率与放大作用。

　　实际情况中竖向地震动可能会混杂斜入射的 S 波[4]，因此当使用竖向地震动观测记录进行场地信息反演时，需要考虑斜入射 S 波的影响。本书整体上以基于场地剖面的实际场地信息为参考，以限制斜入射 S 波的影响，首先基于一维场地反应理论中的单层/多层场地模型，综合利用场地的刚度与厚度进行场地竖向基本周期的估计，然后以此作为从地震动观测记录傅里叶谱比中识别场地竖向基本频率的参考；对后续使用地震干涉测量法的章节而言，首先基于场地剖面提供的场地各分层厚度与压缩波速信息估计场地压缩波的总走时，然后以此作为地震干涉测量法中解卷积函数的参考走时[5-7]。此外，基于 Nakata 等[8]的研究成果，考虑到地震波跨越不同介质时的折射效应，KiK-net 中的地震动观测记录的入射角相对于垂直方向的偏移角度基本均在 10°以内（混杂入竖向地震动的斜入射 S 波仅占原本的 2.5%），可近似视为垂直入射，因此可认为斜入射 S 波对本书内容的影响较小。

6.2　卓越频率离散性的定量研究

场地水平卓越频率对应的振型或固有频率阶数具有明显的离散性[9]，在引入竖向地震动之后主要体现在以下两方面：①同一方向上，不同地震中场地的卓越频率可能对应不同振型；②同一次地震中，场地在不同方向上的卓越频率可能对应不同振型。本节以第一个方面为切入点，并考虑不同场地的卓越频率对应的振型之间的离散性，之后通过竖向估计结果与对应水平方向估计结果的对比分析侧面引入第二个方面的研究。

6.2.1　不同场地卓越频率与基本频率之比的概率分布

实际中经常会出现可识别出固有频率但无法确定其阶数的情况，若仅从可被确定阶数的固有频率中选择卓越频率，则相当于默认卓越频率对应的固有频率阶数不超过阶数的可识别范围，这显然会影响结果的客观性。考虑到场地固有频率与基本频率之比和阶数之间存在近似线性关系，且卓越频率本身即为特殊的固有频率，故可通过场地卓越频率与基本频率之比间接研究不同场地卓越频率之间的离散性。

图 6.2 为 446 个台站的卓越频率与基本频率之比的频率分布与累积频率分布。针对场地水平卓越频率与基本频率之比（f_{hp}/f_{h1}），17%台站的 $f_{hp}/f_{h1}<1.5$、66%台站

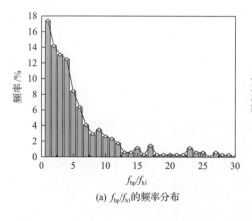

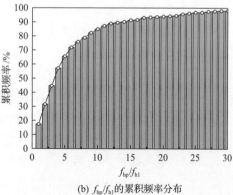

(a) f_{hp}/f_{h1}的频率分布　　　　　　　　　(b) f_{hp}/f_{h1}的累积频率分布

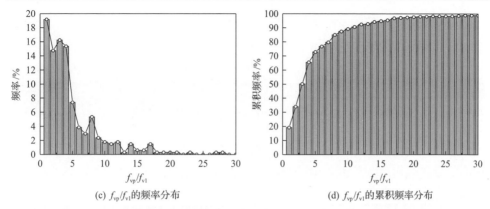

(c) f_{vp}/f_{v1}的频率分布　　　　(d) f_{vp}/f_{v1}的累积频率分布

图 6.2　446 个台站的卓越频率与基本频率之比的频率分布与累积频率分布

的 $f_{hp}/f_{h1}<5.5$、85%台站的 $f_{hp}/f_{h1}<10.5$，如图 6.2(a) 和 (b) 所示。基于第 5 章的研究成果，对于水平场地反应，场地高阶水平固有频率与基本频率之比等于 1.5、5.5、10.5，分别对应场地的第 2 阶、第 4 阶、第 6 阶振型，即上面的结果可理解为 17%台站的水平卓越频率分布于前 2 阶水平固有频率以内，66%台站的水平卓越频率分布于前 4 阶水平固有频率以内，85%台站的水平卓越频率分布于前 6 阶水平固有频率以内。假设场地高阶竖向固有频率与基本频率之比和阶数的关系与水平场地反应不存在较大的差异，针对场地竖向卓越频率与基本频率之比(f_{vp}/f_{v1})，19%台站的竖向卓越频率分布于前 2 阶竖向固有频率以内，73%台站的竖向卓越频率分布于前 4 阶竖向固有频率以内，89%台站的竖向卓越频率分布于前 6 阶竖向固有频率以内，如图 6.2(c) 和 (d) 所示。对比上述结果，可以发现竖向卓越频率与水平卓越频率相比更多地对应低阶振型，同时也表明对于不同场地的卓越频率，竖向卓越频率的离散性小于水平卓越频率。

6.2.2　同一场地不同地震动对应卓越频率的离散性

将 i 台站中的 j 地震动观测记录对应的卓越频率通过该台站中所有有效地震动观测记录的平均谱比对应的卓越频率进行标准化，即

$$\begin{cases} (f_{hpi,j})_s = \dfrac{f_{hpi,j}}{f_{hpi}} \\[2mm] (f_{vpi,j})_s = \dfrac{f_{vpi,j}}{f_{vpi}} \end{cases} \tag{6.1}$$

式中，$f_{hpi,j}$ 为 i 台站中的 j 地震动观测记录对应的水平卓越频率；$f_{vpi,j}$ 为 i 台站中的 j 地震动观测记录对应的竖向卓越频率；f_{hpi} 为 i 台站中所有有效地震动观测

记录的平均谱比对应的水平卓越频率；f_{vpi} 为 i 台站中所有有效地震动观测记录的平均谱比对应的竖向卓越频率。

图 6.3 为同一场地不同地震动对应的卓越频率之间的离散性，实心圆表示有效地震动观测记录对应的标准化卓越频率，箱型图表示各有效地震动观测记录对应的标准化卓越频率基于 V_{s30} 的区间统计，各统计区间分别为 0～300m/s、300～450m/s、450～600m/s、600～750m/s、750～900m/s、900～1050m/s、1050～1500m/s。可以看出，无论对于水平地震动还是竖向地震动，同一场地不同地震动观测记录对应的卓越频率之间的差异十分明显，可能达到数倍甚至数十倍；两者的离散程度也非常高，具体表现为箱型图中 95%分位值与 85%分位值的巨大差异，5%分位值与 15%分位值之间的差异也十分明显。对比不同场地之间的结果，可以看出无论对于水平地震动还是竖向地震动，整体上，同一场地不同地震动观测记录对应的卓越频率之间的离散性随 V_{s30} 的提升而降低，表明场地刚度会限制场地内不同地震动观测记录对应的卓越频率之间的离散性。此外，对于水平地震动，大部分箱型图的 15%分位值和 85%分位值分别分布在 0.9 和 1.4 附近(箱型图的 15%分位值和 85%分位值的均值分别为 0.9 和 1.34)；对于竖向地震动，大部分箱型图的 15%分位值和 85%分位值分别分布在 0.8 和 1.2 附近(箱型图的 15%分位值和 85%分位值的均值分别为 0.85 和 1.17)。对比水平地震动与竖向地震动的结果，同一场地上不同地震动观测记录对应的竖向卓越频率与水平卓越频率相比具有更小的离散性，表明地震动性质对场地竖向卓越频率的影响整体上相对而言更

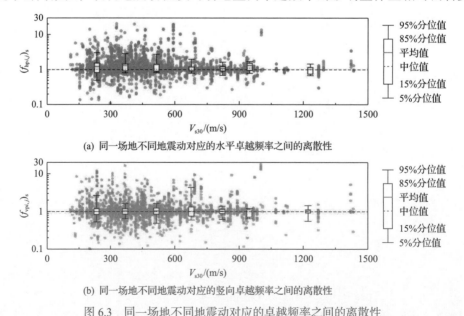

(a) 同一场地不同地震动对应的水平卓越频率之间的离散性

(b) 同一场地不同地震动对应的竖向卓越频率之间的离散性

图 6.3 同一场地不同地震动对应的卓越频率之间的离散性

小。此外，对比各箱型图中的中位值与平均值，可以看出不同地震动观测记录对应的卓越频率的中位值相比平均值更加靠近台站中所有有效地震动观测记录的平均谱比对应的相应结果，表明地震动观测记录对应结果的中位值有可能更适合估计场地的卓越频率性质。综上所述，同一场地不同地震动观测记录对应的卓越频率之间的离散性对场地卓越频率的影响不可忽视。

6.3　高阶固有频率与基本频率之比的细化分布规律

在适当放宽人工识别标准的基础上，识别 446 个所选台站在 0.1～50Hz(基于场地的压缩特性与剪切特性之间的相互关系，同一场地的竖向固有频率大于对应阶数的水平固有频率[6,10])内的固有频率，各台站对应的高阶固有频率可识别阶数如表 6.1 所示。

从表 6.1 可以看出，对于水平场地反应，446 个台站中有 346 个台站可以被识别出水平基本频率，这部分台站对应的水平固有频率可识别阶数的均值为 3.63，此外，200 个台站可被识别出至少 3 阶水平固有频率，74 个台站可被识别出至少 6 阶水平固有频率，水平固有频率可识别阶数最高的台站为 MYGH10，可识别阶数为 15；对于竖向场地反应，446 个台站中有 341 个台站可被识别出竖向基本频率，这部分台站对应的竖向固有频率可识别阶数的均值为 3.25，此外，184 个台站可被识别出至少 3 阶竖向固有频率，44 个台站可被识别出至少 6 阶竖向固有频率，竖向固有频率可识别阶数最高的台站为 NMRH05，可识别阶数为 18。综上可以看出，场地竖向固有频率的可识别阶数整体上小于水平固有频率的可识别阶数，原因可解释为实际场地与地震动构成的复杂性对场地反应的影响主要集中在场地反应的中高频段，而基于场地压缩特性与剪切特性之间的相互关系，同一场地的竖向固有频率往往是对应阶数的水平固有频率的数倍[6,10]，所以其分布范围与水平固有频率相比更集中于高频区域，进而增加了对其的识别难度。446 个台站中可被识别出基本频率的台站的各阶固有频率识别结果详见附录 C。

6.3.1　场地基本频率的理论估计模型适用性

基于一维场地反应理论中的单层/多层场地模型，利用场地刚度与厚度的组合进行场地水平基本周期的估计方法在相关性上比利用其他因素的估计方法具有优势。本节以场地基本频率(场地基本周期的倒数)为对象，评估上述理论估计模型对场地基本频率特别是竖向基本频率的适用性。

表 6.1　446 个所选台站在 0.1~50Hz 内被识别出的固有频率阶数

台站	阶数 水平	阶数 竖向	台站	阶数 水平	阶数 竖向	台站	阶数 水平	阶数 竖向	台站	阶数 水平	阶数 竖向
ABSH07	2	0	AICH21	1	1	AOMH01	2	4	EHMH02	0	1
ABSH09	1	1	AICH22	0	0	AOMH03	5	0	EHMH05	1	1
ABSH11	8	0	AKTH01	0	1	AOMH05	5	5	EHMH06	1	4
ABSH12	7	0	AKTH02	1	1	AOMH06	1	0	EHMH07	2	3
ABSH13	3	2	AKTH03	0	0	AOMH08	3	0	EHMH08	5	3
ABSH14	0	2	AKTH04	1	1	AOMH10	4	5	EHMH09	5	5
ABSH15	2	1	AKTH06	0	2	AOMH11	5	6	EHMH10	6	1
AICH05	1	0	AKTH07	5	1	AOMH12	4	2	EHMH11	0	3
AICH09	2	2	AKTH08	1	2	AOMH13	7	7	EHMH13	6	3
AICH10	1	1	AKTH09	2	0	AOMH14	0	1	FKIH01	2	0
AICH11	3	2	AKTH10	0	1	AOMH15	3	1	FKIH02	5	4
AICH12	1	0	AKTH12	2	0	AOMH16	6	6	FKIH04	3	2
AICH14	5	1	AKTH13	0	2	AOMH17	3	0	FKIH05	6	5
AICH15	1	0	AKTH14	0	0	AOMH18	0	5	FKIH06	5	6
AICH16	4	2	AKTH15	0	1	CHBH06	8	10	FKIH07	0	1
AICH17	1	0	AKTH16	5	4	CHBH14	9	6	FKOH01	0	0
AICH18	3	2	AKTH17	5	1	CHBH16	9	3	FKOH03	3	3
AICH19	0	3	AKTH18	4	4	CHBH17	2	1	FKOH05	0	3
AICH20	0	0	AKTH19	3	4	EHMH01	0	1	FKOH06	6	5

续表

台站	阶数（水平）	阶数（竖向）	台站	阶数（水平）	阶数（竖向）	台站	阶数（水平）	阶数（竖向）	台站	阶数（水平）	阶数（竖向）
FKOH07	3	4	FKSH19	3	6	GNMH07	7	1	HRSH11	0	1
FKOH08	1	0	FKSH21	0	1	GNMH08	2	2	HRSH14	1	0
FKOH10	2	1	GIFH03	4	0	GNMH11	3	3	HRSH15	1	1
FKSH01	0	3	GIFH06	6	1	GNMH12	1	1	HRSH16	0	0
FKSH02	4	5	GIFH08	0	0	GNMH13	3	1	HRSH18	1	2
FKSH03	6	4	GIFH10	1	1	GNMH14	0	4	HYGH01	7	1
FKSH04	4	1	GIFH11	2	1	HDKH01	2	2	HYGH03	0	2
FKSH05	0	2	GIFH12	2	2	HDKH02	2	5	HYGH04	0	0
FKSH06	2	5	GIFH14	0	0	HDKH03	2	2	HYGH06	4	3
FKSH07	2	2	GIFH15	2	2	HDKH04	2	8	HYGH09	0	5
FKSH08	0	4	GIFH16	2	3	HDKH06	4	2	HYGH10	7	4
FKSH09	1	3	GIFH17	0	2	HDKH07	0	8	HYGH11	4	8
FKSH10	3	3	GIFH19	2	0	HRSH01	1	0	HYGH12	3	4
FKSH11	3	4	GIFH20	2	1	HRSH03	0	0	IBRH06	3	1
FKSH12	3	3	GIFH22	0	0	HRSH04	0	0	IBRH11	6	3
FKSH14	8	6	GIFH23	3	4	HRSH05	2	1	IBRH12	2	5
FKSH16	4	6	GIFH25	2	0	HRSH06	5	0	IBRH13	3	2
FKSH17	6	2	GIFH26	5	3	HRSH07	4	2	IBRH14	0	3
FKSH18	6	4	GIFH28	5	3	HRSH10	2	1	IBRH15	2	5

续表

台站	阶数 水平	阶数 竖向	台站	阶数 水平	阶数 竖向	台站	阶数 水平	阶数 竖向	台站	阶数 水平	阶数 竖向
IBRH16	5	4	IWTH03	0	0	IWTH22	2	5	KMMH01	0	0
IBRH17	10	11	IWTH04	7	7	IWTH23	3	3	KMMH02	0	3
IBRH18	3	0	IWTH05	4	3	IWTH24	2	3	KMMH03	2	1
IBRH19	5	1	IWTH06	0	3	IWTH26	3	6	KMMH04	2	0
IBRH20	0	2	IWTH07	3	3	IWTH27	1	4	KMMH05	3	0
IBUH01	6	1	IWTH08	5	3	IWTH28	6	6	KMMH06	2	0
IBUH02	1	3	IWTH09	3	3	KGSH01	0	2	KMMH07	5	3
IBUH03	3	7	IWTH10	5	4	KGSH04	1	4	KMMH09	7	4
IBUH05	2	0	IWTH11	5	7	KGSH06	2	2	KMMH10	4	4
IBUH06	2	2	IWTH12	0	2	KGSH07	6	1	KMMH11	6	1
IBUH07	3	3	IWTH13	0	2	KGSH09	3	3	KMMH12	6	6
IKRH02	0	0	IWTH14	0	3	KGSH10	4	2	KMMH13	12	7
IKRH03	2	0	IWTH15	8	7	KGSH11	5	4	KMMH14	1	2
ISKH03	0	2	IWTH16	7	2	KGSH12	8	3	KMMH15	4	1
ISKH04	3	0	IWTH17	4	3	KGWH01	2	1	KMMH16	9	8
ISKH05	2	0	IWTH18	3	1	KGWH02	0	1	KNGH18	0	0
ISKH09	6	4	IWTH19	4	4	KGWH04	2	0	KNGH19	2	2
IWTH01	4	8	IWTH20	7	2	KKWH08	3	3	KNGH20	0	2
IWTH02	0	0	IWTH21	4	2	KKWH14	1	0	KNGH21	4	2

续表

台站	水平	竖向	台站	水平	竖向	台站	水平	竖向	台站	水平	竖向
KOCH07	1	3	MIEH01	3	0	MYZH01	1	0	NGNH08	0	11
KOCH08	0	0	MIEH03	0	0	MYZH02	1	1	NGNH10	2	1
KOCH10	1	0	MIEH05	0	0	MYZH04	0	0	NGNH11	2	1
KOCH13	0	2	MIEH06	3	0	MYZH05	4	5	NGNH13	5	1
KSRH01	2	5	MIEH08	4	4	MYZH06	2	1	NGNH14	2	3
KSRH02	8	0	MIEH09	3	4	MYZH07	0	3	NGNH15	1	3
KSRH03	5	10	MYGH01	7	2	MYZH08	12	2	NGNH16	0	5
KSRH04	6	14	MYGH02	4	3	MYZH09	0	3	NGNH17	1	2
KSRH05	1	1	MYGH03	0	2	MYZH10	9	0	NGNH18	4	0
KSRH06	2	0	MYGH04	0	3	MYZH12	2	1	NGNH19	0	1
KSRH07	3	0	MYGH05	5	13	MYZH13	8	3	NGNH20	3	3
KSRH08	1	3	MYGH06	6	4	MYZH15	0	2	NGNH21	7	1
KSRH09	3	2	MYGH07	7	3	MYZH16	1	5	NGNH22	1	1
KSRH10	5	1	MYGH08	11	5	NARH01	1	2	NGNH23	2	3
KYTH01	9	3	MYGH09	2	0	NARH02	2	0	NGNH24	5	1
KYTH03	0	1	MYGH10	15	11	NARH03	1	1	NGNH26	1	2
KYTH05	1	4	MYGH11	2	3	NARH06	2	0	NGNH27	1	1
KYTH06	0	2	MYGH12	6	6	NARH07	2	1	NGNH28	1	4
KYTH08	2	1	MYGH13	1	1	NGNH03	1	1	NGNH29	6	4

续表

台站	阶数 水平	阶数 竖向	台站	阶数 水平	阶数 竖向	台站	阶数 水平	阶数 竖向	台站	阶数 水平	阶数 竖向
NGNH30	3	7	NIGH15	6	4	OKYH05	1	1	SMNH01	2	1
NGNH31	1	0	NIGH16	3	1	OKYH06	1	0	SMNH04	1	2
NGNH32	3	3	NIGH17	2	0	OKYH07	2	0	SMNH08	0	2
NGNH33	0	1	NIGH18	4	3	OKYH08	2	4	SMNH12	0	2
NGNH35	2	1	NIGH19	4	4	OKYH12	0	2	SMNH16	3	2
NGNH54	1	5	NMRH01	1	3	OKYH14	0	3	SOYH04	5	3
NGSH04	1	0	NMRH02	3	0	OSKH04	8	3	SOYH06	0	3
NGSH06	0	1	NMRH03	8	3	OSKH05	5	7	SRCH08	7	3
NIGH02	2	0	NMRH04	9	4	OSMH02	9	3	SRCH09	4	0
NIGH04	0	0	NMRH05	7	18	SBSH08	6	1	SZOH24	0	0
NIGH05	4	1	OITH01	0	1	SIGH01	3	0	SZOH25	7	10
NIGH06	3	0	OITH04	1	1	SIGH03	10	1	SZOH28	11	5
NIGH07	5	3	OITH06	3	2	SITH05	3	1	SZOH30	0	0
NIGH08	10	13	OITH08	0	2	SITH06	2	7	SZOH31	3	5
NIGH09	4	3	OITH10	0	0	SITH07	1	0	SZOH32	2	2
NIGH10	6	2	OITH11	1	2	SITH08	0	3	SZOH34	2	1
NIGH11	4	10	OKYH01	1	0	SITH09	1	3	SZOH35	4	0
NIGH12	5	6	OKYH03	0	1	SITH10	0	4	SZOH36	1	3
NIGH14	2	16	OKYH04	0	1	SITH11	1	0	SZOH38	1	1

续表

台站	阶数 水平	阶数 竖向	台站	阶数 水平	阶数 竖向	台站	阶数 水平	阶数 竖向	台站	阶数 水平	阶数 竖向
SZOH39	3	2	TKCH03	1	1	TTRH04	1	0	YMNH11	0	0
SZOH40	1	2	TKCH04	7	11	TTRH07	3	5	YMNH14	3	3
SZOH42	2	1	TKCH05	2	2	TYMH04	3	0	YMNH15	6	5
SZOH54	1	0	TKCH06	8	0	TYMH07	1	7	YMTH01	9	4
TCGH07	1	1	TKCH07	0	0	WKYH01	3	0	YMTH03	1	1
TCGH08	3	2	TKCH08	3	4	WKYH04	2	2	YMTH04	2	3
TCGH09	4	3	TKCH10	4	2	WKYH06	2	0	YMTH05	10	5
TCGH10	0	0	TKCH11	2	11	WKYH07	7	3	YMTH06	7	5
TCGH11	0	1	TKSH02	0	0	WKYH09	1	4	YMTH07	2	0
TCGH12	11	3	TKSH03	0	0	WKYH10	0	5	YMTH08	4	3
TCGH13	1	3	TKSH04	1	0	YMGH07	1	2	YMTH11	0	2
TCGH14	0	0	TKSH05	7	7	YMGH09	3	0	YMTH12	2	0
TCGH15	3	1	TKSH06	0	0	YMGH11	0	0	YMTH13	0	3
TCGH16	3	6	TKYH12	8	6	YMGH14	1	0	YMTH14	3	3
TCGH17	6	1	TKYH13	0	0	YMGH15	0	0	YMTH15	6	2
TKCH01	5	0	TTRH02	1	0	YMGH16	0	3			
TKCH02	0	3	TTRH03	1	1	YMGH17	5	4			

与 5.2.3 节基本一致, 基于一维场地反应理论中的单层场地模型和多层场地模型, 利用式 (6.2) 和式 (6.4) 可分别计算出场地水平与竖向基本频率的估计值 f_{h1s}、f_{h1m} 和 f_{v1s}、f_{v1m}。基于地震动观测记录的水平与竖向基本频率估计值(本章分别用 f_{h1} 与 f_{v1} 代表)与理论估计值(f_{h1s}、f_{h1m}、f_{v1s}、f_{v1m})之间的关系如图 6.4 所示, 拟合关系式见式 (5.15)。

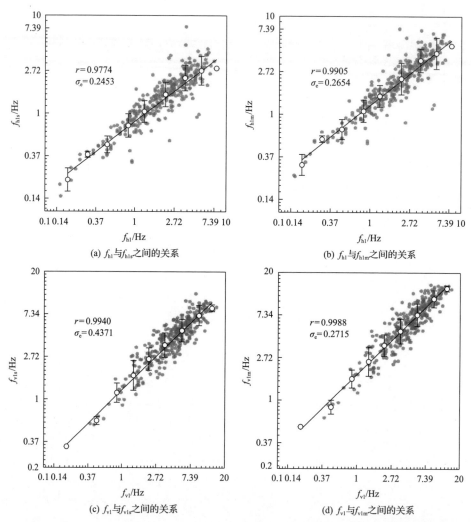

图 6.4　基于地震动观测记录的水平与竖向基本频率估计值与理论估计值之间的关系

$$\begin{cases} f_{h1s} = \dfrac{V_s^*}{4H} \\[2mm] f_{v1s} = \dfrac{V_p^*}{4H} \end{cases} \tag{6.2}$$

式中，f_{h1s} 为基于单层场地模型的场地水平基本周期估计值；f_{v1s} 为基于单层场地模型的场地竖向基本周期估计值；H 为场地厚度；V_{s}^{*} 为场地在地表与钻孔井下地震仪之间部分的等效剪切波速；V_{p}^{*} 为场地在地表与钻孔井下地震仪之间部分的等效压缩波速。

$$V_{\text{p}}^{*} = \frac{H}{\sum\limits_{i=1}^{N} \dfrac{h_i}{V_{\text{p}i}}} \tag{6.3}$$

式中，h_i 为第 i 层场地的厚度；N 为场地层数；$V_{\text{p}i}$ 为第 i 层场地的压缩波速。

$$\begin{cases} f_{\text{h1m}} = \dfrac{1}{\sqrt{\sum\limits_{i=1}^{N} \left(\dfrac{4h_i}{V_{\text{s}i}}\right)^2 \dfrac{2H_i}{h_i}}} \\[3em] f_{\text{v1m}} = \dfrac{1}{\sqrt{\sum\limits_{i=1}^{N} \left(\dfrac{4h_i}{V_{\text{p}i}}\right)^2 \dfrac{2H_i}{h_i}}} \end{cases} \tag{6.4}$$

从图 6.4 可以看出，基于地震动观测记录的基本频率估计值与理论估计值之间呈现出明显的双对数线性关系，各情况下的拟合程度均良好(拟合参数及对应拟合精度详见表 6.2 和表 6.3 中的第一部分)，且场地竖向基本频率对应的相关性相对而言更高，上述结果表明场地水平基本周期的主要影响因素(即场地刚度与厚度的组

表 6.2　水平场地反应对应的拟合结果

拟合关系		拟合参数			拟合精度	
		k	b	α	r	σ_{e}
$\ln f_{\text{h1s}} = k \ln f_{\text{h1}} + b$		0.7122	−0.1889	—	0.9774	0.2453
$\ln f_{\text{h1m}} = k \ln f_{\text{h1}} + b$		0.7451	0.2124	—	0.9905	0.2654
$\dfrac{f_{\text{h}i}}{f_{\text{h1}}} = ki + b$		1.5268	−0.6238	—	0.9997	0.0682
$\dfrac{f_{\text{h}i}}{f_{\text{h1}}} = 1 + \dfrac{k}{1 + b(f_{\text{h1}})^{\alpha}}$	$i = 2$	2.5702×10^4	1.4937×10^4	0.2645	0.8594	0.1737
	$i = 3$	5.5625×10^4	1.5372×10^4	0.2629	0.7848	0.4778
	$i = 4$	2.5230×10^4	4.7069×10^3	0.3275	0.8101	0.8048
	$i = 5$	18.5696	1.5830	0.5236	0.9591	0.4758
	$i = 6$	25.7031	1.8574	0.5438	0.8855	1.1364
$\text{RES}_{\text{h}} = k(f_{\text{h1}})^2 + bf_{\text{h1}} + \alpha$		0.0598	0.1380	−0.0621	0.9853	0.2511

注：$f_{\text{h}i}$ 为基于地震动观测记录的场地 i 阶水平固有频率估计值，其中 $i = 1$ 时对应场地水平基本频率；RES_{h} 为基于地震动观测记录的场地水平基本频率估计值与理论估计值之间的差异。

表 6.3　竖向场地反应对应的拟合结果

拟合关系	拟合参数			拟合精度	
	k	b	α	r	σ_e
$\ln f_{v1s} = k \ln f_{v1} + b$	0.7911	0.2176	—	0.9940	0.4371
$\ln f_{v1m} = k \ln f_{v1} + b$	0.7967	0.6046	—	0.9988	0.2715
$\dfrac{f_{vi}}{f_{v1}} = ki + b$	1.4461	−0.4963	—	0.9987	0.1248
$\dfrac{f_{vi}}{f_{v1}} = 1 + \dfrac{k}{1+b(f_{v1})^{\alpha}}$ 　 $i = 2$	2.7153	0.2082	0.9097	0.9344	0.1476
$i = 3$	7.4854	0.4271	0.8344	0.9699	0.2339
$i = 4$	6.5558	0.0614	1.4800	0.9450	0.4284
$i = 5$	13.1226	0.3292	1.0052	0.9770	0.4257
$i = 6$	19.4717	0.3257	1.2898	0.9822	0.6149
$\mathrm{RES}_v = k(f_{v1})^2 + bf_{v1} + \alpha$	0.0369	−0.1129	−0.2173	0.9924	0.2807

注：f_{vi} 为基于地震动观测记录的场地 i 阶竖向固有频率估计值，其中 $i = 1$ 时对应场地竖向基本频率；RES_v 为基于地震动观测记录的场地竖向基本频率估计值与理论估计值之间的差异。

合）同样对场地基本频率特别是竖向基本频率具有显著的影响。此外，对比基于单层场地模型与多层场地模型的估计结果，可以看出与基于单层场地模型的估计结果相比，基于多层场地模型的估计结果具有更高的相关性，因此建议使用基于多层场地模型的理论估计方法进行场地基本周期与基本频率的估计。

6.3.2　场地高阶固有频率与基本频率之比随阶数的变化规律

由 6.2.1 节可知，场地卓越频率主要分布于前 6 阶固有频率内，故本节以前 6 阶固有频率为研究对象，并使用式(6.5)所示的拟合关系式。如图 6.5 所示，无论是水平场地反应还是竖向场地反应，前 6 阶固有频率与基本频率之比和阶数的关系均可用式(6.5)所示的线性关系式拟合，拟合参数及对应拟合精度见表 6.2 和表 6.3；另外，对比不同阶数估计结果的标准误差，可以看出整体上估计结果的离散性随阶数的提升而增大，因此该经验关系式主要适用于振型阶数不大于 6 的情况（振型阶数为 1 时的结果建议直接确定为基本频率而不使用经验关系式）。

$$y = 1 + \frac{k}{1 + bx^{\alpha}} \tag{6.5}$$

式中，b、k 和 α 均为拟合参数。

与基于一维单层场地模型的理论估计值对比，各阶拟合结果小于对应阶数的理论估计值且差距随阶数的提升而增大，这也与第 5 章和许多其他基于地震动观测记录的研究结果一致[9]。如图 6.5 所示，对比水平场地反应与竖向场地反应各自对应的计算结果，竖向场地反应对应拟合关系的拟合精度低于水平场地反应；除此之外，竖向场地反应对应的计算结果整体上略小于相应阶数水平场地反应对应的计算结果，但总体上两者区别并不大，这也证明了 6.2.1 节中的假设，即场地高阶竖向固有频率与基本频率之比和阶数的关系与水平场地反应对应的关系整体上不存在较大差异。

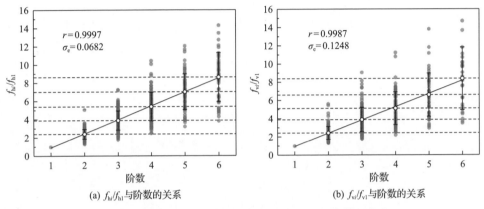

(a) f_{hi}/f_{h1} 与阶数的关系　　　　(b) f_{vi}/f_{v1} 与阶数的关系

图 6.5　场地高阶固有频率与基本频率之比与阶数的关系

6.3.3　场地高阶固有频率与基本频率之比随基本频率的变化规律

通过上述场地高阶固有频率与基本频率之比随阶数的变化规律可以近似估计场地的各阶固有频率，但该方法的离散性较大，特别对于振型阶数较高的情况。本节分别针对不同的振型阶数，使用基本频率将 6.3.2 节中各振型阶数对应的结果分别进行进一步的细分。水平场地反应与竖向场地反应中 2~6 阶振型对应的细分结果分别如图 6.6 和图 6.7 所示。其中空心圆与对应的误差棒分别表示不同基本频

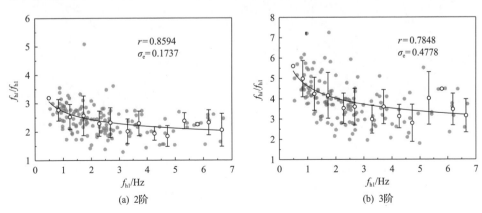

(a) 2阶　　　　　　　　　　(b) 3阶

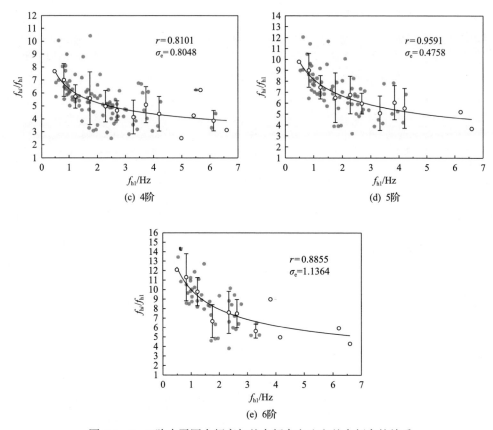

图 6.6　2～6 阶水平固有频率与基本频率之比和基本频率的关系

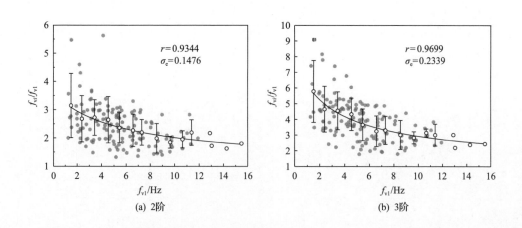

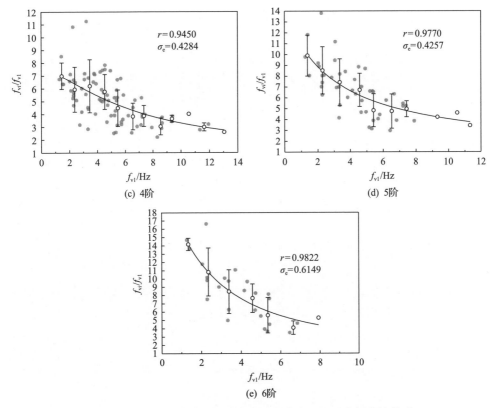

图 6.7　2～6 阶竖向固有频率与基本频率之比和基本频率的关系

率范围内计算结果的均值与正负一倍标准差，各基本频率范围分别为 0～0.5Hz、0.5～1Hz、1～1.5Hz、1.5～2Hz、2～2.5Hz、2.5～3Hz、3～3.5Hz、3.5～4Hz、4～4.5Hz、4.5～5Hz、5～5.5Hz、5.5～6Hz、6～6.5Hz、6.5～7Hz。可以看出，无论是水平场地反应还是竖向场地反应，场地各阶固有频率与基本频率之比和基本频率的关系均可用式 (6.5) 所示的三参数双曲线模型描述，拟合参数及对应拟合精度详见表 6.2 和表 6.3；另外，整体上高阶固有频率对应结果的拟合相关性高于低阶固有频率，这也与 6.3.1 节中固有频率与基本频率之比的估计结果的离散性整体上随阶数提升而增大的结论对应，即高离散性的内在原因为高阶固有频率与基本频率之比和基本频率之间的高相关性。

对比水平场地反应与竖向场地反应对应的拟合结果，竖向场地反应对应的拟合结果整体上具有更高的相关性与更低的标准误差，这可以通过图 6.5 中竖向场地反应对应拟合关系的拟合精度低于水平场地反应解释，即更低的拟合精度某种程度上反映出场地竖向固有频率与基本频率之比和阶数的关系具有更高的离散性，内在原因即为与场地水平固有频率相比，场地各阶竖向固有频率与基本频率之比和基本频率之间具有更高的相关性。

上述场地高阶固有频率与基本频率之比和基本频率之间的负相关关系可通过基于地震动观测记录的场地基本频率估计值与基于一维单层场地模型的估计值之间的差异来部分解释。图 6.8 为基于地震动观测记录的场地基本频率估计值与基于一维单层场地模型的相应估计值之间的差异（RES_h 与 RES_v）和基本频率（f_{h1} 与 f_{v1}）之间的关系，RES_h 与 RES_v 由式(6.6)计算，图中的空心圆与对应误差棒分别表示不同基本频率范围内计算结果的均值与正负一倍标准差，水平场地反应对应的频率范围为从 0Hz 开始以 0.5Hz 为区间长度的连续区间序列，竖向场地反应对应的频率范围为从 0Hz 开始以 1Hz 为区间长度的连续区间序列。从图中可以看出，RES_h 与 RES_v 整体上随基本频率的增加而增加，其规律可用式(6.7)所示的二次多项式拟合，拟合参数及对应拟合精度详见表 6.2 和表 6.3 的第四部分。王海云[9]的研究结果表明，基于地震动观测记录的场地各阶固有频率与基本频率之比的估计值小于对应阶数的基于一维单层场地模型的估计值，而图 6.8 所示的结果又表明基于一维单层场地模型的估计值与基于地震动观测记录的估计值的差异整体上随基本频率的增加而增加。综上所述，可以侧面证明场地高阶固有频率与基本频率之比和基本频率之间的负相关关系。

$$\begin{cases} RES_h = f_{h1} - f_{h1s} \\ RES_v = f_{v1} - f_{v1s} \end{cases} \tag{6.6}$$

$$y = kx^2 + bx + \alpha \tag{6.7}$$

式中，b、k 和 α 均为拟合参数。

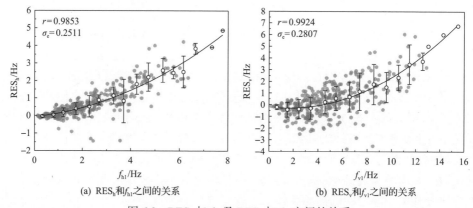

(a) RES_h 和 f_{h1} 之间的关系　　　　　　(b) RES_v 和 f_{v1} 之间的关系

图 6.8　RES_h 与 f_{h1} 及 RES_v 与 f_{v1} 之间的关系

6.4　本 章 小 结

本章介绍了作者近年来在竖向线性场地反应研究领域中的研究成果，主要内容为场地卓越频率离散性的定量评估和场地高阶固有频率与基本频率之比的细化分布规律。主要结论如下：

（1）竖向固有频率的可识别阶数整体上小于水平固有频率，两者均主要分布于前 6 阶固有频率以内，竖向卓越频率与水平卓越频率相比更多地对应低阶振型且具有更小的离散性。整体上，同一场地不同地震动观测记录对应的竖向卓越频率与水平卓越频率相比具有更小的离散性，表明地震动性质对场地竖向卓越频率的影响整体上相对而言更小；不同地震动观测记录对应的卓越频率估计值的中位值与平均值相比更加靠近台站中所有有效地震动观测记录的平均谱比对应的相应结果，表明地震动观测记录对应结果的中位值有可能更适于估计场地的卓越频率性质。

（2）无论对于水平场地反应还是竖向场地反应，场地高阶固有频率与基本频率之比和阶数的关系均可用线性关系式拟合且整体上其离散性随阶数的提升而增大，建议本节中的经验关系式主要应用于阶数不大于 6 的情况。与基于一维单层场地模型的理论估计值相比，各阶拟合结果小于对应阶数的理论估计值且差距随阶数的提升而增大，这与第 5 章以及许多其他基于地震动观测记录的研究结果一致。对比水平场地反应与竖向场地反应各自对应的计算结果，竖向场地反应对应的拟合公式的拟合精度低于水平场地反应；竖向场地反应对应的计算结果整体上略小于相应阶数水平场地反应对应的计算结果，但总体上，两者的区别并不大。

（3）场地高阶固有频率与基本频率之比除与阶数有关外，还与基本频率有关，各振型阶数对应的固有频率与基本频率之比的估计结果均可用基本频率进行进一步细分。无论对于水平场地反应还是竖向场地反应，各振型阶数对应的场地固有频率与基本频率之比和基本频率的关系均可用统一形式的双曲线模型描述，且整体上高阶振型对应模型的拟合相关性高于低阶振型，这也与固有频率与基本频率之比的估计结果的离散性整体上随阶数提升而增大的结论相对应，即高离散性的内在原因为高阶固有频率与基本频率之比和基本频率之间的高相关性。与场地水平固有频率相比，场地各阶竖向固有频率对应的模型具有更高的相关性。

参 考 文 献

[1] Vaezi Y, Baan M V D. Comparison of the STA/LTA and power spectral density methods for microseismic event detection[J]. Geophysical Journal International, 2015, 203(3): 1896-1908.

[2] Li X B, Shang X Y, Wang Z W, et al. Identifying P-phase arrivals with noise: An improved Kurtosis method based on DWT and STA/LTA[J]. Journal of Applied Geophysics, 2016, 133: 50-61.

[3] Miao Y, Shi Y, Wang S Y. Temporal change of near-surface shear wave velocity associated with rainfall in Northeast Honshu, Japan[J]. Earth Planets and Space, 2018, 70(1): 204.

[4] Beresnev I A, Nightengale A M, Silva W J. Properties of vertical ground motions[J]. Bulletin of the Seismological Society of America, 2002, 92(8): 3152-3164.

[5] Miao Y, Shi Y, Zhuang H Y, et al. Influence of seasonal frozen soil on near-surface shear wave velocity in Eastern Hokkaido, Japan[J]. Geophysical Research Letters, 2019, 46(16): 9497-9508.

[6] Shi Y, Wang S Y, Cheng K, et al. In situ characterization of nonlinear soil behavior of vertical ground motion using KiK-net data[J]. Bulletin of Earthquake Engineering, 2020, 18: 4605-4627.

[7] Wang S Y, Zhang H, He H J, et al. Near-surface softening and healing in eastern Honshu associated with the 2011 magnitude-9 Tohoku-Oki Earthquake[J]. Nature Communications, 2021, 12(1): 1-10.

[8] Nakata N, Snieder R. Estimating near-surface shear wave velocities in Japan by applying seismic interferometry to KiK-net data[J]. Journal of Geophysical Research Solid Earth, 2012, 117(1): 1-13.

[9] 王海云. 土层场地的放大作用随深度的变化规律研究——以金银岛岩土台阵为例[J]. 地球物理学报, 2014, 57(5): 1498-1509.

[10] Tsai C C, Liu H W. Site response analysis of vertical ground motion in consideration of soil nonlinearity[J]. Soil Dynamics and Earthquake Engineering, 2017, 102: 124-136.

第 7 章　水平非线性场地反应

本章介绍作者近年来基于日本 KiK-net 地震动观测记录在水平非线性场地反应研究领域的研究成果。研究内容主要包括以下四个方面：①基于修正非线性百分比 (adjusted percentage of non-linear，APNL) 随地震动强度的变化规律研究水平场地反应对应的场地线性阈值(以下简称水平线性阈值)；②基于剪切模量衰减曲线研究场地水平非线性程度；③讨论场地水平线性阈值和非线性程度的主要影响因素，建立相应的经验关系式；④结合时频分析技术研究强震后场地水平动力特性的短期快速恢复过程(第一阶段)，综合使用 SBSR 法和地震干涉测量法研究强震后场地水平动力特性的长期缓慢恢复过程(第二阶段)。

7.1　本章使用的强震动观测记录

从 2008 年 1 月到 2019 年 5 月，KiK-net 中 697 个台站在数千次地震中累计收集了超过 20 万组地震动观测记录。其中绝大部分地震动观测记录的幅值都低于场地线性阈值，只有约 1400 组地震动观测记录的 PHA 超过 $100cm/s^2$，高强度地震动观测记录的相对匮乏是非线性场地反应研究中面临的根本难题。本章将依据研究内容的不同，分别筛选出用于研究场地水平线性阈值、场地水平非线性程度和强震后场地动力特性恢复过程的数据。

7.1.1　用于场地水平线性阈值研究的数据

在场地水平线性阈值的研究中，要求地震台站有多组强度超过阈值的地震动观测记录。因此，按照以下三个条件挑选用于水平线性阈值研究的台站：

(1)台站有完整的钻孔测试数据。

(2)有效地震动观测记录未被台站调整影响。

(3)PHA＞$100cm/s^2$ 的有效地震动观测记录不少于 10 组。

697 个台站中，共有 34 个台站满足上述筛选条件。利用这些台站在 2008 年 1 月到 2019 年 5 月记录的 4 万余组地震动数据，采用 SBSR 法，根据修正非线性百分比[1]，使用折线拟合模型估计场地的水平线性阈值。将 34 个台站中皮尔逊相关系数较高的 30 个台站选为主要研究对象，30 个台站对应的地震动观测记录数量如表 7.1 所示。

表 7.1　本章中 30 个 KiK-net 台站对应的地震动观测记录数量

台站	数量	台站	数量	台站	数量
FKSH09	2128 (14)	IBRH14	1837 (43)	IWTH23	1691 (19)
FKSH10	2288 (21)	IBRH15	2165 (23)	IWTH27	1951 (24)
FKSH12	2228 (47)	IBRH16	2185 (34)	KMMH14	547 (27)
FKSH14	1983 (13)	IBRH17	1112 (14)	KMMH16	417 (23)
FKSH18	1155 (16)	IBRH18	1269 (13)	MYGH04	1895 (17)
FKSH19	2094 (30)	IWTH02	1095 (34)	MYGH10	1841 (23)
IBRH06	834 (16)	IWTH04	1781 (11)	MYGH11	814 (17)
IBRH11	2229 (38)	IWTH05	1430 (17)	MYGH13	762 (11)
IBRH12	2163 (32)	IWTH14	841 (16)	TCGH07	633 (19)
IBRH13	1256 (54)	IWTH21	1556 (21)	TCGH13	1811 (18)

注：括号中的数字为 PHA＞100cm/s^2 的地震动观测记录数量。

根据中国规范[2]和美国规范[3]划分上述 30 个台站的场地类别。其中，按照中国规范[2]划分场地类别时，结果以Ⅱ类场地为主，约占总数的 83.33%；按照美国规范[3]划分场地类别时，结果以 C、D 类场地为主，分别约占总数的 50%和 30%。

7.1.2　用于场地水平非线性程度及恢复过程研究的数据

在场地水平非线性程度与强震后场地动力特性恢复过程的研究中，不仅需要台站有超过场地水平线性阈值的地震动观测记录，还需要在阈值之上有多种不同强度的地震动观测记录。因此，在 7.1.1 节筛选条件的基础上，进一步按照以下三个条件筛选出用于本部分研究的台站：

(1) PHA＞200cm/s^2 的地震动观测记录不少于 4 组。

(2) PHA＞400cm/s^2 的地震动观测记录不少于 2 组。

(3) PHA＞800cm/s^2 的地震动观测记录不少于 1 组。

7.1.1 节中的 34 个台站中有 8 个台站满足上述筛选条件，这 8 个台站的剪切波速与土层结构剖面如图 7.1 所示。

本章将根据这 8 个台站在 2009 年 1 月到 2014 年 6 月积累的地震动观测记录水平分量，基于场地剪切模量比随地震动强度的变化规律与 SBSR 法研究场地的水平非线性程度。

根据剪切波速与土层结构剖面确定场地各层结构的密度，并以厚度为权重估计场地在地表到钻孔井底之间部分的整体等效密度(厚度加权平均密度)。这 8 个台站的台站信息如表 7.2 所示。

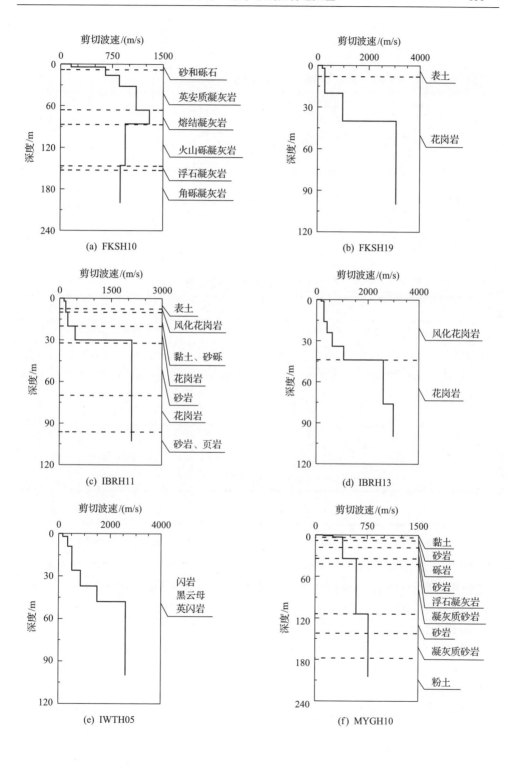

(a) FKSH10

(b) FKSH19

(c) IBRH11

(d) IBRH13

(e) IWTH05

(f) MYGH10

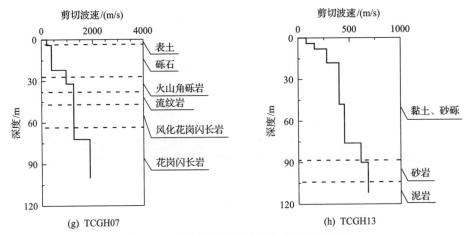

图 7.1　8 个台站的剪切波速与土层结构剖面

表 7.2　8 个台站的台站信息

台站	位置信息				剪切波速/(m/s)		场地类别		
	纬度/(°)	经度/(°)	高程/m	钻孔深度/m	V_{s30}	V_{s20}	中国规范[2]	美国规范[3]	本书
FKSH10	37.16	140.09	565	200	487	401	II	C	SCI_2
FKSH19	37.47	140.72	510	100	338	255	II	D	SCII
IBRH11	36.37	140.14	67	103	242	197	II	D	SCIII
IBRH13	36.80	140.58	505	100	335	287	II	D	SCII
IWTH05	38.87	141.35	120	100	429	373	II	C	SCII
MYGH10	37.94	140.89	18	205	348	330	II	D	$SCIV_1$
TCGH07	36.88	139.45	1085	100	419	344	II	C	SCII
TCGH13	36.55	140.08	105	112	213	172	II	D	$SCIV_2$

　　为了研究强震后场地动力特性的短期快速恢复过程并介绍本章采用的方法，以 TCGH13 台站在 NS 方向上的 2011 年 3 月 11 日 9 级东日本大地震主震加速度时程记录作为样本(以下简称样本记录)进行方法说明与研究，如图 7.2 所示。该组样本记录的地表峰值加速度为 780.82cm/s^2，钻孔井下地震动观测记录的峰值加速度为 144.21cm/s^2，总记录时长为 300s，采样频率为 100Hz。

　　8 个台站在 2009 年 1 月到 2014 年 6 月累积的地震动数量随时间的变化关系如图 7.3 所示。其中，第 0 天表示 2011 年 3 月 11 日即东日本大地震的发生时间，负 x 轴表示东日本大地震之前的天数，正 x 轴表示东日本大地震之后的天数。从图中可以看出，8 个 KiK-net 台站记录的地震动中以东日本大地震之后的地震动为主，共计 2000 天内记录的地震动中仅有约 12%的地震动发生在 2011 年 3 月 11 日

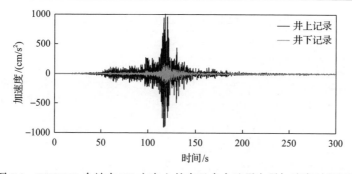

图 7.2　TCGH13 台站在 NS 方向上的东日本大地震主震加速度时程记录

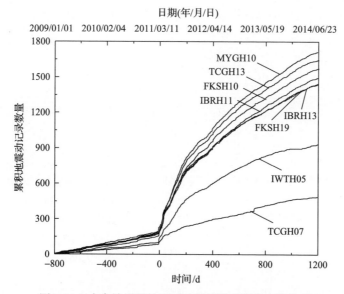

图 7.3　8 个台站累积的地震动数量随时间的变化关系

之前的 800 天中，约有 50%的地震动发生在东日本大地震后的 400 天，还有约 38% 的地震动发生在随后的 800 天中。本章将基于上述地震动数据，利用 SBSR 法和 基于解卷积的地震干涉测量法，根据东日本大地震前与震后场地基本频率和剪切 波速随时间的变化，研究强震后场地动力特性的长期缓慢恢复过程。

7.2　场地的水平线性阈值

7.2.1　基于地震动观测记录计算场地非线性指标

为定量研究非线性场地反应中场地放大作用的变化，需要计算场地的非线性指 标。Noguchi 等[4]将场地反应与弱震动平均场地反应围成的面积定义为场地的非线性度(degree of nonlinearity，DNL)。Regnier 等[1]在此基础上，提出了以 A/A_1 为定义的非线性百分比 PNL(percentage of nonlinearity)，其中，A 为场地反应与弱震动场地反应中95%置信区间的上下边界围成的面积，A_1 为场地反应与弱震动记录平均场地反应围成的面积。PNL 与 DNL 的不同点主要包括以下三个方面：①DNL采用弱震动的平均场地反应代表线性场地反应，PNL 则采用弱震动场地反应中95%置信区间的上下边界代表线性场地反应；②DNL 采用放大作用轴为对数坐标、频率轴为线性坐标的半对数坐标系，PNL 则采用放大作用轴为线性坐标、频率轴为对数坐标的半对数坐标系；③DNL 采用面积的绝对大小来衡量场地的非线性程度，PNL 则采用面积比的形式比较不同场地的非线性程度。

本章提出一种改进的非线性指标 APNL。APNL 的定义为 DNL 和 A_2 的比值，其中 A_2 为场地反应与放大因子等于 1 的水平直线在半对数坐标系(放大作用轴为对数坐标，频率轴为线性坐标)中围成的面积。DNL、PNL 和 APNL 的计算公式为

$$\text{DNL} = \sum_{i=N_1}^{N_2} \left| \lg \frac{\text{AF}(i)}{\text{AF}_{\text{lin}}(i)} \right| (f_{i+1} - f_i) \tag{7.1}$$

$$\text{PNL} = \frac{A}{A_1} \tag{7.2}$$

$$A = \sum_{i=N_1}^{N_2} \begin{cases} \left(\text{AF}(i) - \text{AF}_{\text{lin}}^+(i)\right) \lg \dfrac{f_{i+1}}{f_i}, & \text{AF}(i) \geqslant \text{AF}_{\text{lin}}^+(i) \\ \left(\text{AF}_{\text{lin}}^-(i) - \text{AF}(i)\right) \lg \dfrac{f_{i+1}}{f_i}, & \text{AF}(i) < \text{AF}_{\text{lin}}^-(i) \\ 0, & \text{其他情况} \end{cases} \tag{7.3}$$

$$A_1 = \sum_{i=N_1}^{N_2} \left| \text{AF}_{\text{lin}}(i) \right| \lg \frac{f_{i+1}}{f_i} \tag{7.4}$$

$$\text{APNL} = \frac{\text{DNL}}{A_2} \tag{7.5}$$

$$A_2 = \sum_{i=N_1}^{N_2} \left| \lg \text{AF}(i) \right| (f_{i+1} - f_i) \tag{7.6}$$

式中，AF_{lin} 为弱震动平均场地反应的放大作用；AF_{lin}^+ 为弱震动场地反应中 95%置信区间的上边界；AF_{lin}^- 为弱震动场地反应中 95%置信区间的下边界；f 为频率；N_1 为 0.1Hz 在地震动观测记录中的采样位置；N_2 为 30Hz 在地震动观测记录中的采样位置。

7.2.2　折线拟合模型

基于地震动观测记录得到场地的非线性指标之后，本书提出一种折线拟合模型用于确定场地的线性阈值，如图 7.4 所示。

$$y = \begin{cases} c_1, & x < c_2 \\ c_1 + c_3 \lg \dfrac{x}{c_2}, & x \geqslant c_2 \end{cases} \tag{7.7}$$

式中，c_1、c_2、c_3 均为拟合参数，c_1 为水平段直线的截距，c_2 为水平段与倾斜段直线交点的横坐标，c_3 为倾斜段斜线的斜率。

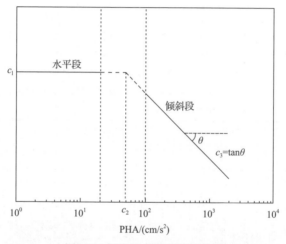

图 7.4　折线拟合模型的示意图

图 7.4 中的水平段和倾斜段分别代表线性场地反应阶段和非线性场地反应阶段，两者交点的横坐标 c_2 即为场地的线性阈值。确定场地线性阈值 c_2 的主要步骤如下：

(1)根据线性场地反应阶段(PHA＜20cm/s^2)时场地非线性指标估计结果的平均值确定水平段直线的截距 c_1。

(2)根据非线性场地反应阶段(PHA＞100cm/s^2)时场地非线性指标估计结果的线性回归结果确定倾斜段直线的斜率 c_3。

(3)计算水平段直线与倾斜段直线交点的横坐标 c_2，即为场地的线性阈值。

利用表 7.1 中 30 个 KiK-net 台站的地震动数据，使用 SBSR 法计算这些场地的非线性指标 APNL，然后使用折线拟合模型估计场地水平线性阈值，结果如表 7.3 和图 7.5 所示。在此基础上，统计不同场地类别对应的拟合结果，如表 7.4 所示。根据表 7.4 中拟合结果的平均值，两种场地分类方法下不同场地类别的 APNL 随地震动强度的变化关系如图 7.6 所示。

表 7.3　　本章中 30 个 KiK-net 台站的折线拟合结果

台站	c_1	$c_2/(cm/s^2)$	c_3	r	台站	c_1	$c_2/(cm/s^2)$	c_3	r
FKSH09	0.13	14	0.08	0.67	IWTH02	0.10	40	0.12	0.88
FKSH10	0.17	29	0.12	0.97	IWTH04	0.09	13	0.06	0.92
FKSH12	0.14	30	0.11	0.93	IWTH05	0.07	32	0.05	1.00
FKSH14	0.17	17	0.15	0.83	IWTH14	0.09	42	0.04	0.62
FKSH18	0.09	29	0.18	0.97	IWTH21	0.10	14	0.04	0.98
FKSH19	0.08	26	0.06	1.00	IWTH23	0.12	18	0.11	1.00
IBRH06	0.09	28	0.13	0.97	IWTH27	0.09	4	0.03	0.73
IBRH11	0.11	39	0.17	0.91	KMMH14	0.16	20	0.10	0.98
IBRH12	0.12	43	0.11	0.85	KMMH16	0.25	39	0.20	0.89
IBRH13	0.09	29	0.13	0.96	MYGH04	0.11	21	0.14	1.00
IBRH14	0.09	28	0.13	0.97	MYGH10	0.12	19	0.06	0.36
IBRH15	0.09	25	0.08	1.00	MYGH11	0.13	15	0.07	1.00
IBRH16	0.19	32	0.10	0.97	MYGH13	0.09	55	0.05	0.97
IBRH17	0.14	28	0.10	0.94	TCGH07	0.10	17	0.20	0.92
IBRH18	0.14	24	0.10	0.69	TCGH13	0.09	22	0.05	0.96

注：r 为倾斜段拟合的皮尔逊相关系数；c_1、c_2、c_3 为式(7.7)中的拟合参数，其中 c_2 亦为场地水平线性阈值对应的 PHA。

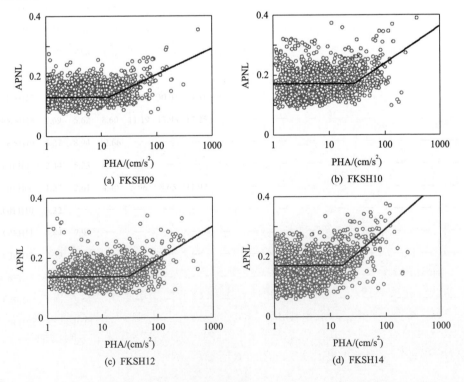

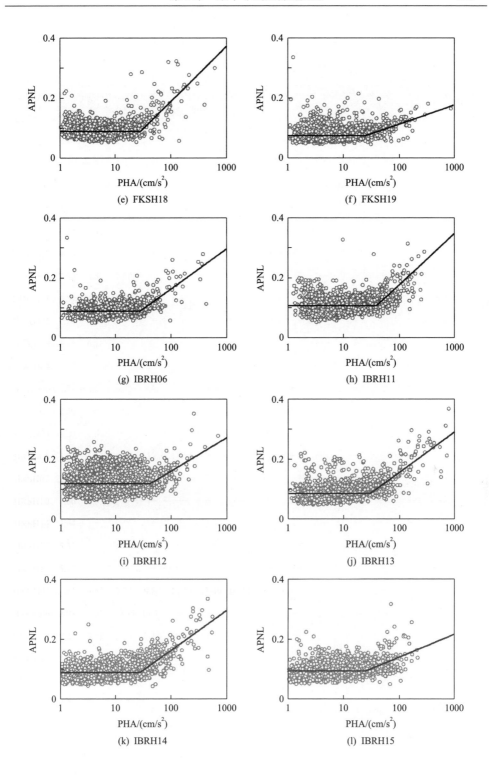

(e) FKSH18　　　　　　　　　　　　　(f) FKSH19

(g) IBRH06　　　　　　　　　　　　　(h) IBRH11

(i) IBRH12　　　　　　　　　　　　　(j) IBRH13

(k) IBRH14　　　　　　　　　　　　　(l) IBRH15

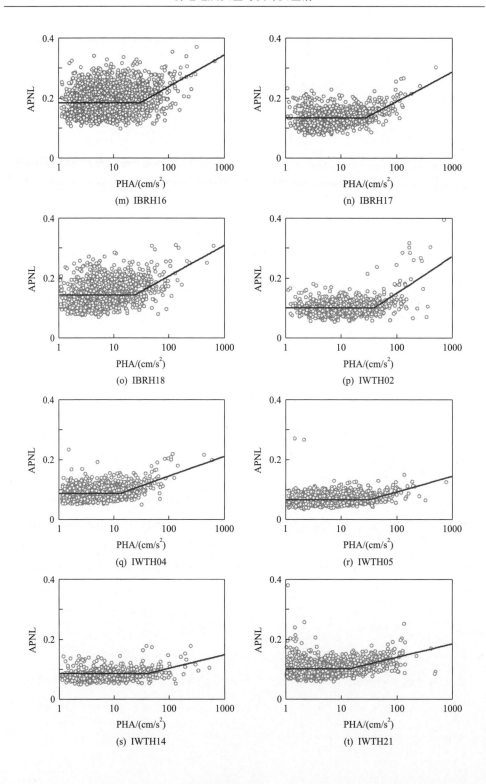

(m) IBRH16

(n) IBRH17

(o) IBRH18

(p) IWTH02

(q) IWTH04

(r) IWTH05

(s) IWTH14

(t) IWTH21

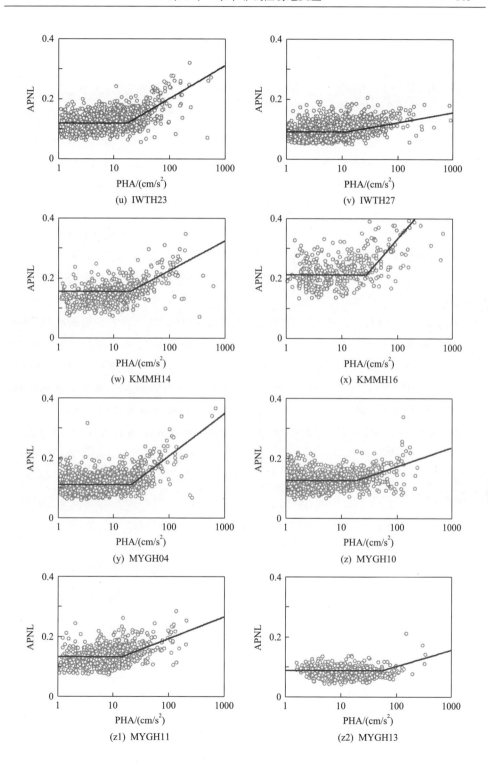

(u) IWTH23

(v) IWTH27

(w) KMMH14

(x) KMMH16

(y) MYGH04

(z) MYGH10

(z1) MYGH11

(z2) MYGH13

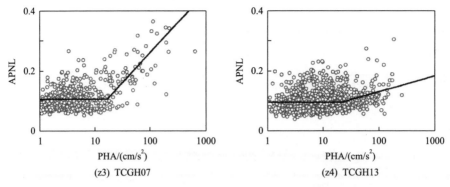

图 7.5　30 个 KiK-net 台站的折线拟合结果

从表 7.3 和图 7.5 可以看出，总体上看，30 个 KiK-net 台站的场地水平线性阈值对应的 PHA（以下简称 PHA 水平线性阈值）之间的差异无明显规律性，并未达到量级上的差距，其范围介于 $13\sim55\text{cm/s}^2$，平均值和标准差分别为 26.6cm/s^2 与 9.9cm/s^2。

从表 7.4 可以看出，按照中国规范[2]的场地分类结果，3 个 I 类场地的 PHA 水平线性阈值介于 $18\sim28\text{cm/s}^2$，平均值和标准差分别为 25cm/s^2 和 5.77cm/s^2；25 个 II 类场地的 PHA 水平线性阈值介于 $13\sim55\text{cm/s}^2$，平均值和标准差分别为 28cm/s^2 和 10.89cm/s^2；2 个 III 类场地的 PHA 水平线性阈值分别为 17cm/s^2 和 20cm/s^2。按照美国规范[3]的场地分类结果，6 个 B 类场地的 PHA 水平线性阈值介于 $15\sim42\text{cm/s}^2$，平均值和标准差分别为 15cm/s^2 和 9.57cm/s^2；15 个 C 类场地的 PHA 水平线性阈值介于 $13\sim55\text{cm/s}^2$，平均值和标准差分别 27cm/s^2 和 12.26cm/s^2；9 个 D 类场地的水平线性阈值介于 $17\sim39\text{cm/s}^2$，平均值和标准差分别为 27cm/s^2 和 7.96cm/s^2。

表 7.4　两种场地分类方法下不同场地类别对应的折线拟合结果

场地分类方法	场地类别	台站数目	$c_2/(\text{cm/s}^2)$				c_1		c_3	
			最小值	最大值	平均值	标准差	平均值	标准差	平均值	标准差
中国规范[2]	I	3	18	28	25	5.77	0.10	0.02	0.12	0.01
	II	25	13	55	28	10.89	0.12	0.04	0.10	0.05
	III	2	17	20	19	2.70	0.16	0.01	0.13	0.04
美国规范[3]	B	6	15	42	25	9.57	0.11	0.02	0.10	0.04
	C	15	13	27	27	12.26	0.12	0.03	0.09	0.04
	D	9	17	39	27	7.96	0.13	0.05	0.13	0.05

比较不同场地类别对应的 PHA 水平线性阈值可以看出，场地类别对 PHA 水平线性阈值没有明显的影响，不同场地类别的平均 PHA 水平线性阈值为 20～50cm/s²。根据 Regnier 等[1]和 Ghofrani 等[5]的估计结果也可以得到场地类别与阈值没有明显关系的结论。此外，Ⅲ类场地之外的其他场地类别对应的 PHA 水平线性阈值的标准差为 5～10cm/s²。

基于折线拟合模型的性质及 APNL 的定义，c_1 与 c_3 可分别表征场地在弱震作用下放大作用的离散性及在强震作用下放大作用的变化程度。综合根据表 7.4 和图 7.6，对比不同场地类别对应的 c_1 与 c_3，可以看出不同场地类别的 c_1 与 c_3 取值非常接近，c_1 的取值介于 0.10～0.16，c_3 的取值介于 0.09～0.13。

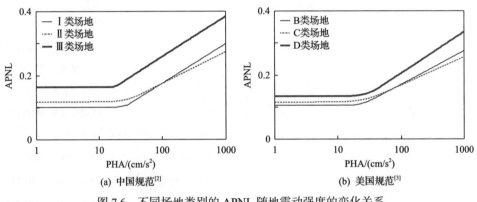

图 7.6　不同场地类别的 APNL 随地震动强度的变化关系

综上所述，不同场地类别在弱震作用下放大作用的离散性和强震作用下放大作用的变化程度均非常相近。

7.3　场地的水平非线性程度

首先使用地震干涉测量法估计各台站的剪切波速，然后使用第 2 章介绍的方法估计剪切模量、剪切应力、剪切应变，其中剪切模量与剪切应变分别使用式 (2.12) 和式 (2.20) 估计。使用式 (2.31) 拟合地表水平峰值加速度和剪切应变的关系 (PHA-γ)，如图 7.7 所示。使用式 (2.28) 拟合场地剪切模量比和剪切应变的关系即剪切模量衰减曲线 (G/G_0-γ)，如图 7.8 所示；使用式 (2.31) 拟合场地水平质心加速度和剪切应变的关系 (a_h^*-γ)，如图 7.9 所示。上述拟合结果如表 7.5 所示。

为了比较不同台站的水平非线性程度，以 PHA 为地震动强度的表征，表 7.6 和表 7.7 为 8 个台站在不同地震动强度下的场地动力参数 (剪切应变、剪切应力、剪切模量) 及其下降幅度 (shear modulus reduction, SMR)。

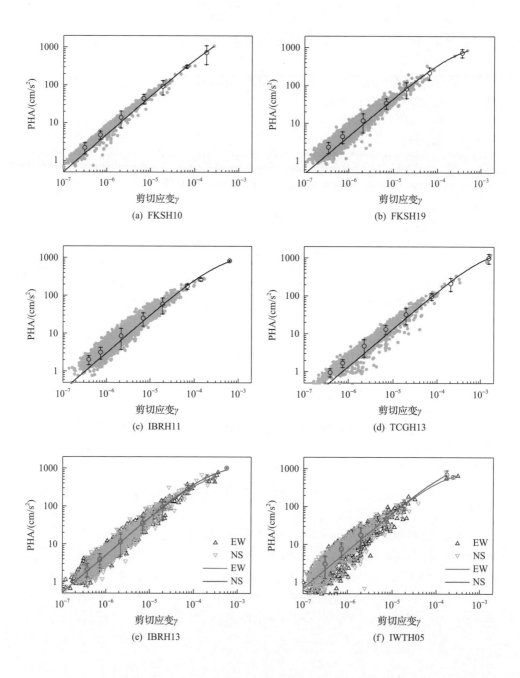

(a) FKSH10

(b) FKSH19

(c) IBRH11

(d) TCGH13

(e) IBRH13

(f) IWTH05

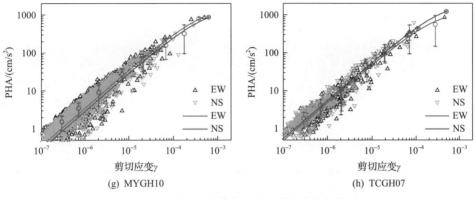

(g) MYGH10　　　　　　　　　　　(h) TCGH07

图 7.7　地表水平峰值加速度和剪切应变的关系

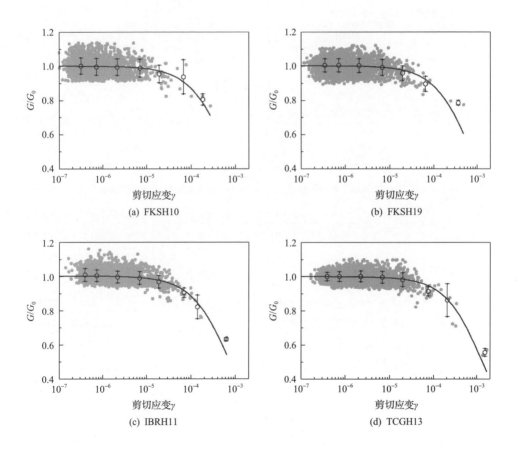

(a) FKSH10　　　　　　　　　　　(b) FKSH19

(c) IBRH11　　　　　　　　　　　(d) TCGH13

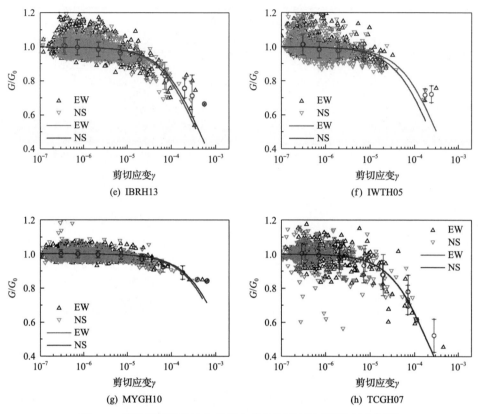

图 7.8　场地剪切模量比和剪切应变的关系(剪切模量衰减曲线)

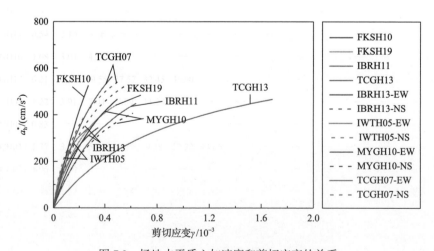

图 7.9　场地水平质心加速度和剪切应变的关系

表 7.5　8 个台站的双曲线模型拟合结果

台站(方向)	拟合关系	拟合公式	拟合结果		
			k	$b_{\tau1}$	r
FKSH10	G/G_0-γ	式(2.28)	1.50×10^3	—	0.56
	PHA-γ	式(2.31)	1.08×10^3	4.98×10^6	0.99
	a_h^*-γ	式(2.31)	1.24×10^3	2.59×10^3	0.99
FKSH19	G/G_0-γ	式(2.28)	1.34×10^3	—	0.28
	PHA-γ	式(2.31)	3.42×10^3	4.56×10^6	0.97
	a_h^*-γ	式(2.31)	3.28×10^3	2.36×10^3	0.98
IBRH11	G/G_0-γ	式(2.28)	1.33×10^3	—	0.83
	PHA-γ	式(2.31)	2.22×10^3	3.04×10^6	0.98
	a_h^*-γ	式(2.31)	1.86×10^3	1.53×10^3	0.98
TCGH13	G/G_0-γ	式(2.28)	7.40×10^2	—	0.88
	PHA-γ	式(2.31)	6.82×10^2	1.35×10^6	0.98
	a_h^*-γ	式(2.31)	1.01×10^3	7.49×10^2	0.98
IBRH13 (EW)	G/G_0-γ	式(2.28)	2.65×10^3	—	0.52
	PHA-γ	式(2.31)	5.27×10^3	5.07×10^6	0.98
	a_h^*-γ	式(2.31)	4.43×10^3	2.52×10^3	0.98
IBRH13 (NS)	G/G_0-γ	式(2.28)	2.35×10^3	—	0.51
	PHA-γ	式(2.31)	3.86×10^3	5.16×10^6	0.97
	a_h^*-γ	式(2.31)	3.00×10^3	2.52×10^3	0.97
IWTH05 (EW)	G/G_0-γ	式(2.28)	3.12×10^3	—	0.18
	PHA-γ	式(2.31)	7.05×10^3	6.88×10^6	0.97
	a_h^*-γ	式(2.31)	7.95×10^3	3.97×10^3	0.97
IWTH05 (NS)	G/G_0-γ	式(2.28)	4.28×10^3	—	0.28
	PHA-γ	式(2.31)	4.13×10^3	6.88×10^6	0.96
	a_h^*-γ	式(2.31)	7.75×10^3	4.29×10^3	0.96
MYGH10 (EW)	G/G_0-γ	式(2.28)	7.19×10^2	—	0.37
	PHA-γ	式(2.31)	1.85×10^3	3.50×10^6	0.97
	a_h^*-γ	式(2.31)	1.85×10^3	1.80×10^3	0.96
MYGH10 (NS)	G/G_0-γ	式(2.28)	6.49×10^2	—	0.34
	PHA-γ	式(2.31)	1.78×10^3	2.89×10^6	0.96
	a_h^*-γ	式(2.31)	2.34×10^3	1.61×10^3	0.96

续表

台站(方向)	拟合关系	拟合公式	拟合结果		
			k	b_{r1}	r
TCGH07 （EW）	G/G_0-γ	式(2.28)	5.34×10^3	—	0.63
	PHA-γ	式(2.31)	3.67×10^3	4.85×10^6	0.98
	a_h^*-γ	式(2.31)	2.16×10^3	2.46×10^3	0.98
TCGH07 （NS）	G/G_0-γ	式(2.28)	5.32×10^3	—	0.58
	PHA-γ	式(2.31)	2.49×10^3	5.49×10^6	0.98
	a_h^*-γ	式(2.31)	3.73×10^3	3.10×10^3	0.98

注：k 包含式(2.28)和式(2.31)中的 k_{g1} 与 k_{r1}。

表 7.6　FKSH10、FKSH19、IBRH11、TCGH13 台站在不同地震动强度下的场地动力参数及其下降幅度

台站	PHA/(cm/s^2)	$\gamma/10^{-4}$	τ/kPa	$G/10^2$MPa	SMR/%
FKSH10	100	0.205	33.1	16.0	2.99
	150	0.311	49.5	15.8	4.46
	200	0.420	65.9	15.5	5.92
	300	0.644	98.5	15.1	8.81
	400	0.880	131	14.6	11.7
	600	1.39	195	13.7	17.2
	800	1.94	259	12.8	22.6
FKSH19	100	0.237	31.1	13.7	3.08
	150	0.371	46.7	13.5	4.73
	200	0.516	62.4	13.2	6.47
	300	0.849	93.9	12.7	10.2
	400	1.25	126	12.1	14.4
	600	2.39	189	10.7	24.3
	800	4.395	254	8.90	37.0
IBRH11	100	0.355	27.9	8.00	4.51
	150	0.554	42.1	7.80	6.86
	200	0.770	56.4	7.60	9.29
	300	1.26	85.7	7.17	14.4
	400	1.86	116	6.71	19.8
	600	3.51	178	5.71	31.8
	800	6.33	243	4.55	45.7

续表

台站	PHA/(cm/s^2)	$\gamma/10^{-4}$	τ/kPa	$G/10^2$MPa	SMR/%
	100	0.780	22.7	2.97	5.46
	150	1.20	33.6	2.88	8.17
	200	1.65	44.3	2.80	10.9
TCGH13	300	2.62	65.0	2.63	16.2
	400	3.71	84.7	2.46	21.6
	600	6.38	122	2.13	32.1
	800	9.95	156	1.81	42.4

表 7.7　IBRH13、IWTH05、MYGH10、TCGH07 台站在不同地震动强度下的场地动力参数及其下降幅度

台站	PHA/(cm/s^2)	$\gamma/10^{-4}$		τ/kPa		$G/10^2$MPa		SMR/%	
		EW	NS	EW	NS	EW	NS	EW	NS
	100	0.220	0.209	30.9	26.9	14.0	12.8	5.50	4.68
	150	0.350	0.327	47.6	41.0	13.6	12.5	8.49	7.14
	200	0.498	0.456	65.3	55.5	13.1	12.2	11.6	9.66
IBRH13	300	0.859	0.749	104	85.9	12.1	11.5	18.5	15.0
	400	1.35	1.11	148	118	10.9	10.7	26.3	20.6
	600	3.14	2.11	254	190	8.11	9.01	45.4	33.1
	800	9.32	3.86	399	273	4.28	7.07	71.2	47.5
	100	0.162	0.155	38.3	40.3	23.7	26.0	4.81	6.20
	150	0.257	0.239	59.3	60.3	23.0	25.2	7.44	9.29
	200	0.365	0.330	81.6	80.3	22.3	24.3	10.2	12.4
IWTH05	300	0.629	0.532	131	120	20.8	22.6	16.4	18.5
	400	0.984	0.765	187	160	19.0	20.9	23.5	24.7
	600	2.26	1.36	329	239	14.6	17.5	41.4	36.8
	800	6.42	2.24	531	317	8.28	14.2	66.7	48.9
	100	0.302	0.369	26.8	28.9	8.89	7.84	2.12	2.34
	150	0.466	0.572	40.9	44.3	8.78	7.74	3.24	3.58
	200	0.640	0.790	55.5	60.3	8.68	7.64	4.40	4.87
MYGH10	300	1.02	1.27	86.2	94.5	8.46	7.42	6.83	7.64
	400	1.45	1.84	119	132	8.22	7.17	9.45	10.7
	600	2.51	3.30	193	218	7.69	6.62	15.3	17.6
	800	3.97	5.47	280	324	7.06	5.93	22.2	26.2

台站	PHA/(cm/s²)	$\gamma/10^{-4}$		τ/kPa		$G/10^2$MPa		SMR/%	
		EW	NS	EW	NS	EW	NS	EW	NS
TCGH07	100	0.223	0.191	24.0	30.5	10.8	16.0	10.6	9.21
	150	0.349	0.293	35.4	44.7	10.1	15.3	15.7	13.5
	200	0.486	0.400	46.4	58.2	9.56	14.5	20.6	17.6
	300	0.800	0.632	67.5	83.4	8.43	13.2	29.9	25.2
	400	1.18	0.889	87.2	106	7.38	12.0	38.7	32.1
	600	2.27	1.50	123	147	5.45	9.81	54.7	44.4
	800	4.18	2.29	156	182	3.73	7.96	69.0	54.9

本节使用式(2.25)进行场地剪切应力的估计，其中场地密度的代表 ρ_r 由式(2.14)估计，场地厚度的代表 z_r 计算公式为

$$z_r = \frac{(V_{s0}^*)^2}{b_{\tau 1}} \tag{7.8}$$

式中，$b_{\tau 1}$ 为式(2.31)的拟合参数，见表 7.5；V_{s0}^* 为 V_s^* 的初始值。

统计表 7.6 和表 7.7 中不同地震动强度下场地剪切模量的下降幅度可以看出：①当 PHA=100cm/s² 时，场地表现出轻微水平非线性程度，剪切模量下降 3%~11%；②当 PHA=300cm/s² 时，场地表现出明显的水平非线性程度，剪切模量下降 7%~30%；③当 PHA=600cm/s² 时，场地表现出显著的水平非线性程度，剪切模量下降 15%~55%；④当 PHA=800cm/s² 时，场地表现出强烈的水平非线性程度，剪切模量下降 23%~71%。

从表 7.6 和表 7.7 可以看出，在水平线性场地反应阶段，8 个台站中 IWTH05 台站所在场地的剪切模量最高，FKSH10、FKSH19、IBRH13、TCGH07 台站的剪切模量次之，MYGH10 台站的剪切模量更次，TCGH13 台站的剪切模量最低。在水平非线性场地反应阶段，随着 PHA 从 100cm/s² 逐渐增加至 800cm/s²，TCGH07、IBRH11、IBRH13、IWTH05、TCGH13 台站的剪切模量下降幅度较高，由 5%~10%增加到 40%~70%；FKSH19 台站的剪切模量下降幅度次之，由 3%增加到 37%；FSKH10、MYGH10 台站的剪切模量下降幅度最低，由 2%增加到 25%。剪切模量下降幅度由地震动强度和剪切模量比各自与应变的关系共同决定，如图 7.7 和图 7.8 所示。

根据表 7.3 中的拟合结果，除 TCGH13 台站外，其余 7 个台站的场地水平线性阈值介于 17~39cm/s²。从图 7.7 可以看出，小应变情况下地震动强度和剪切应变近似满足线性关系。此外，不同台站的场地水平线性阈值对应的剪切应变介于 $0.67 \times 10^{-5} \sim 4.03 \times 10^{-5}$，与 Beresnev 等[6]与 Chandra 等[7]的结果相近。结合表 7.2，

按照中国规范[2]中的场地分类方法，TCGH13 台站为Ⅲ类场地，剩下的台站为Ⅱ
场地，估计结果符合Ⅲ类场地的应变线性阈值高于Ⅱ类场地的常理；按照美国规
范[3]中的场地分类方法，FKSH10、TCGH07、IWTH05 台站为 C 类场地，剩下的
台站为 D 类场地，估计结果符合 D 类场地的应变线性阈值高于 C 类场地的常理。

从图 7.9 可以看出，场地水平质心加速度和剪切应变的关系在剪切应变较小
时符合胡克定律，当剪切应变较大时，两者不再满足线性关系。

7.4　场地水平线性阈值与非线性程度的主要影响因素

场地质心加速度(应力的代表值)主要受到地震动强度(可由 PHA 与 PVA 表
征)的影响。本节首先建立不同场地刚度(以 V_{s0}^* 作为表征)对应的地震动强度与剪
切应变之间的关系。根据式(2.31)可得 PHA-γ 之间的关系为

$$PHA = \cfrac{1}{\cfrac{1}{b_{\tau 1}\gamma} + \cfrac{k_{\tau 1}}{b_{\tau 1}}} \tag{7.9}$$

式中，$b_{\tau 1}$ 与 $k_{\tau 1}$ 均为拟合参数。

PHA-γ 关系中的拟合参数与 V_{s0}^* 的关系如图 7.10 所示。

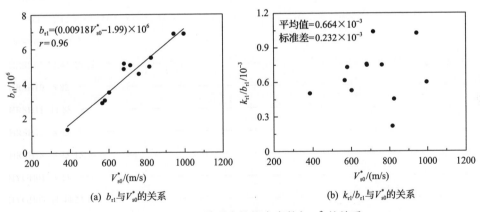

(a) $b_{\tau 1}$ 与 V_{s0}^* 的关系　　　　　　　　(b) $k_{\tau 1}/b_{\tau 1}$ 与 V_{s0}^* 的关系

图 7.10　PHA-γ 关系中的拟合参数与 V_{s0}^* 的关系

不同场地刚度(以 V_{s0}^* 作为表征)对应的地震动强度与剪切应变的关系如图 7.11
所示。其关系表达式为

$$PHA = \cfrac{1}{\cfrac{10^{-6}}{(0.00918V_{s0}^* - 1.99)\gamma} + 0.664} \tag{7.10}$$

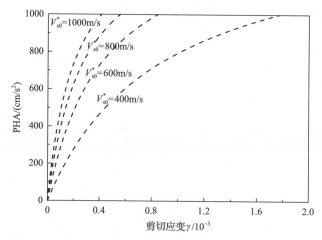

图 7.11　不同场地刚度对应的地震动强度与剪切应变的关系

Vucetic 等[8]的研究结果表明，塑性指数是剪切模量衰减曲线的最主要影响因素，利用土的塑性指数可以建立土体剪切模量比与剪切应变之间的关系。

根据 $\gamma_{0.7}$（G/G_0=0.7 时对应的剪切应变）可以建立 k_{g1} 与 PI 的关系式。根据 Vucetic 等[8]的实验室结果，拟合 $\gamma_{0.7}$ 和 PI 的关系，如图 7.12(a)所示。

$$\gamma_{0.7} = 1.04 \times 10^{-4} \times 1.043^{PI} \tag{7.11}$$

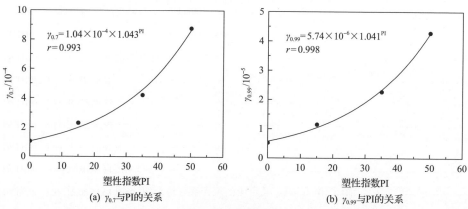

(a) $\gamma_{0.7}$与PI的关系　　　　　　　(b) $\gamma_{0.99}$与PI的关系

图 7.12　根据 Vucetic 等[8]的实验室结果建立的剪切应变与 PI 的关系

由式(2.28)可得，$\gamma_{0.7}$ 和 k_{g1} 满足

$$\frac{1}{1 + k_{g1}\gamma_{0.7}} = 0.7 \tag{7.12}$$

将式 (7.12) 代入式 (7.11)，可得

$$k_{g1} = \frac{4.11 \times 10^3}{1.043^{PI}} \tag{7.13}$$

将式 (7.13) 代入式 (2.28)，可得

$$\frac{G}{G_0} = \frac{1}{1 + \dfrac{4.11 \times 10^3}{1.043^{PI}} \gamma} \tag{7.14}$$

将式 (7.10) 代入式 (7.14)，可得

$$\frac{G}{G_0} = \frac{1}{1 + \dfrac{4.11}{(0.00918 V_{s0}^* - 1.99)\left(\dfrac{1000}{PHA} - 0.664\right)1.043^{PI}}} \tag{7.15}$$

根据 Vucetic 等[8]的实验室结果，将 $\gamma_{0.99}$（$G/G_0 = 0.99$ 时对应的剪切应变）作为场地水平线性阈值对应的剪切应变 γ_{th}，γ_{th} 与 PI 的关系如图 7.12 (b) 所示。γ_{th} 与 PI 之间的关系满足

$$\gamma_{th} = 5.74 \times 10^{-6} \times 1.041^{PI} \tag{7.16}$$

将式 (7.16) 代入式 (7.10)，可得

$$PHA_{th} = \frac{5.74 \times 1.041^{PI}}{\dfrac{1}{0.00918 V_{s0}^* - 1.99} + 3.81 \times 1.041^{PI}} \tag{7.17}$$

从式 (7.17) 可以看出，场地的 PHA 水平线性阈值主要受到场地刚度和塑性程度的共同影响；随着场地刚度或塑性程度的增加，场地的 PHA 水平线性阈值增加。根据式 (7.17) 计算不同刚度和塑性程度下场地的 PHA 水平线性阈值，结果如表 7.8 所示。可以看出，当场地刚度较低时，其塑性指数相对较高；当场地刚度较高时，

表 7.8　不同情况下的场地 PHA 水平线性阈值

V_{s0}^*/(m/s)	不同 PI 对应的场地 PHA 水平线性阈值/(cm/s²)					
	0	10	20	30	40	50
400	10	14	21	32	47	69
600	20	30	44	65	94	137
800	30	45	66	96	139	199
1000	40	59	87	126	181	256

其塑性指数相对较低。因此，硬土场地的 PHA 水平线性阈值并不一定高于软土场地，这也是不同场地类别的 PHA 水平线性阈值之间不存在明显规律性差异的原因。场地的 PHA 水平线性阈值一般介于 $20\sim100\text{cm/s}^2$。

从式(7.15)可以看出，场地水平非线性程度主要受到地震动强度、场地刚度和塑性程度的共同影响，随着地震动强度的增加或者场地刚度和塑性程度的降低，场地的水平非线性程度增加。根据式(7.15)计算不同场地刚度和塑性程度时场地在不同地震动强度作用下剪切模量的下降幅度，结果如表 7.9 所示。可以看出，随着场地刚度的增加，其塑性程度会降低。

表 7.9　不同情况下的场地剪切模量下降幅度

V_{s0}^*/(m/s)	PHA/(cm/s^2)	不同 PI 对应的场地剪切模量下降幅度/%					
		0	10	20	30	40	50
400	200	36	27	20	14	9	6
	400	57	47	36	27	20	14
	600	71	62	51	41	31	23
	800	81	73	64	54	44	34
600	200	21	15	10	7	5	3
	400	39	29	22	15	11	7
	600	54	43	33	25	18	12
	800	67	57	46	36	27	20
800	200	15	10	7	5	3	2
	400	29	22	15	11	7	5
	600	43	33	25	18	12	9
	800	57	46	36	27	20	14
1000	200	12	8	5	4	2	2
	400	24	17	12	8	5	4
	600	36	27	20	14	10	6
	800	49	39	30	22	15	11

假定存在四个典型场地，对应的 V_{s0}^* 分别为 400m/s、600m/s、800m/s、1000m/s，塑性指数分别为 40、20、10、0。比较这四个典型场地的剪切模量下降幅度可以看出，在相同强度的地震动作用下，这四个场地的剪切模量下降幅度非常接近。四个典型场地在地震动强度为 200cm/s^2、400cm/s^2、600cm/s^2、800cm/s^2 时，其剪切模量分别下降了 9%~12%、20%~24%、31%~36%、44%~49%。因此，与前面场地 PHA 水平线性阈值的性质对应，在相同强度的地震动作用下，随着场地刚度的增加，场地的塑性程度下降，硬土场地的剪切模量下降幅度并不一定低于软

土场地，这也导致不同场地类别在相同强度地震动作用下剪切模量的下降幅度之间不存在明显差异。

7.5 强震后场地水平动力特性的恢复过程

本节使用图 7.1 中 8 个台站的地震动数据，首先分别使用基于短时傅里叶变换与小波变换的时频分析技术估计的场地水平基本频率随时间的变化研究强震后场地动力特性的短期快速恢复过程(第一阶段)，然后使用 SBSR 法估计的水平基本频率和基于解卷积的地震干涉测量法估计的剪切波速随时间的变化研究强震后场地动力特性的长期缓慢恢复过程(第二阶段)。

7.5.1 短期快速恢复过程

参考 Ghofrani 等[5]的研究方法，结合基于短时傅里叶变换的时频分析技术研究强震后场地动力特性的短期快速恢复过程。以 7.1.2 节中确定的样本记录为例计算的场地水平基本频率随时间的变化过程如图 7.13 所示。可以看出，在剪切波到达之前，场地还未进入非线性阶段，其水平基本频率小幅振荡。当剪切波到达后，场地进入非线性阶段，场地水平基本频率开始快速下降，直到峰值加速度时刻，水平基本频率下降到最低值，之后开始恢复，在峰值加速度时刻之后的 100 多秒时间内，场地水平基本频率快速恢复到震前水平的约 70%。

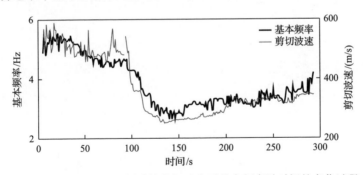

图 7.13 以样本记录为例计算的场地水平基本频率随时间的变化过程

7.5.2 长期缓慢恢复过程

本节以 2011 年东日本大地震主震之前共 800 天的弱震动观测记录(PHA<50cm/s^2，下同)对应的场地剪切波速平均值作为震前水平的代表值；然后以 200 天为间隔，计算东日本大地震主震之后共 1200 天中场地剪切波速随时间的变化过程，计算结果如图 7.14 所示。图中时间轴原点(第 0 天)代表 2009 年 1 月 11 日，东日本大地震对应的时间是第 800 天。

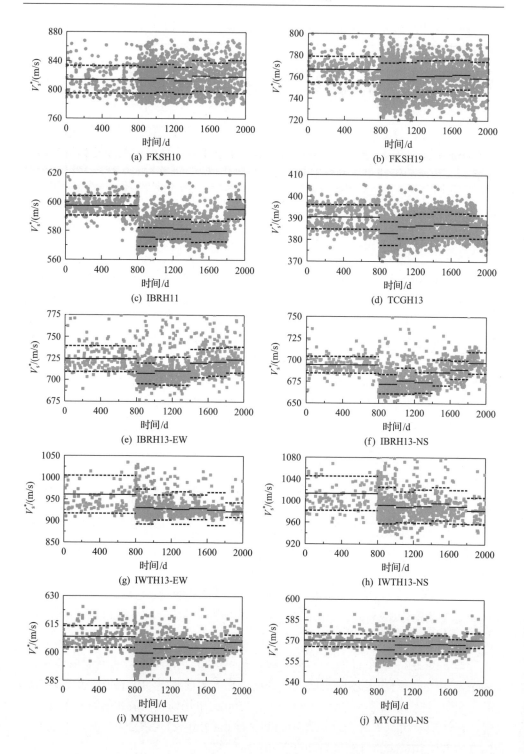

(a) FKSH10

(b) FKSH19

(c) IBRH11

(d) TCGH13

(e) IBRH13-EW

(f) IBRH13-NS

(g) IWTH13-EW

(h) IWTH13-NS

(i) MYGH10-EW

(j) MYGH10-NS

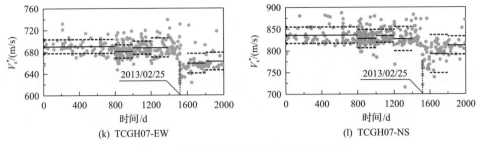

图 7.14　场地剪切波速随时间的变化过程

从图 7.14 可以看出，6 个台站(FKSH10、FKSH19、IBRH11、TCGH13、IBRH13、MYGH10)在东日本大地震主震后，其剪切波速表现出长期缓慢恢复过程。与震前水平相比，6 个台站在主震后 200 天的平均剪切波速均有所下降。在 2014 年 1 月到 2014 年 6 月的最后 200 天中，6 个台站中的 FKSH19、TCGH13、MYGH10 台站的剪切波速均依然明显低于震前水平，与上述水平基本频率的相关结果相吻合；剩下 3 个台站(FKSH10、IBRH11、IBRH13)的剪切波速在主震后 600~1000 天的时间内已经基本恢复到震前水平，也与水平基本频率的相关结果相吻合。剩下的两个台站中，IWTH05 台站在东日本大地震主震后其 EW 和 NS 方向上的剪切波速均有所下降，但是其剪切波速并未表现出长期恢复过程，这很有可能是由于IWTH05 台站在东日本大地震期间场地遭受了不可逆的改变，其剪切波速发生了永久性的改变。TCGH07 台站在东日本大地震主震后其剪切波速仅小幅下降，原因可能为该台站在东日本大地震主震中获取的加速度记录的峰值加速度仅为188cm/s^2，此后在东日本大地震主震后的 200 天时间内，该台站的剪切波速已基本恢复到震前水平。此外，TCGH07 台站在 2013 年 2 月 25 日获取了一组峰值加速度超过 800cm/s^2 的地震动观测记录，因此其剪切波速在 2013 年 2 月 25 日以后有较大幅度下降，并且在之后的 500 天内表现出长期缓慢的恢复过程。

7.6　本 章 小 结

本章介绍了作者近年来在水平非线性场地反应研究领域中对场地的水平线性阈值、非线性程度及强震后恢复过程的研究成果。主要结论如下：

(1)本章中 30 个台站的水平线性阈值之间的差异并无明显的规律性，其范围介于 13~55cm/s^2。场地类别对非线性场地反应的阈值没有明显影响，不同场地类别的平均阈值为 15~30cm/s^2。

(2)当地震动强度低于场地水平线性阈值时，场地的水平基本频率与剪切模量可视为不受到地震动强度的影响，当地震动强度高于水平线性阈值时，水平基本频率与剪切模量的下降幅度随地震动强度的增加而增加。基于由土动力学参数法估计的本构关系和剪切模量衰减曲线分别比较了不同台站所在场地的刚度和塑性，结果与钻孔剖面数据吻合。

(3) 场地的 PHA 水平线性阈值主要受到场地刚度和塑性程度的共同影响，随着场地刚度或塑性程度的增加，PHA 水平线性阈值增加。通常情况下，场地的 PHA 水平线性阈值介于 20～100cm/s^2。随着场地刚度的增加，场地的塑性程度下降，因而硬土场地的 PHA 水平线性阈值并不一定高于软土场地。场地的水平非线性程度主要受到地震动强度、场地刚度和塑性程度的共同影响，随着地震动强度的增加或场地刚度和塑性程度的降低，非线性程度增加。在相同强度的地震动作用下，随着场地刚度的增加，场地的塑性程度下降，硬土场地的剪切模量下降幅度并不一定低于软土场地，这导致不同场地类别在相同强度地震动作用下剪切模量的下降幅度不存在明显差异。

(4) 2011 年东日本大地震中，TCGH13 台站在剪切波到达前，其所在场地未进入非线性阶段，场地的水平基本频率小幅振荡；当剪切波到达后，场地进入非线性阶段，水平基本频率开始快速下降，直到峰值加速度时刻下降到最低值，之后开始恢复，在峰值加速度时刻之后的 100 多秒内，水平基本频率快速恢复到震前水平的约 70%。针对 8 个台站，在东日本大地震后，大多数台站的场地剪切波速都表现出了长期缓慢恢复过程，其中部分台站的场地剪切波速在东日本大地震发生 1200 天后仍低于震前水平，这可能是因为长期缓慢恢复过程还未结束，场地剪切波速将继续恢复至震前水平，也可能是因为场地已造成了永久性的破坏，其性质不再会恢复到震前水平。

参 考 文 献

[1] Regnier J, Cadet H, Bonilla L F, et al. Assessing nonlinear behavior of soils in seismic site response: Statistical analysis on KiK-net strong-motion data[J]. Bulletin of the Seismological Society of America, 2013, 103(3): 1750-1770.

[2] 中华人民共和国住房和城乡建设部, 中华人民共和国国家质量监督检验检疫总局. 建筑抗震设计规范(GB 50011—2010)[S]. 北京: 中国建筑工业出版社, 2010.

[3] Building Seismic Safety Council (BSSC). NEHRP recommended provisions for seismic regulations for new buildings and other structures (FEMA 450), 2003 Edition, Part 1: Provisions[S]. Washington D.C., 2003.

[4] Noguchi S, Sasatani T. Quantification of degree of nonlinear site response[C]//The 14th World Conference on Earthquake Engineering, Beijing, 2008.

[5] Ghofrani H, Atkinson G M, Goda K. Implications of the 2011 M9.0 Tohoku Japan earthquake for the treatment of site effects in large earthquakes[J]. Bulletin of Earthquake Engineering, 2013, 11(1): 171-203.

[6] Beresnev I A, Wen K L. Nonlinear soil response—A reality?[J]. Bulletin of the Seismological Society of America, 1996, 86(6): 1964-1978.

[7] Chandra J, Guéguen P, Steidl J H, et al. In situ assessment of the G-γ curve for characterizing the nonlinear response of soil: Application to the Garner Valley downhole array and the wildlife liquefaction array[J]. Bulletin of the Seismological Society of America, 2015, 105(2A): 993-1010.

[8] Vucetic M, Dobry R. Effect of soil plasticity on cyclic response[J]. Journal of Geotechnical Engineering, 1991, 117(1): 89-107.

第 8 章 竖向非线性场地反应

本章介绍作者近年来基于日本 KiK-net 地震动观测记录在竖向非线性场地反应研究领域的研究成果。以第 7 章中对场地水平线性阈值和非线性程度的研究成果为基础，主要内容包括场地的竖向线性阈值及非线性程度、场地压缩模量衰减曲线的特征、强震后相应竖向动力参数的恢复过程。

8.1 研 究 数 据

基于地震动观测记录的非线性场地反应研究需要能反映出场地非线性行为的强震记录，但总体上场地竖向非线性程度小于同等情况下对应的水平非线性程度，因此满足竖向非线性场地反应研究要求的记录更少，无法使用与水平场地反应研究同样的数据筛选条件。时频分析技术可将一条地震动观测记录在时间跨度上细分为多条地震动观测记录，进而增加强震记录数目，在水平非线性场地反应研究中已被广泛使用。此外，满足非线性场地反应研究要求的数据筛选条件也是研究中重要的前置步骤。因此，本章分别选择简单宽松与复杂严格的两种数据筛选条件得到两组部分交叉的研究数据，并对其中一组研究数据使用时频分析技术。这样做的目的有两点：①通过对比两组研究数据中重合数据的计算结果，检验分析时频分析技术在竖向非线性场地反应研究中的使用效果；②通过对比两组研究数据中不重合数据的计算结果，分析并选择合适的数据筛选条件，并将之作为后续研究的基础。

8.1.1 不使用时频分析技术的研究数据

不使用时频分析技术的研究数据按照以下条件筛选：

(1) 台站必须有完整的钻孔测试数据，包括地震波速剖面数据和土层结构剖面数据。

(2) 有效地震动观测记录的日期必须在第一次台站调整之后且对应台站在第二次台站调整中未受到影响。

(3) 所选 KiK-net 台站必须满足有效地震动观测记录的组数不低于 500 组以限制结果的离散性。

（4）为减小台站钻孔深度的干扰，台站的钻孔深度限制在 100～200m。

（5）为保证场地竖向非线性行为的可识别性，台站必须至少包含 3 组 PVA＞100cm/s^2 的有效地震动观测记录且至少包含 2 组对应正应变大于 10^{-5} 的有效地震动观测记录。

最终 8 个台站的地震动观测记录被选为第一组研究数据，台站信息如表 8.1 所示。

表 8.1　第一组研究数据的台站信息

台站	D_b/m	N_{total}	N_{v100}	N_5	V_{s30}/(m/s)	场地类别
AKTH04	100	1192	4	4	459	C
FKSH18	100	1737	3	10	307	D
IBRH12	200	2001	3	2	486	C
IBRH13	100	1911	28	21	335	D
IBRH14	100	1693	18	7	829	B
IWTH23	103	1559	4	3	923	B
KMMH14	110	608	9	18	248	D
MYGH04	100	1764	3	3	849	B

注：N_{total} 为有效地震动观测记录组数；N_{v100} 为台站中 PVA＞100cm/s^2 的有效地震动观测记录组数；N_5 为台站中正应变大于 10^{-5} 的有效地震动观测记录组数；D_b 为台站钻孔深度；场地类别为美国规范[1]中的场地分类方法。

图 8.1 为第一组研究数据中地震动观测记录对应震源的矩震级与震源深度。可以看出，第一组研究数据多为浅层地震动观测记录。第一组研究数据中地震动观测记录的 PHA、PVA 与震中距如图 8.2 所示，8 个台站的地震波速与土层结构剖面如图 8.3 所示。

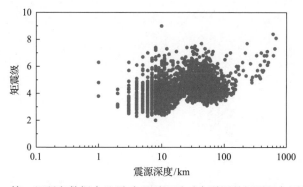

图 8.1　第一组研究数据中地震动观测记录对应震源的矩震级与震源深度

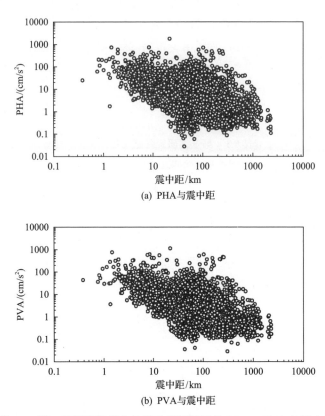

(a) PHA 与震中距

(b) PVA 与震中距

图 8.2 第一组研究数据中地震动观测记录的 PHA、PVA 与震中距

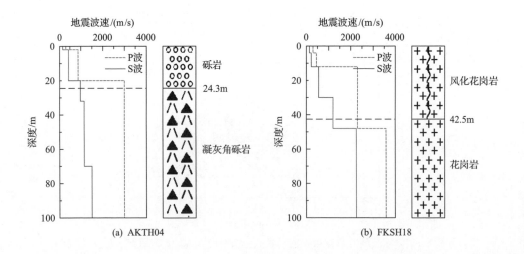

(a) AKTH04

(b) FKSH18

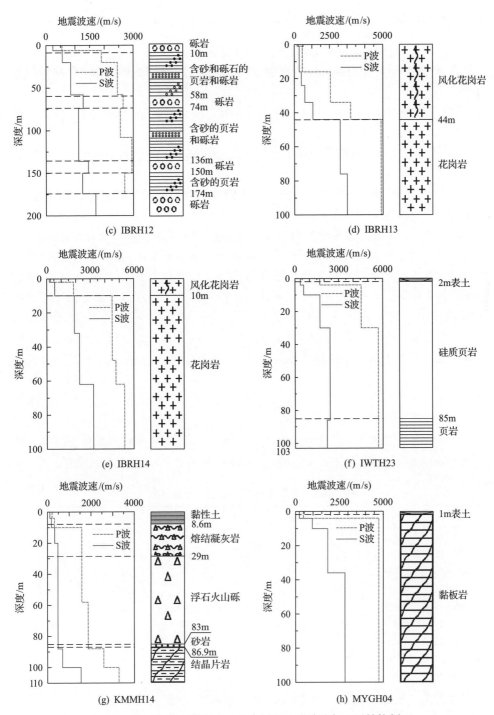

图 8.3 第一组研究数据中 8 个台站的地震波速与土层结构剖面

8.1.2　使用时频分析技术的研究数据

使用时频分析技术的研究数据按照以下条件筛选：

(1)台站必须有完整的钻孔测试数据，包括地震波速剖面数据和土层结构剖面数据。

(2)有效地震动观测记录的日期必须在第一次台站调整之后且对应台站在第二次台站调整中未受到影响。

(3)所选 KiK-net 台站必须满足有效地震动观测记录的组数不低于 400 组以限制结果的离散性。

(4)为保证场地竖向非线性行为的可识别性，台站必须至少包含 2 组 PHA＞100cm/s² 的有效地震动观测记录。

最终 10 个台站的地震动观测记录被选为第二组研究数据，台站信息如表 8.2 所示，其中有三个台站与第一组研究数据重合。基于地下水抗压不抗剪的特性，场地的地下水位可通过对应钻孔剖面数据估计，本书参考 Pavlenko 等[2]提出的方法识别地下水位，总体原则包括以下两点：场地在地下水位以下部分的压缩波速原则上不小于 1000m/s；针对地下水位附近，地下水位以下部分的压缩波速远大于地下水位以上部分，且场地在地下水位以上与以下部分的剪切波速变化幅度与压缩波速相比并不明显。场地等效围压的计算公式为

$$p = \sum_{i=1}^{N} \rho_i g H_i - \rho_w g H_w \qquad (8.1)$$

式中，g 为重力加速度；H_i 为场地第 i 层的厚度；H_w 为场地饱和部分的厚度，即 D_b 与 GWL(地下水位)之差；ρ_i 为场地第 i 层的密度；ρ_w 为地下水的密度。

表 8.2　第二组研究数据的台站信息

台站	N_{total}	D_b/m	N_{h100}	GWL/m	p/kPa	纬度/(°)	经度/(°)
FKSH11	1612	115	10	1	640	37.20	140.34
FKSH18	1147	100	16	12	697	37.49	140.54
IBRH13	1262	100	51	16	749	36.80	140.58
IBRH14	1837	100	43	2	739	36.69	140.55
IBRH15	2167	107	22	2	662	36.56	140.30
IWTH05	1417	100	17	9	680	38.87	141.35
IWTH12	1094	100	9	2	607	40.15	141.42
IWTH18	1476	100	10	2	721	39.46	141.68
IWTH26	1470	108	7	4	678	38.97	141.00
TCGH16	2158	112	17	4	662	36.55	140.08

注：N_{total} 为有效地震动观测记录组数；N_{h100} 为台站中 PHA＞100cm/s² 的有效地震动观测记录组数；D_b 为台站钻孔深度；GWL 为地下水位；p 为场地等效围压。

　　图 8.4 为第二组研究数据中地震动观测记录对应震源的矩震级与震源深度,可以看到大部分地震为浅源或中源地震。图 8.5 为第二组研究数据中地震动观测记录的 PHA、PVA 与震中距。可以看出,第二组研究数据对应的震源在空间分布上具有一定的广泛性。

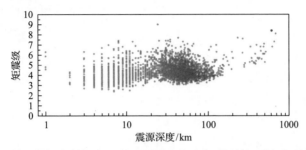

图 8.4　第二组研究数据中地震动观测记录对应震源的矩震级与震源深度

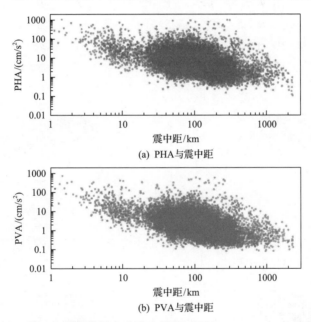

(a) PHA 与震中距

(b) PVA 与震中距

图 8.5　第二组研究数据中地震动观测记录的 PHA、PVA 与震中距

8.2　场地的竖向线性阈值

　　与第 7 章基于场地非线性指标 APNL 估计场地线性阈值不同,本章与 Vucetic[3] 和 Wang 等[4] 的研究成果一致,基于场地模量衰减曲线,以场地模量衰减程度为判定指标确定场地的线性阈值。

　　利用表 8.1 和表 8.2 中各台站的地震动数据,使用地震干涉测量法估计各台站的地震波速(第一组研究数据不使用时频分析技术,第二组研究数据使用时频分析技术),其中剪切波速的结果作为参照组;然后分别使用 2.3 节与 2.4 节介绍的方法估计场地模量与应变,场地模量与应变分别使用式 (2.12) 和式 (2.20) 估计;最后分别使用剪切模量衰减模型[5]与压缩模量衰减模型[6]拟合场地模量比和应变之间的关系即可得到各台站对应的剪切模量衰减曲线与压缩模量衰减曲线。

　　图 8.6 和图 8.7 分别为两组研究数据对应的模量衰减曲线估计结果。图 8.6 对应的拟合结果如表 8.3 所示。图 8.6 中上下两条水平虚线分别表示 $M/M_0 = 0.97$ 和压缩模量比衰减下限,空心圆与误差棒分别表示不同应变范围内估计结果的均值与正负一倍标准差,应变区间分别为 $10^{-8} \sim 5 \times 10^{-8}$、$5 \times 10^{-8} \sim 10^{-7}$、$10^{-7} \sim 5 \times 10^{-7}$、$5 \times 10^{-7} \sim 10^{-6}$、$10^{-6} \sim 5 \times 10^{-6}$、$5 \times 10^{-6} \sim 10^{-5}$、$10^{-5} \sim 5 \times 10^{-5}$、$5 \times 10^{-5} \sim 10^{-4}$、$\geqslant 10^{-4}$。图 8.7 对应的拟合结果如表 8.4 所示,与图 8.6 不同,应变区间分别为 $10^{-6} \sim 5 \times 10^{-6}$、$5 \times 10^{-6} \sim 10^{-5}$、$10^{-5} \sim 2.5 \times 10^{-5}$、$2.5 \times 10^{-5} \sim 5 \times 10^{-5}$、$5 \times 10^{-5} \sim 7.5 \times 10^{-5}$、$7.5 \times 10^{-5} \sim 10^{-4}$、$10^{-4} \sim 2.5 \times 10^{-4}$、$2.5 \times 10^{-5} \sim 5 \times 10^{-4}$、$5 \times 10^{-4} \sim 7.5 \times 10^{-4}$、$7.5 \times 10^{-4} \sim 10^{-3}$、$10^{-3} \sim 2.5 \times 10^{-3}$、$2.5 \times 10^{-3} \sim 5 \times 10^{-3}$、$5 \times 10^{-3} \sim 7.5 \times 10^{-3}$、$7.5 \times 10^{-3} \sim 10^{-2}$、$\geqslant 10^{-2}$。

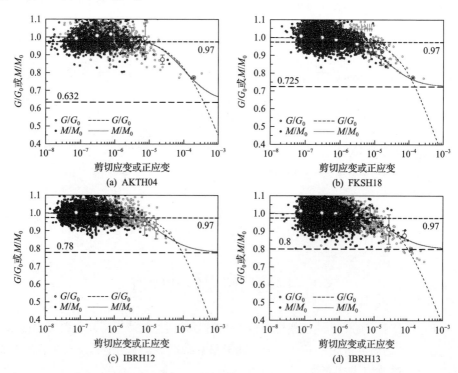

(a) AKTH04　　　　　　　　　　(b) FKSH18

(c) IBRH12　　　　　　　　　　(d) IBRH13

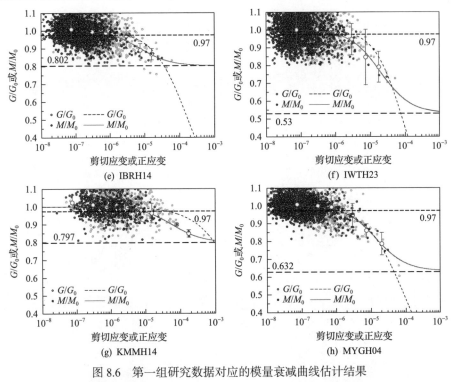

图 8.6　第一组研究数据对应的模量衰减曲线估计结果

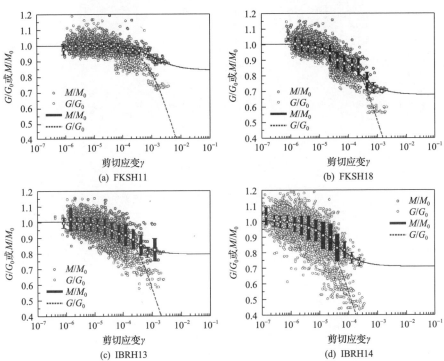

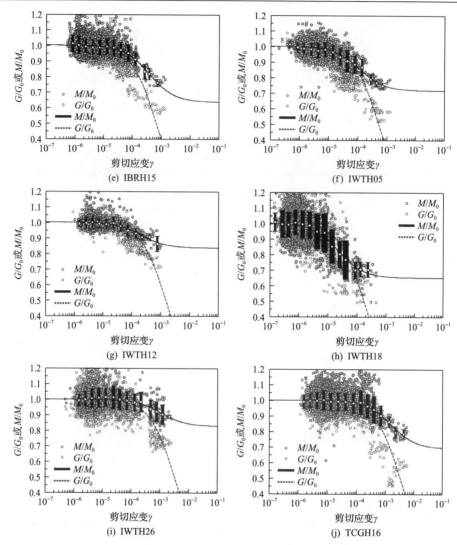

图 8.7　第二组研究数据对应的模量衰减曲线估计结果

表 8.3　第一组研究数据对应的拟合结果

台站	拟合关系	拟合公式	拟合参数		拟合精度	
			$k/10^3$	b	r	$\sigma_e/\sigma_{e\ln}$
AKTH04	$M/M_0\text{-}\varepsilon$	式(2.39)	10.13	0.37	0.8135	0.0423
	$G/G_0\text{-}\gamma$	式(2.29)	0.23	0.76	0.5757	0.0635
	PVA-ε	式(2.31)	1.41	7.38×10^6	0.9914	0.5484
	PHA-γ	式(2.31)	0	5.45×10^6	0.9940	0.9330
	PHA-PVA	式(8.2)	0.96	0.98	0.9919	0.2427

续表

台站	拟合关系	拟合公式	拟合参数		拟合精度	
			$k/10^3$	b	r	σ_e/σ_{eln}
FKSH18	M/M_0-ε	式(2.39)	43.99	0.28	0.7038	0.0343
	G/G_0-γ	式(2.29)	0.79	0.87	0.6617	0.0450
	PVA-ε	式(2.31)	11.67	7.00×10^6	0.9719	0.3458
	PHA-γ	式(2.31)	4.25	4.23×10^6	0.8630	1.1218
	PHA-PVA	式(8.2)	0.94	0.62	0.9557	0.3131
IBRH12	M/M_0-ε	式(2.39)	44.26	0.22	0.5299	0.0396
	G/G_0-γ	式(2.29)	1.00	0.88	0.7666	0.0319
	PVA-ε	式(2.31)	0	1.69×10^7	0.9577	0.7061
	PHA-γ	式(2.31)	10.26	1.03×10^7	0.8738	1.1723
	PHA-PVA	式(8.2)	0.91	0.86	0.9218	0.4038
IBRH13	M/M_0-ε	式(2.39)	30.10	0.20	0.4139	0.0644
	G/G_0-γ	式(2.29)	0.40	0.80	0.7389	0.0451
	PVA-ε	式(2.31)	9.40	1.24×10^7	0.9589	0.4784
	PHA-γ	式(2.31)	6.10	7.01×10^6	0.9044	0.9976
	PHA-PVA	式(8.2)	0.95	0.61	0.9654	0.2658
IBRH14	M/M_0-ε	式(2.39)	132.05	0.19	0.6610	0.0363
	G/G_0-γ	式(2.29)	2.02	0.89	0.5554	0.0582
	PVA-ε	式(2.31)	24.66	2.41×10^7	0.8896	0.5113
	PHA-γ	式(2.31)	44.29	2.48×10^7	0.7886	0.4938
	PHA-PVA	式(8.2)	0.93	0.59	0.9570	0.3525
IWTH23	M/M_0-ε	式(2.39)	50.99	0.47	0.6192	0.0732
	G/G_0-γ	式(2.29)	34.19	1.11	0.8909	0.0491
	PVA-ε	式(2.31)	20.96	1.79×10^7	0.8731	0.4596
	PHA-γ	式(2.31)	34.91	2.59×10^7	0.8425	0.5167
	PHA-PVA	式(8.2)	0.97	0.92	0.9742	0.2900
KMMH14	M/M_0-ε	式(2.39)	16.40	0.21	0.5022	0.0452
	G/G_0-γ	式(2.29)	0.04	0.71	0.3010	0.0545
	PVA-ε	式(2.31)	5.59	6.04×10^6	0.9710	0.3824
	PHA-γ	式(2.31)	4.98	2.79×10^6	0.9313	1.1366
	PHA-PVA	式(8.2)	0.97	0.18	0.9359	0.3307

台站	拟合关系	拟合公式	拟合参数		拟合精度	
			$k/10^3$	b	r	σ_e/σ_{eln}
MYGH04	$M/M_0\text{-}\varepsilon$	式(2.39)	72.72	0.37	0.7524	0.0481
	$G/G_0\text{-}\gamma$	式(2.29)	1.92	0.81	0.9049	0.0500
	PVA-ε	式(2.31)	0	1.35×10^6	0.9038	0.7675
	PHA-γ	式(2.31)	16.90	1.71×10^7	0.9034	0.5475
	PHA-PVA	式(8.2)	0.97	1.07	0.9464	0.3449

注：k包含式(2.39)、式(2.29)、式(2.31)、式(8.2)中的k_{m5}、k_{g2}、$k_{\sigma1}$与k_{r1}、k_{hv}；b包含式(2.39)、式(2.29)、式(2.31)、式(8.2)中的b_{m3}、b_g、$b_{\sigma1}$与b_{r1}、b_{hv}。由于地震动观测记录峰值加速度分布的不均匀性，PVA-ε、PHA-γ、PHA-PVA关系的标准误差采用式(8.3)所示的对数形式。

表 8.4　第二组研究数据对应的拟合结果

台站	拟合关系	拟合公式	拟合参数		拟合精度	
			$k/10^3$	b_{m3}	r	σ_e
FKSH11	$M/M_0\text{-}\gamma$	式(2.39)	0.77	0.16	0.9322	0.0087
	$G/G_0\text{-}\gamma$	式(2.28)	0.21	—	0.8466	0.0351
FKSH18	$M/M_0\text{-}\gamma$	式(2.39)	6.05	0.33	0.9548	0.0244
	$G/G_0\text{-}\gamma$	式(2.28)	0.97	—	0.7939	0.0730
IBRH13	$M/M_0\text{-}\gamma$	式(2.39)	6.40	0.21	0.9742	0.0115
	$G/G_0\text{-}\gamma$	式(2.28)	0.74	—	0.6349	0.0772
IBRH14	$M/M_0\text{-}\gamma$	式(2.39)	29.56	0.29	0.9746	0.0158
	$G/G_0\text{-}\gamma$	式(2.28)	8.43	—	0.9177	0.0553
IBRH15	$M/M_0\text{-}\gamma$	式(2.39)	2.62	0.37	0.9900	0.0086
	$G/G_0\text{-}\gamma$	式(2.28)	1.48	—	0.9178	0.0449
IWTH05	$M/M_0\text{-}\gamma$	式(2.39)	9.46	0.28	0.9819	0.0125
	$G/G_0\text{-}\gamma$	式(2.28)	1.96	—	0.8285	0.0672
IWTH12	$M/M_0\text{-}\gamma$	式(2.39)	4.96	0.16	0.9679	0.0088
	$G/G_0\text{-}\gamma$	式(2.28)	0.66	—	0.8809	0.0343
IWTH18	$M/M_0\text{-}\gamma$	式(2.39)	46.27	0.35	0.9842	0.0164
	$G/G_0\text{-}\gamma$	式(2.28)	5.90	—	0.7814	0.0780
IWTH26	$M/M_0\text{-}\gamma$	式(2.39)	0.97	0.17	0.9544	0.0095
	$G/G_0\text{-}\gamma$	式(2.28)	0.31	—	0.7981	0.0501
TCGH16	$M/M_0\text{-}\gamma$	式(2.39)	0.65	0.31	0.9871	0.0088
	$G/G_0\text{-}\gamma$	式(2.28)	0.31	—	0.9087	0.0513

注：k包含式(2.39)和式(2.28)中的k_{m5}和k_{g1}。

对比两组估计结果，与剪切模量不同，场地压缩模量衰减曲线存在明显的衰减下限，这可归因于实际场地中地下水抗压不抗剪的特性且其压缩性受地震强度的影响较小[7]。为了更直观地对比场地压缩模量与剪切模量的衰减性质，图 8.7 中场地压缩模量衰减曲线的横坐标被设为与剪切模量衰减曲线一致的剪切应变。对比图 8.7 中各台站的压缩模量衰减曲线与剪切模量衰减曲线可以看出，压缩模量的衰减程度与速度小于对应的剪切模量，特别对于应变较大的情况，此时剪切模量的衰减速度显著增加而压缩模量的衰减速度却逐渐减缓且呈现出较明显的衰减下限，原因在于地下水的不可压缩性对场地竖向非线性行为的抑制作用[7]。进一步对比两组研究数据的估计结果，可以得到以下结论：

(1) 对比两组研究数据中重合台站的模量衰减曲线估计结果，可以看出时频分析技术能有效增加强震记录的数量，具体体现在对应剪切应变大于 10^{-4} 的地震动观测记录的数量显著增加，进而提高对场地模量衰减曲线的估计精度。

(2) 对比两组研究数据中其余台站的模量衰减曲线估计结果，可以看出与 8.1.1 节中的筛选条件相比，8.1.2 节中的筛选条件虽然较为简单宽松，但在配合时频分析技术的情况下仍能得到较好甚至更好的结果，而且简单宽松的筛选条件能得到相对更多的样本数据，更有利于开展相关的研究。

(3) 整体对比两组研究数据的模量衰减曲线估计结果，可以看出图 8.7 中的估计结果在剪切应变较小情况下（一般小于 10^{-4}）的拟合精度整体上弱于图 8.6 中的估计结果。原因可能是由于两者拟合方法不同，第一组研究数据采用的拟合方法是直接拟合模量与应变的估计结果（本书称为直接拟合方法），第二组研究数据采用的拟合方法是先将模量的估计结果按不同的应变范围取平均值，然后对平均值拟合（本书称为间接拟合方法）。

对于直接拟合方法，实际情况下地震动观测记录多为弱震记录，对应应变较小，因此对应的估计结果在该方法中占据的权重较高，该方法的拟合结果在应变较小时的精度也就较高；对于间接拟合方法，考虑到场地模量随应变的衰减主要发生在应变较大的情况下（特别是剪切模量），所以该方法虽然降低了拟合数据的应变分布不均匀性，但同时凸显了数据的模量分布不均匀性，因此应变较大（此时模量随应变衰减的速度较快）的估计结果在该方法中占据的权重较高，该方法的估计结果在应变较大情况下的精度也就较高。基于此，本章对场地线性阈值及非线性程度的研究以图 8.6 中的直接拟合结果为主，对压缩模量衰减下限的研究以图 8.7 中的间接拟合结果为主。

本章对场地竖向线性阈值的研究以直接拟合结果为主，对应第一组研究数据。如前所述，本章以场地模量衰减程度为判定指标确定场地线性阈值，考虑到实际场地的构成比较复杂，不同场地性质可能存在较大差异，研究中对场地动力参数的估计也具有误差与离散性，所以对场地线性阈值的估计主要以偏定性的范围估计为主，不同研究者使用的判定标准也有不同。例如，Vucetic[3]和 Wang 等[4]将场地模量衰减程度达到 1%作为场地达到非线性临界状态的判定标准，Johnson 等[8]的判定标准为场地模量衰减程度达到 5%，Ghofrani 等[9]和 Wu 等[10]的判定标准为场地基本频率衰减程度达到 10%。本章综合考虑 Vucetic[3]与 Johnson 等[8]的判定标准，将场地竖向线性阈值对应的压缩模量衰减程度确定为 3%，即压缩模量衰减至最大值的 97%，对应结果如图 8.6 所示。从图 8.6 可以看出，场地水平线性阈值对应的剪切应变范围为 $10^{-6} \sim 5 \times 10^{-5}$，与第 7 章以及已有研究结果[11-13]基本一致，从侧面证明了本章竖向线性阈值判定标准的合理性；此外，如图 8.8 所示，场地竖向线性阈值对应的正应变范围为 $1.21 \times 10^{-6} \sim 1.04 \times 10^{-5}$，一定程度上大于 Johnson 等[8]基于共振柱试验的研究结果（量级约为 10^{-6}），这可能是由于其试验中并未考虑饱和度的影响，而实际场地中的地下水会抑制场地的竖向非线性行为，进而提高场地竖向线性阈值。对比场地压缩模量与剪切模量的衰减模式，可以看出，与剪切模量的衰减模式不同，压缩模量的衰减模式为先逐渐加速后趋于平缓，这也与 Tsai 等[7]提出的理论模型的规律基本一致。

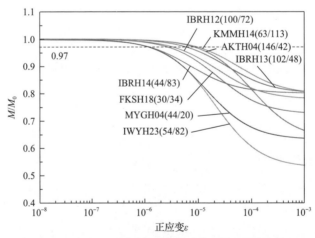

图 8.8　第一组研究数据对应的压缩模量衰减曲线估计结果
括号中的数字为场地的 PHA 竖向线性阈值/PHA 水平线性阈值

　　本章进一步对比了场地竖向线性阈值与水平线性阈值的分布差异，并初步分析了线性阈值判定标准对结果的影响。考虑到本部分为定性的对比研究，且一致的横坐标更利于研究的开展，所以本部分采用表 8.2 中第二组研究数据对应的结果，该部分结果具有更大的样本容量与一致的横坐标（均为剪切应变），如图 8.9

所示。其中右边阴影区域表示以场地模量衰减至最大值的 97% 为标准的线性阈值
范围，左边阴影区域表示以场地模量衰减至最大值的 99% 为标准的线性阈值范
围。可以看出，当考虑地下水影响时，场地压缩模量衰减曲线整体上更加平缓，
即与水平线性阈值相比，竖向线性阈值的离散性更高，范围更大，因此线性阈值
判定标准对场地竖向线性阈值估计结果的影响整体上也更大；结合图 8.7 可以看
出，整体上，场地竖向线性阈值仍然大于对应的水平线性阈值，这同样归因于地
下水对场地竖向非线性行为的抑制作用。

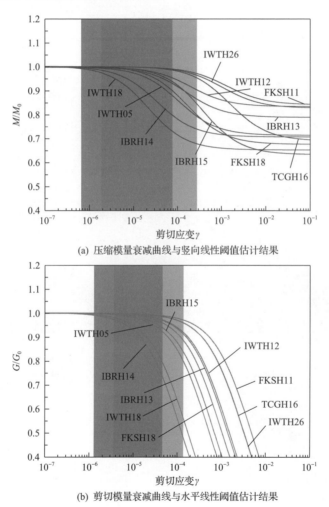

(a) 压缩模量衰减曲线与竖向线性阈值估计结果

(b) 剪切模量衰减曲线与水平线性阈值估计结果

图 8.9　第二组研究数据对应的模量衰减曲线与线性阈值估计结果

　　由于 PHA 的概念在工程实际中的应用十分广泛，本章通过分别拟合第一组研
究数据中地震动观测记录对应的 PGA 与场地应变的关系(PHA 与 PVA 分别对应

剪切应变与正应变)以及 PHA 与 PVA 的关系,将上述应变线性阈值估计结果转化为对应的 PHA 形式。地表峰值加速度与场地应变的关系使用式(2.31)所示的双曲线模型拟合,各台站对应的拟合结果如图 8.10 和表 8.3 所示。

PHA 与 PVA 的关系使用如下所示的双对数线性模型拟合:

$$\ln PHA = k_{hv}\ln PVA + b_{hv} \tag{8.2}$$

式中,b_{hv} 和 k_{hv} 均为拟合参数。

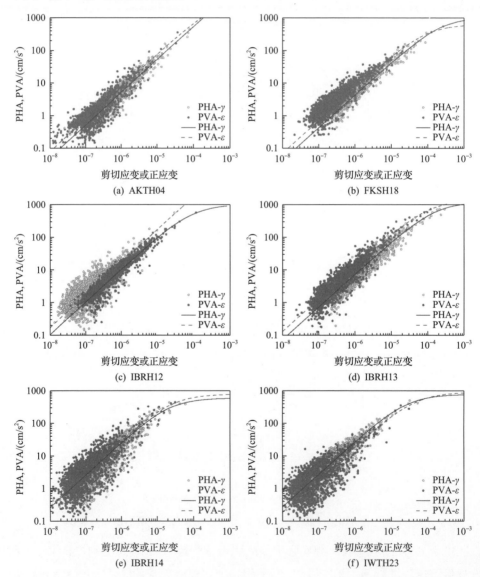

(a) AKTH04

(b) FKSH18

(c) IBRH12

(d) IBRH13

(e) IBRH14

(f) IWTH23

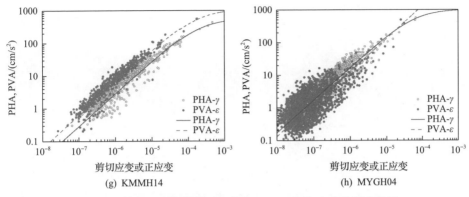

(g) KMMH14　　　　　　　　　　　　　(h) MYGH04

图 8.10　第一组研究数据对应的 PHA、PVA 与应变的拟合结果

第一组研究数据对应的 PHA 与 PVA 的拟合结果如图 8.11 和表 8.3 所示。由于地震动峰值加速度分布的高度不均匀性，PVA-ε、PHA-γ、PHA-PVA 关系的标准误差采用以下对数形式：

$$\sigma_{\ln} = \sqrt{\frac{\sum_{i=1}^{n}(\ln x_{\text{rec},i} - \ln x_{\text{fit},i})^2}{n}} \tag{8.3}$$

式中，n 为该台站对应的有效地震动观测记录数量；$x_{\text{fit},i}$ 为第 i 个基于有效地震动观测记录的拟合结果；$x_{\text{rec},i}$ 为第 i 个基于有效地震动观测记录的估计结果。

第一组研究数据中 8 个台站对应的 PHA 竖向线性阈值的估计结果见图 8.8 中台站名旁括号里的数字。可以看出，场地 PHA 水平线性阈值的分布范围为 20～120cm/s^2，与本书第 7 章 (20～100cm/s^2) 以及 Wu 等[10]的研究结果基本一致 (20～80cm/s^2)，进一步验证了本章结果的合理性；与之对比，场地 PHA 竖向线性阈值的分布范围为 30～150cm/s^2，表明场地竖向线性阈值对应的 PHA 可能低至 30cm/s^2。

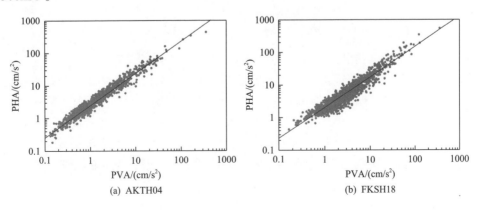

(a) AKTH04　　　　　　　　　　　　　(b) FKSH18

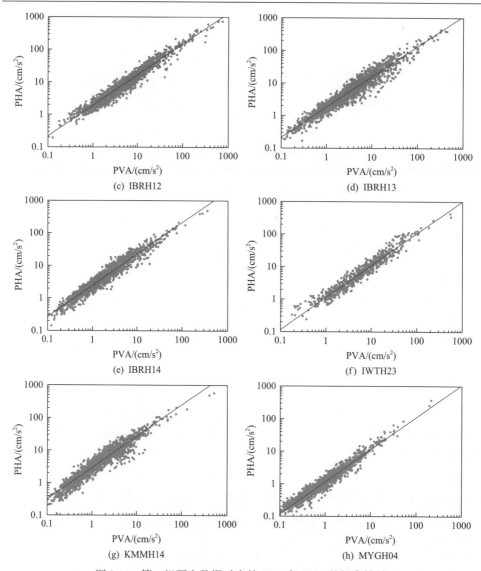

图 8.11　第一组研究数据对应的 PHA 与 PVA 的拟合结果

从图 8.11 可以看出，地震动观测记录 PHA 与 PVA 的关系可能存在一定程度的区域无关性，并有可能用统一的经验关系描述。图 8.12 为第一组研究数据对应的 γ 与 ε 及 PHA 与 PVA 的经验关系。可以看出，剪切应变与正应变之间经验关系的斜率大于 PHA 与 PVA 之间经验关系的斜率，这可由实际场地的压缩模量大于对应剪切模量的性质解释，具体为：由于 PGA 与应变之间的关系可视为由场地模量控制，场地压缩模量更大即表示对于同样的应变增量，PVA 的增量大于对应的 PHA 的增量。

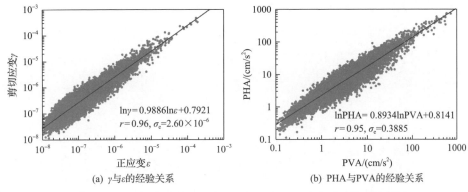

图 8.12　第一组研究数据对应的 γ 与 ε 及 PHA 与 PVA 的经验关系

8.3　场地的竖向非线性程度

基于第一组研究数据对应的压缩模量衰减曲线估计结果及应变与 PHA 的经验转化关系，本节以 PHA 作为地震动强度的表征，估计不同 PHA 水平下场地的竖向非线性程度，并将其与水平非线性程度进行初步的对比评估，如表 8.5 所示。主要结论如下：

(1)当 PHA=100cm/s² 时，场地的非线性程度较低。压缩模量下降幅度分布在 2%～9%，均值为 4.92%；剪切模量下降幅度分布在 2%～11%，均值为 5.51%。

(2)当 PHA=200cm/s² 时，场地出现较明显的非线性行为。压缩模量下降幅度分布在 4%～15%，均值为 8.67%；剪切模量下降幅度分布在 5%～20%，均值为 10.42%。

(3)当 PHA=400cm/s² 时，场地出现明显的非线性行为。压缩模量下降幅度分布在 7%～22%，均值为 13.91%；剪切模量下降幅度分布在 13%～44%，均值为 22.37%。

(4)当 PHA=800cm/s² 时，场地出现极度的非线性行为。压缩模量下降幅度分布在 13%～32%，均值为 20.39%；剪切模量下降幅度分布在 20%～95%，均值为 55.53%。

表 8.5　第一组研究数据中各台站在不同 PHA 下的场地模量下降幅度

台站	PHA/(cm/s²)	压缩模量下降幅度/%	剪切模量下降幅度/%
AKTH04	100	2.06	5.63
	200	4.04	9.13
	400	7.53	14.52
	800	13.05	22.29

续表

台站	PHA/(cm/s²)	压缩模量下降幅度/%	剪切模量下降幅度/%
FKSH18	100	8.93	7.80
	200	14.79	14.60
	400	21.59	28.61
	800	26.93	65.81
IBRH12	100	3.00	4.07
	200	5.55	7.99
	400	9.22	17.05
	800	13.35	49.62
IBRH13	100	2.93	5.46
	200	5.52	9.83
	400	9.50	18.66
	800	14.59	42.38
IBRH14	100	6.04	3.66
	200	9.97	8.05
	400	14.41	25.09
	800	18.23	81.18
IWTH23	100	5.61	3.80
	200	10.59	9.33
	400	19.07	27.07
	800	31.20	94.13
KMMH14	100	4.54	2.69
	200	8.05	5.13
	400	12.95	13.68
	800	18.47	20.58
MYGH04	100	6.25	10.98
	200	10.87	19.13
	400	16.97	34.24
	800	27.30	68.21

　　综合上述结果并对比第 7 章相应结果，总体上，本章在场地水平非线性程度上的研究结果与第 7 章在规律上基本一致，其中 IBRH13 为两章重合台站，两章结果在数值上也有良好的一致性，进一步论证了本书中场地水平非线性程度研究结果的可信度；对比压缩模量与剪切模量的下降幅度，可以看出场地压缩模量下降幅度与对应剪切模量下降幅度之间存在显著的不同步性，压缩模量的衰减速度慢于剪切模量且差距随地震动强度增加更加显著，这是由于泊松比作为连接场地压缩模量与剪切模量的媒介，其本身同样会在强震作用下表现出非线性行为。

8.4　场地压缩模量比衰减下限的影响因素

本章对场地压缩模量比衰减下限影响因素的研究以图 8.7 中的间接拟合结果为主，对应表 8.2 中的第二组研究数据。由于地下水的不可压缩性，场地压缩模量衰减曲线具有衰减下限(压缩模量比衰减下限)，且其主要受到地下水位与场地非饱和状态下压缩性的共同控制。考虑到场地模量受围压的影响十分显著[14-16]，本节选取等效围压与地下水位作为研究对象，分别对这两种因素对压缩模量比衰减下限的影响进行研究。由于样本容量的限制，难以做到严格地控制变量，本节研究主要以整体上的定性分析为主。地下水位及对应的等效围压如表 8.2 所示。

图 8.13 为等效围压与地下水位对压缩模量比衰减下限的影响。从图 8.13 (a)可以看出，压缩模量比衰减下限与等效围压整体上呈线性负相关关系。从物理原理上解释，围压增加会增大场地非饱和状态下的压缩模量，进而减小地下水的压缩性对场地压缩模量的影响，最终降低场地压缩模量衰减曲线的衰减下限。从图 8.13 (b)可以看出，与等效围压的影响类似，压缩模量比衰减下限与地下水位同样整体上存在负相关关系。其原因可解释为，地下水位的降低会减弱地下水的压缩性在场地整体压缩模量中的占比，进而降低压缩模量比衰减下限；此外，图 8.13 中地下水位与压缩模量比衰减下限之间的关系与等效围压相比具有较高的离散性，原因可能是由于基于场地钻孔剖面数据估计地下水位的方法本身具有一定程度的离散性。

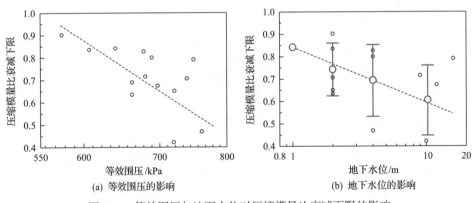

(a) 等效围压的影响　　　　　　　(b) 地下水位的影响

图 8.13　等效围压与地下水位对压缩模量比衰减下限的影响

8.5　强震后场地竖向动力特性的恢复过程

本节以图 8.7 中的间接拟合结果为主，对应表 8.2 中的第二组研究数据。与第 7 章一致，本节研究同样以地震波速作为场地性质的代表，研究其受 2011 年东日本大地震影响的程度及之后的恢复过程，具体为恢复过程第二阶段的长期缓慢恢复过程。

　　为排除其他强震干扰，表 8.2 中的 10 个台站被进一步筛选得到主要受到 2011 年东日本大地震影响的 6 个台站。图 8.14 给出了相应的结果，其中地震波速的震

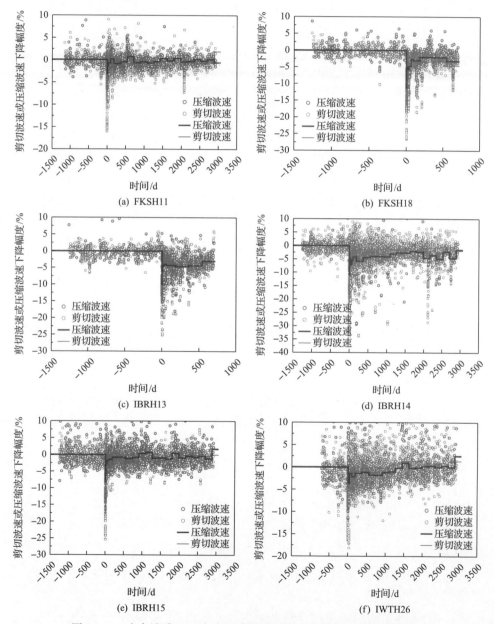

图 8.14　6 个台站受 2011 年东日本大地震影响的下降幅度及恢复过程

前水平被定义为东日本大地震主震发生(第 0 天)之前全体结果的平均值；考虑到场地动力特性恢复速度的不均匀性，主震后地震波速的平均区间分别设为第 1~10 天、第 10~30 天、第 30~60 天、第 60~90 天、第 90~180 天、第 180~360 天、第 360~540 天等(其后的时间间隔均为 180 天)；上下两条水平虚线分别为压缩波速与剪切波速的最大下降幅度。

　　从图 8.14 可以看出，压缩波速受强震影响的程度小于剪切波速，6 个台站的压缩波速最大下降幅度为 5%~20%，剪切波速最大下降幅度为 20%~35%，两者最大下降幅度的差异为 10%~15%，一定程度上反映了地下水对场地竖向非线性行为的抑制作用。此外，压缩波速恢复过程与剪切波速恢复过程之间整体上并无明显规律性的区别，除 FKSH18、IBRH13、IBRH14 台站外，其余台站的地震波速均已恢复至震前水平，恢复时间基本为 1000~2000 天。FKSH18、IBRH13 台站在 2013 年左右受到台站调整的影响，因此这两个台站的地震动观测记录仅使用到 2013 年左右台站调整为止，与其他台站相比，这两个台站的地震波速恢复不充分的原因可能是长期恢复过程还未结束。与之相比，IBRH14 台站恢复不充分的原因则很可能是主震对场地已造成了永久性的破坏，场地性质不再会恢复到震前水平[17]。

8.6　本 章 小 结

　　本章以第 7 章对场地水平线性阈值和非线性程度的研究成果为基础与切入点，介绍了作者近年来在竖向非线性场地反应研究领域中的研究成果。主要结论如下：

　　(1)时频分析技术可以有效增加强震记录的数目，且在引入时频分析技术的情况下，可以适当放宽研究数据的筛选条件，以获得更大的样本容量。对于场地模量衰减曲线的拟合，由于地震动强度分布及场地模量随应变变化的不均匀性，不同的拟合方法会使估计结果具有不同的偏向性，具体表现为直接对观测结果进行拟合的方法会使估计结果更偏向于场地应变较小时的性质；而先将观测结果进行平均然后对其平均进行拟合的方法会使估计结果更偏向于场地应变较大时的性质。实际应用中，可针对不同的研究采用不同的拟合方法。

　　(2)场地竖向线性阈值对应的正应变范围为 10^{-6}~2×10^{-5}，对应的 PHA 范围为 30~150cm/s²。与水平线性阈值相比，竖向线性阈值的离散性更高，分布范围更广；由于地下水对场地竖向非线性行为的抑制作用，整体上，场地竖向线性阈值大于水平线性阈值。在考虑地下水影响的情况下，场地压缩模量衰减曲线存在明显的衰减下限，且衰减下限与等效围压和地下水位均呈负相关关系，原因可能是等效围压与地下水位的增加均会降低地下水的压缩性在场地整体压缩性中的影响占比，进而降低场地压缩模量衰减曲线的衰减下限。

(3)压缩模量的衰减速度慢于剪切模量且两者的差距随地震动强度增加更加显著，这是由于泊松比作为连接压缩模量与剪切模量的媒介，其本身同样会在强震作用下表现出非线性行为。强震作用下，场地压缩波速的最大下降幅度小于剪切波速，但压缩波速与剪切波速的恢复过程并无明显规律性的差异。与剪切波速相似，部分场地的压缩波速没有恢复至震前水平的原因可能有两点：一是长期恢复过程还未结束，之后压缩波速将继续恢复至震前水平；二是强震对场地已造成了永久性的破坏，场地性质不再会恢复到震前水平。

参 考 文 献

[1] Building Seismic Safety Council (BSSC). NEHRP recommended provisions for seismic regulations for new buildings and other structures (FEMA 450), 2003 Edition, Part 1: Provisions[S]. Washington D.C., 2003.

[2] Pavlenko O V, Irikura K. Estimation of nonlinear time-dependent soil behavior in strong ground motion based on vertical array data[J]. Pure and Applied Geophysics, 2003, 160(12): 2365-2379.

[3] Vucetic M. Cyclic threshold shear strains in soils[J]. Journal of Geotechnical Engineering, 1994, 120(12): 2208-2228.

[4] Wang H Y, Jiang W P, Wang S Y, et al. In situ assessment of soil dynamic parameters for characterizing nonlinear seismic site response using KiK-net vertical array data[J]. Bulletin of Earthquake Engineering, 2019, 17(5): 2331-2360.

[5] Zhang J, Andrus R, Juang C. Normalized shear modulus and material damping ratio relationships[J]. Journal of Geotechnical and Geoenvironmental Engineering, 2005, 131(4): 453-464.

[6] Shi Y, Wang S Y, Cheng K, et al. In situ characterization of nonlinear soil behavior of vertical ground motion using KiK-net data[J]. Bulletin of Earthquake Engineering, 2020, 18: 4605-4627.

[7] Tsai C C, Liu H W. Site response analysis of vertical ground motion in consideration of soil nonlinearity[J]. Soil Dynamics and Earthquake Engineering, 2017, 102: 124-136.

[8] Johnson P A, Jia X P. Nonlinear dynamics, granular media and dynamic earthquake triggering[J]. Nature, 2005, 437(7060): 871-874.

[9] Ghofrani H, Atkinson G M, Goda K. Implications of the 2011 M9.0 Tohoku Japan earthquake for the treatment of site effects in large earthquakes[J]. Bulletin of Earthquake Engineering, 2013, 11(1): 171-203.

[10] Wu C Q, Peng Z G, Ben-zion Y. Refined thresholds for non-linear ground motion and temporal changes of site response associated with medium-size earthquakes[J]. Geophysical Journal International, 2010, 182(3): 1567-1576.

[11] Chandra J, Guéguen P, Steidl J H, et al. In situ assessment of the *G-γ* curve for characterizing the nonlinear response of soil: Application to the Garner Valley downhole array and the wildlife liquefaction array[J]. Bulletin of the Seismological Society of America, 2015, 105(2A): 993-1010.

[12] Guéguen P. Predicting nonlinear site response using spectral acceleration vs PGA/V_{s30}: A case history using the Volvi-test site[J]. Pure and Applied Geophysics, 2016, 173(6): 2047-2063.

[13] 陈树峰, 孔令伟, 黎澄生. 低幅应变条件下粉质黏土泊松比的非线性特征[J]. 岩土力学, 2018, 39(2): 580-588.

[14] Dutta T T, Saride S. Influence of shear strain on the Poisson's ratio of clean sands[J]. Geotechnical and Geological Engineering, 2016, 34(5): 1359-1373.

[15] Yang Z F, Yuan J, Liu J W, et al. Shear modulus degradation curves of gravelly and clayey soils based on KiK-net in situ seismic observations[J]. Journal of Geotechnical and Geoenvironmental Engineering, 2017, 143(9): 1-18.

[16] Chen S F, Kong L W, Xu G F. An effective way to estimate the Poisson's ratio of silty clay in seasonal frozen regions[J]. Cold Regions Science and Technology, 2018, 154: 74-84.

[17] Wu C Q, Peng Z G, Assimaki D. Temporal changes in site response associated with the strong ground motion of the 2004 M_w 6.6 Mid-Niigata earthquake sequences in Japan[J]. Bulletin of the Seismological Society of America, 2009, 99(6): 3487-3495.

附　　录

附录 A　中国规范下规准化结果的基础分组结果

附表 A.1　竖向第一拐点周期的基础分组结果

场地类别	震中距/km	不同矩震级对应的竖向第一拐点周期/s				
		4～5.5 级	5.5～6.5 级	6.5～7.5 级	7.5～8.5 级	≥8.5 级
I	<20	0.029	0.035	0.006	—	—
II		0.043	0.037	0.046	—	—
III		0.059	0.069	0.095	—	—
IV		0.053	0.040	—	—	—
I	20～40	0.026	0.027	0.028	—	—
II		0.045	0.039	0.047	—	—
III		0.051	0.065	0.046	—	—
IV		0.048	0.080	—	—	—
I	40～60	0.029	0.021	0.015	—	—
II		0.052	0.045	0.037	—	—
III		0.050	0.055	0.078	0.026	—
IV		0.056	—	—	—	—
I	60～80	0.030	0.018	0.017	—	—
II		0.054	0.047	0.039	0.100	—
III		0.046	0.065	0.074	—	—
IV		0.066	0.046	—	—	—
I	80～100	0.023	0.033	0.030	0.040	—
II		0.059	0.051	0.040	0.070	—
III		0.047	0.050	0.060	—	—
IV		0.064	0.080	0.080	—	—
I	100～150	0.024	0.023	0.038	0.040	0.040
II		0.061	0.055	0.046	0.048	0.040
III		0.060	0.042	0.052	0.067	—
IV		0.060	0.051	0.078	—	—

场地类别	震中距/km	不同矩震级对应的竖向第一拐点周期/s				
		4～5.5 级	5.5～6.5 级	6.5～7.5 级	7.5～8.5 级	≥8.5 级
I		0.079	0.032	0.065	0.041	0.027
II		0.091	0.059	0.064	0.054	0.057
III	150～200	0.120	0.064	0.060	—	—
IV		—	—	0.094	—	—
I		—	0.090	0.010		0.019
II		0.040	0.069	0.048	0.125	0.061
III	200～300	—	0.042	0.065		0.056
IV		—	0.066	0.063	—	—
I		—	—	0.010	0.029	0.057
II		—	0.059	0.053	0.038	0.088
III	≥300	—	0.060	0.045	0.052	0.081
IV		—	—	0.058	0.070	0.078

附表 A.2　竖向第二拐点周期(竖向特征周期)的基础分组结果

场地类别	震中距/km	不同矩震级对应的竖向特征周期/s				
		4～5.5 级	5.5～6.5 级	6.5～7.5 级	7.5～8.5 级	≥8.5 级
I		0.157	0.119	2.286	—	—
II		0.196	0.267	0.505	—	—
III	<20	0.325	0.506	0.205	—	—
IV		0.723	0.379	—	—	—
I		0.139	0.262	0.215	—	—
II		0.189	0.350	0.446	—	—
III	20～40	0.280	0.476	0.928	—	—
IV		0.193	0.100	—	—	—
I		0.143	0.259	0.390	—	—
II		0.169	0.336	0.503	—	—
III	40～60	0.269	0.440	0.540	1.589	—
IV		0.241	—	—	—	—

场地类别	震中距/km	不同矩震级对应的竖向特征周期/s				
		4～5.5 级	5.5～6.5 级	6.5～7.5 级	7.5～8.5 级	≥8.5 级
I	60～80	0.163	0.315	0.410	—	—
II		0.178	0.240	0.491	0.140	—
III		0.282	0.392	0.526	—	—
IV		0.124	1.403	—	—	—
I	80～100	0.187	0.480	0.435	0.100	—
II		0.185	0.324	0.385	0.218	—
III		0.246	0.426	0.401	—	—
IV		0.367	0.537	0.121	—	—
I	100～150	0.303	0.446	0.630	0.477	0.100
II		0.212	0.409	0.610	0.819	0.100
III		0.229	0.429	0.773	0.440	—
IV		0.100	1.025	0.405	—	—
I	150～200	0.100	0.477	0.721	0.468	0.337
II		0.267	0.368	0.745	0.689	0.208
III		0.451	0.371	0.682	—	—
IV		—	—	0.484	—	—
I	200～300	—	0.100	0.708	—	0.578
II		0.223	0.266	0.794	1.087	0.927
III		—	0.181	0.633	—	1.120
IV		—	0.243	1.433	—	—
I	≥300	—	—	0.383	0.317	1.313
II		—	0.254	0.365	0.361	1.618
III		—	0.100	0.601	0.391	1.876
IV		—	—	0.396	0.346	1.906

附表 A.3　竖向动力放大系数最大值的基础分组结果

场地类别	震中距/km	不同矩震级对应的竖向动力放大系数最大值				
		4～5.5 级	5.5～6.5 级	6.5～7.5 级	7.5～8.5 级	≥8.5 级
I	<20	2.135	2.325	2.144	—	—
II		2.654	2.659	2.533	—	—
III		2.651	2.360	3.180	—	—
IV		2.451	1.338	—	—	—
I	20～40	2.092	2.178	2.134	—	—
II		2.741	2.699	2.562	—	—
III		2.655	2.767	2.284	—	—
IV		2.741	2.920	—	—	—
I	40～60	2.099	2.289	2.100	—	—
II		2.809	2.666	2.634	—	—
III		2.744	2.651	2.456	1.910	—
IV		2.522	—	—	—	—
I	60～80	2.299	2.182	2.065	—	—
II		2.882	2.835	2.520	3.833	—
III		2.679	2.753	2.744	—	—
IV		2.587	1.863	—	—	—
I	80～100	2.284	2.312	2.304	1.811	—
II		2.954	2.810	2.712	2.990	—
III		2.797	2.666	2.692	—	—
IV		2.419	2.219	2.615	—	—
I	100～150	2.179	2.273	2.292	1.803	2.113
II		3.030	2.804	2.588	2.811	2.166
III		2.690	2.547	2.604	2.360	—
IV		2.400	2.522	2.381	—	—
I	150～200	3.011	2.345	2.316	1.915	2.203
II		2.955	2.875	2.632	2.596	2.533
III		2.336	2.728	2.357	—	—
IV		—	—	2.553	—	—

场地类别	震中距/km	不同矩震级对应的竖向动力放大系数最大值				
		4～5.5 级	5.5～6.5 级	6.5～7.5 级	7.5～8.5 级	≥8.5 级
I	200～300	—	3.389	2.165	—	2.104
II		1.653	2.859	2.596	2.534	2.515
III		—	2.129	2.598	—	2.541
IV		—	2.716	2.470	—	—
I	≥300	—	—	2.116	2.137	2.280
II		—	2.638	2.812	2.715	2.369
III		—	2.464	2.557	2.543	2.334
IV		—	—	2.643	2.531	2.241

附表 A.4　竖向位移控制段起始周期的基础分组结果

场地类别	震中距/km	不同矩震级对应的竖向位移控制段起始周期/s				
		4～5.5 级	5.5～6.5 级	6.5～7.5 级	7.5～8.5 级	≥8.5 级
I	<20	6.494	6.716	3.637	—	—
II		5.490	5.525	6.679	—	—
III		4.562	5.461	1.731	—	—
IV		1.509	2.943	—	—	—
I	20～40	6.160	5.754	6.549	—	—
II		5.482	6.162	6.051	—	—
III		4.640	5.043	5.659	—	—
IV		5.416	0.398	—	—	—
I	40～60	6.589	5.866	4.080	—	—
II		5.716	6.154	6.295	—	—
III		3.633	5.411	1.775	6.000	—
IV		4.499	—	—	—	—
I	60～80	6.065	6.030	6.029	—	—
II		5.824	6.077	6.101	6.000	—
III		4.188	3.136	5.698	—	—
IV		6.614	2.129	—	—	—

场地类别	震中距/km	不同矩震级对应的竖向位移控制段起始周期/s				
		4～5.5 级	5.5～6.5 级	6.5～7.5 级	7.5～8.5 级	≥8.5 级
I	80～100	6.429	4.637	6.063	5.540	—
II		5.956	5.884	6.246	7.143	—
III		4.016	4.674	6.143	—	—
IV		3.511	2.057	3.763	—	—
I	100～150	6.402	5.619	5.953	6.000	2.012
II		5.816	5.379	5.780	6.624	1.180
III		5.053	4.451	5.634	5.760	—
IV		1.573	2.590	2.369	—	—
I	150～200	6.000	4.754	5.426	6.263	5.341
II		5.837	5.077	5.541	6.500	6.507
III		0.661	4.907	5.928	—	—
IV		—	—	2.303	—	—
I	200～300	—	6.000	4.942	—	6.259
II		6.000	6.041	5.570	5.658	6.375
III		—	2.190	5.612	—	5.294
IV		—	5.344	5.383	—	—
I	≥300	—	—	5.464	6.007	5.907
II		—	6.000	5.508	6.365	5.878
III		—	1.437	5.079	4.716	5.668
IV		—	—	6.094	2.915	5.319

附表 A.5　竖向下降速度参数的基础分组结果

场地类别	震中距/km	不同矩震级对应的竖向下降速度参数				
		4～5.5 级	5.5～6.5 级	6.5～7.5 级	7.5～8.5 级	≥8.5 级
I	<20	1.578	1.186	1.012	—	—
II		1.430	1.010	0.991	—	—
III		1.489	1.030	1.048	—	—
IV		0.902	2.000	—	—	—
I	20～40	1.579	0.870	0.814	—	—
II		1.527	1.032	0.691	—	—

场地类别	震中距/km	不同矩震级对应的竖向下降速度参数				
		4～5.5 级	5.5～6.5 级	6.5～7.5 级	7.5～8.5 级	≥8.5 级
Ⅲ	20～40	1.314	0.886	0.704	—	—
Ⅳ		1.027	0.726	—	—	—
Ⅰ	40～60	1.633	0.960	0.686	—	—
Ⅱ		1.649	1.058	0.839	—	—
Ⅲ		1.120	0.898	0.783	1.872	—
Ⅳ		1.027	—	—	—	—
Ⅰ	60～80	1.439	1.035	0.678	—	—
Ⅱ		1.579	1.124	0.744	1.560	—
Ⅲ		1.276	0.769	0.774	—	—
Ⅳ		1.736	0.414	—	—	—
Ⅰ	80～100	1.404	0.877	0.733	0.920	—
Ⅱ		1.538	1.087	0.783	0.846	—
Ⅲ		1.259	0.867	0.920	—	—
Ⅳ		1.544	1.529	1.077	—	—
Ⅰ	100～150	1.588	1.076	0.808	1.307	0.939
Ⅱ		1.455	1.023	0.775	0.905	0.655
Ⅲ		1.227	0.936	0.788	0.893	—
Ⅳ		1.546	0.921	0.842	—	—
Ⅰ	150～200	2.000	0.835	0.685	0.339	0.867
Ⅱ		1.799	0.980	0.764	0.669	0.750
Ⅲ		2.000	1.030	0.814	—	—
Ⅳ		—	—	0.525	—	—
Ⅰ	200～300	—	1.901	0.777	—	0.427
Ⅱ		2.000	1.120	0.819	0.697	0.553
Ⅲ		—	0.856	0.783	—	0.549
Ⅳ		—	0.980	0.762	—	—
Ⅰ	≥300	—	—	0.842	0.733	0.429
Ⅱ		—	1.927	0.870	0.824	0.482
Ⅲ		—	1.027	0.932	0.808	0.571
Ⅳ		—	—	0.784	0.841	0.200

附录 B　美国规范下规准化结果的基础分组结果

附表 B.1　竖向第一拐点周期的基础分组结果

场地类别	震中距/km	不同矩震级对应的竖向第一拐点周期/s				
		4~5.5 级	5.5~6.5 级	6.5~7.5 级	7.5~8.5 级	≥8.5 级
B	<20	0.028	0.035	0.040	—	—
C		0.041	0.038	0.042	—	—
D		0.050	0.059	0.084	—	—
B	20~40	0.028	0.027	0.039	—	—
C		0.041	0.036	0.049	—	—
D		0.054	0.058	0.039	—	—
B	40~60	0.027	0.025	0.003	—	—
C		0.052	0.043	0.038	—	—
D		0.055	0.051	0.045	0.026	—
B	60~80	0.033	0.026	0.016	—	—
C		0.055	0.047	0.037	0.100	—
D		0.056	0.052	0.056	—	—
B	80~100	0.032	0.025	0.026	0.040	—
C		0.057	0.051	0.042	0.064	—
D		0.059	0.054	0.046	0.069	—
B	100~150	0.039	0.022	0.013	—	0.040
C		0.062	0.053	0.045	0.032	0.040
D		0.060	0.056	0.058	0.066	—
B	150~200	0.074	0.043	0.024	0.035	0.033
C		0.088	0.059	0.060	0.045	0.053
D		0.096	0.067	0.077	0.090	0.057
B	200~300	—	0.089	0.031	—	0.038
C		0.040	0.063	0.046	0.116	0.065
D		—	0.075	0.059	0.125	0.060
B	≥300	—	—	0.033	0.030	0.023
C		—	0.040	0.051	0.038	0.082
D		—	0.058	0.052	0.044	0.094

附表 B.2 竖向第二拐点周期(竖向特征周期)的基础分组结果

场地类别	震中距/km	不同矩震级对应的竖向特征周期/s				
		4～5.5 级	5.5～6.5 级	6.5～7.5 级	7.5～8.5 级	≥8.5 级
B		0.146	0.117	0.100	—	—
C	<20	0.185	0.225	1.120	—	—
D		0.267	0.455	0.260	—	—
B		0.148	0.199	0.114	—	—
C	20～40	0.193	0.381	0.495	—	—
D		0.210	0.390	0.660	—	—
B		0.132	0.245	0.479	—	—
C	40～60	0.160	0.365	0.259	—	—
D		0.206	0.350	0.903	1.589	—
B		0.119	0.272	0.451	—	—
C	60～80	0.167	0.255	0.377	0.140	—
D		0.219	0.276	0.665	—	—
B		0.143	0.234	0.356	0.100	—
C	80～100	0.171	0.281	0.442	0.145	—
D		0.222	0.449	0.323	0.281	—
B		0.176	0.304	0.295	—	0.100
C	100～150	0.187	0.329	0.571	0.972	0.100
D		0.258	0.518	0.740	0.376	—
B		0.100	0.100	0.323	0.516	0.290
C	150～200	0.230	0.353	0.772	0.755	0.169
D		0.346	0.416	0.738	0.179	0.363
B		—	0.382	0.279	—	0.340
C	200～300	0.223	0.251	0.828	0.765	0.833
D		—	0.248	0.797	1.273	1.126
B		—	—	0.211	0.100	1.430
C	≥300	—	0.176	0.391	0.347	1.484
D		—	0.274	0.465	0.416	1.778

附表 B.3　竖向动力放大系数最大值的基础分组结果

场地类别	震中距/km	不同矩震级对应的竖向动力放大系数最大值				
		4～5.5 级	5.5～6.5 级	6.5～7.5 级	7.5～8.5 级	≥8.5 级
B		2.157	2.151	2.550	—	—
C	<20	2.615	2.726	2.268	—	—
D		2.668	2.482	3.057	—	—
B		2.231	2.169	2.368	—	—
C	20～40	2.690	2.668	2.550	—	—
D		2.807	2.793	2.361	—	—
B		2.180	2.268	1.945	—	—
C	40～60	2.835	2.653	2.692	—	—
D		2.821	2.732	2.535	1.910	—
B		2.283	2.215	2.163	—	—
C	60～80	2.921	2.860	2.510	3.833	—
D		2.848	2.833	2.629	—	—
B		2.255	2.435	2.288	1.811	—
C	80～100	2.985	2.815	2.631	3.076	—
D		2.876	2.722	2.897	2.903	—
B		2.510	2.315	2.309	—	2.113
C	100～150	3.151	2.858	2.582	2.629	2.166
D		2.780	2.664	2.584	2.630	—
B		3.314	2.896	2.201	1.961	2.377
C	150～200	2.882	2.852	2.577	2.519	2.613
D		2.921	2.810	2.643	2.846	2.180
B		—	2.836	2.266	—	2.145
C	200～300	1.653	2.923	2.573	2.640	2.560
D		—	2.632	2.599	2.464	2.429
B		—	—	2.212	2.157	1.997
C	≥300	—	2.917	2.798	2.676	2.355
D		—	2.455	2.720	2.674	2.420

附表 **B.4** 竖向位移控制段起始周期的基础分组结果

场地类别	震中距/km	不同矩震级对应的竖向位移控制段起始周期/s				
		4~5.5 级	5.5~6.5 级	6.5~7.5 级	7.5~8.5 级	≥8.5 级
B	<20	6.628	6.106	2.161	—	—
C		5.585	5.315	6.250	—	—
D		4.985	5.941	6.470	—	—
B	20~40	6.185	5.959	6.531	—	—
C		5.679	6.111	6.321	—	—
D		4.780	5.569	4.362	—	—
B	40~60	6.411	5.712	4.349	—	—
C		5.969	6.158	6.384	—	—
D		4.942	6.058	5.557	6.000	—
B	60~80	6.394	5.849	5.832	—	—
C		5.951	6.215	6.089	6.000	—
D		5.199	5.532	6.263	—	—
B	80~100	6.403	5.383	6.430	5.540	—
C		6.228	5.882	6.284	6.000	—
D		5.113	5.517	5.743	6.946	—
B	100~150	6.338	5.817	5.434	—	2.012
C		6.147	5.490	6.007	6.266	1.180
D		5.065	5.016	5.509	6.229	—
B	150~200	6.000	6.823	6.231	6.263	6.982
C		6.546	5.204	5.343	6.218	6.785
D		4.488	4.516	5.719	6.000	3.623
B	200~300	—	7.048	5.590	—	7.024
C		6.000	6.194	5.356	6.349	6.428
D		—	5.317	5.621	5.359	5.798
B	≥300	—	—	5.951	6.576	5.814
C		—	6.000	5.461	6.618	5.933
D		—	7.141	5.297	5.341	5.675

附表 **B.5**　竖向下降速度参数的基础分组结果

场地类别	震中距/km	不同矩震级对应的竖向下降速度参数				
		4～5.5 级	5.5～6.5 级	6.5～7.5 级	7.5～8.5 级	≥8.5 级
B		1.635	1.071	1.121	—	—
C	＜20	1.383	0.930	0.895	—	—
D		1.509	1.201	1.254	—	—
B		1.629	0.883	1.004	—	—
C	20～40	1.496	1.014	0.718	—	—
D		1.488	0.958	0.584	—	—
B		1.612	0.943	0.711	—	—
C	40～60	1.657	1.025	0.821	—	—
D		1.511	1.087	0.755	1.872	—
B		1.525	1.034	0.750	—	—
C	60～80	1.615	1.159	0.726	1.560	—
D		1.449	0.985	0.725	—	—
B		1.338	0.869	0.699	0.920	—
C	80～100	1.576	1.073	0.812	1.020	—
D		1.435	1.051	0.777	0.589	—
B		1.720	1.086	0.580	—	0.939
C	100～150	1.464	1.020	0.797	1.028	0.655
D		1.375	1.009	0.814	0.832	—
B		2.000	1.034	0.675	0.362	0.782
C	150～200	1.695	0.957	0.765	0.661	0.898
D		2.000	0.987	0.769	0.636	0.631
B		—	1.385	0.736	—	0.403
C	200～300	2.000	1.133	0.824	0.679	0.533
D		—	0.869	0.805	0.674	0.582
B		—	—	0.914	0.758	0.357
C	≥300	—	1.883	0.844	0.872	0.454
D		—	1.266	0.900	0.739	0.525

附录 C　第 6 章对应的场地固有频率

附表 C.1　第 6 章对应的场地水平固有频率

台站	场地各阶水平固有频率/Hz														
	1	2	3	4	5	6	7	8	9	10	11	12	13	14	15
ABSH07	1.66	3.08	—	—	—	—	—	—	—	—	—	—	—	—	—
ABSH09	1.03	—	—	—	—	—	—	—	—	—	—	—	—	—	—
ABSH11	0.64	1.91	3.27	4.45	5.77	6.89	7.92	9.24	—	—	—	—	—	—	—
ABSH12	0.83	2.35	3.71	4.59	5.38	7.14	8.41	—	—	—	—	—	—	—	—
ABSH13	1.61	3.71	6.16	—	—	—	—	—	—	—	—	—	—	—	—
ABSH15	2.44	4.99	—	—	—	—	—	—	—	—	—	—	—	—	—
AICH05	0.29	—	—	—	—	—	—	—	—	—	—	—	—	—	—
AICH09	0.54	1.22	—	—	—	—	—	—	—	—	—	—	—	—	—
AICH10	3.47	—	—	—	—	—	—	—	—	—	—	—	—	—	—
AICH11	2.69	5.18	6.55	—	—	—	—	—	—	—	—	—	—	—	—
AICH12	1.52	—	—	—	—	—	—	—	—	—	—	—	—	—	—
AICH14	1.08	2.49	3.71	4.79	5.43	6.55	—	—	—	—	—	—	—	—	—
AICH15	5.38	—	—	—	—	—	—	—	—	—	—	—	—	—	—
AICH16	2.49	6.01	9.73	12.22	—	—	—	—	—	—	—	—	—	—	—
AICH17	3.96	—	—	—	—	—	—	—	—	—	—	—	—	—	—
AICH18	4.59	7.18	10.56	—	—	—	—	—	—	—	—	—	—	—	—
AICH21	2.30	—	—	—	—	—	—	—	—	—	—	—	—	—	—
AKTH02	2.44	—	—	—	—	—	—	—	—	—	—	—	—	—	—
AKTH04	4.59	—	—	—	—	—	—	—	—	—	—	—	—	—	—
AKTH07	1.37	3.13	5.18	6.89	8.55	—	—	—	—	—	—	—	—	—	—
AKTH08	1.27	—	—	—	—	—	—	—	—	—	—	—	—	—	—
AKTH09	1.71	3.23	—	—	—	—	—	—	—	—	—	—	—	—	—
AKTH12	2.05	4.84	—	—	—	—	—	—	—	—	—	—	—	—	—
AKTH16	0.93	2.64	4.35	6.30	8.75	—	—	—	—	—	—	—	—	—	—
AKTH17	0.78	2.10	3.47	6.30	8.21	—	—	—	—	—	—	—	—	—	—

续表

台站	场地各阶水平固有频率/Hz														
	1	2	3	4	5	6	7	8	9	10	11	12	13	14	15
AKTH18	1.47	2.54	4.35	6.89	—	—	—	—	—	—	—	—	—	—	—
AKTH19	1.32	2.59	3.71	—	—	—	—	—	—	—	—	—	—	—	—
AOMH01	1.08	2.10	—	—	—	—	—	—	—	—	—	—	—	—	—
AOMH03	1.81	5.18	7.62	10.75	14.32	—	—	—	—	—	—	—	—	—	—
AOMH05	1.03	2.54	5.18	6.99	9.82	—	—	—	—	—	—	—	—	—	—
AOMH06	1.61	—	—	—	—	—	—	—	—	—	—	—	—	—	—
AOMH08	0.78	2.25	4.69	—	—	—	—	—	—	—	—	—	—	—	—
AOMH10	1.66	4.79	6.11	10.41	—	—	—	—	—	—	—	—	—	—	—
AOMH11	2.10	6.21	8.26	15.64	21.16	—	—	—	—	—	—	—	—	—	—
AOMH12	0.93	2.93	5.33	8.36	—	—	—	—	—	—	—	—	—	—	—
AOMH13	0.54	1.22	2.10	3.08	4.84	7.23	8.94	—	—	—	—	—	—	—	—
AOMH15	2.69	6.21	12.07	—	—	—	—	—	—	—	—	—	—	—	—
AOMH16	1.03	2.44	3.86	5.18	7.23	8.99	—	—	—	—	—	—	—	—	—
AOMH17	1.81	4.11	7.87	—	—	—	—	—	—	—	—	—	—	—	—
CHBH06	0.49	1.56	2.74	3.76	4.79	5.91	7.53	9.14	—	—	—	—	—	—	—
CHBH14	0.59	1.12	2.00	3.47	5.13	7.67	10.80	12.02	16.42	—	—	—	—	—	—
CHBH16	0.15	0.39	0.68	0.98	1.22	1.47	1.91	2.30	2.64	—	—	—	—	—	—
CHBH17	0.20	0.78	—	—	—	—	—	—	—	—	—	—	—	—	—
EHMH05	3.03	—	—	—	—	—	—	—	—	—	—	—	—	—	—
EHMH06	2.74	—	—	—	—	—	—	—	—	—	—	—	—	—	—
EHMH07	1.86	4.20	—	—	—	—	—	—	—	—	—	—	—	—	—
EHMH08	3.96	5.72	8.16	12.22	20.87	—	—	—	—	—	—	—	—	—	—
EHMH09	1.52	4.15	8.21	13.34	17.69	—	—	—	—	—	—	—	—	—	—
EHMH10	2.49	4.86	7.04	10.12	12.61	14.96	—	—	—	—	—	—	—	—	—
EHMH13	1.86	3.71	5.67	8.65	12.17	15.84	—	—	—	—	—	—	—	—	—
FKIH01	4.45	13.15	—	—	—	—	—	—	—	—	—	—	—	—	—
FKIH02	2.64	6.26	10.02	14.52	19.40	—	—	—	—	—	—	—	—	—	—
FKIH04	1.32	2.54	5.33	—	—	—	—	—	—	—	—	—	—	—	—
FKIH05	0.98	2.05	3.67	6.11	8.04	11.00	—	—	—	—	—	—	—	—	—

台站	场地各阶水平固有频率/Hz														
	1	2	3	4	5	6	7	8	9	10	11	12	13	14	15
FKIH06	2.20	4.20	6.16	9.43	13.29	—									
FKOH03	4.64	11.39	19.84	—	—	—									
FKOH06	1.32	2.93	4.89	6.99	9.73	12.85									
FKOH07	0.93	1.56	2.93	—	—	—									
FKOH08	4.11	—	—	—	—	—									
FKOH10	1.03	4.64	—	—	—	—									
FKSH02	2.10	5.13	8.31	12.22	—	—									
FKSH03	1.03	2.83	4.64	6.26	8.21	10.31									
FKSH04	0.98	2.44	4.64	6.35	—	—									
FKSH06	3.47	8.11	—	—	—	—									
FKSH07	4.06	12.32	—	—	—	—									
FKSH09	3.37	—	—	—	—	—									
FKSH10	0.98	2.15	7.04	—	—	—									
FKSH11	1.61	5.38	9.68	—	—	—									
FKSH12	4.55	7.09	9.53	—	—	—									
FKSH14	0.98	2.88	4.01	5.82	7.58	10.70	11.53	15.35	—	—	—	—	—	—	—
FKSH16	0.68	1.96	4.64	6.89	—	—									
FKSH17	3.81	9.92	15.64	23.26	30.01	34.31									
FKSH18	2.69	5.62	8.60	11.19	13.93	17.25									
FKSH19	3.27	8.94	12.66	—	—	—									
GIFH03	2.44	5.23	8.50	12.71	—	—									
GIFH06	1.27	2.61	4.40	5.96	8.65	11.97									
GIFH10	3.32	—	—	—	—	—									
GIFH11	4.84	7.97	—	—	—	—									
GIFH12	2.39	8.50	—	—	—	—									
GIFH15	1.76	4.59	—	—	—	—									
GIFH16	3.96	9.48	—	—	—	—									
GIFH19	3.57	10.61	—	—	—	—									
GIFH20	1.96	3.42	—	—	—	—									

台站	场地各阶水平固有频率/Hz														
	1	2	3	4	5	6	7	8	9	10	11	12	13	14	15
GIFH23	4.45	6.84	12.56	—	—	—	—	—	—	—	—	—	—	—	—
GIFH25	3.32	6.94	—	—	—	—	—	—	—	—	—	—	—	—	—
GIFH26	2.74	4.84	8.99	11.53	14.91	—	—	—	—	—	—	—	—	—	—
GIFH28	0.49	1.47	2.93	4.89	7.77	—	—	—	—	—	—	—	—	—	—
GNMH07	1.66	2.88	6.40	8.85	11.44	13.78	16.47	—	—	—	—	—	—	—	—
GNMH08	0.88	3.81	—	—	—	—	—	—	—	—	—	—	—	—	—
GNMH11	1.12	3.42	5.72	—	—	—	—	—	—	—	—	—	—	—	—
GNMH12	4.25	—	—	—	—	—	—	—	—	—	—	—	—	—	—
GNMH13	2.59	5.57	7.38	—	—	—	—	—	—	—	—	—	—	—	—
HDKH01	2.59	5.96	—	—	—	—	—	—	—	—	—	—	—	—	—
HDKH02	2.20	4.89	—	—	—	—	—	—	—	—	—	—	—	—	—
HDKH03	3.18	6.16	—	—	—	—	—	—	—	—	—	—	—	—	—
HDKH04	0.78	2.10	—	—	—	—	—	—	—	—	—	—	—	—	—
HDKH06	1.71	4.55	6.35	8.11	—	—	—	—	—	—	—	—	—	—	—
HRSH01	2.69	—	—	—	—	—	—	—	—	—	—	—	—	—	—
HRSH05	3.27	6.50	—	—	—	—	—	—	—	—	—	—	—	—	—
HRSH06	3.27	5.13	7.97	11.68	14.81	—	—	—	—	—	—	—	—	—	—
HRSH07	2.54	5.43	8.70	11.29	—	—	—	—	—	—	—	—	—	—	—
HRSH10	1.66	2.83	—	—	—	—	—	—	—	—	—	—	—	—	—
HRSH14	3.64	—	—	—	—	—	—	—	—	—	—	—	—	—	—
HRSH15	5.33	—	—	—	—	—	—	—	—	—	—	—	—	—	—
HRSH18	5.13	—	—	—	—	—	—	—	—	—	—	—	—	—	—
HYGH01	1.61	4.55	7.72	9.87	11.73	13.49	16.42	—	—	—	—	—	—	—	—
HYGH06	2.98	7.82	10.95	14.17	—	—	—	—	—	—	—	—	—	—	—
HYGH10	1.27	3.52	5.13	7.18	10.09	14.13	20.67	—	—	—	—	—	—	—	—
HYGH11	3.03	6.01	8.94	14.32	—	—	—	—	—	—	—	—	—	—	—
HYGH12	4.45	9.68	17.69	—	—	—	—	—	—	—	—	—	—	—	—
IBRH06	4.94	9.97	15.98	—	—	—	—	—	—	—	—	—	—	—	—
IBRH11	2.54	5.23	9.14	12.95	16.86	24.05	—	—	—	—	—	—	—	—	—

台站	场地各阶水平固有频率/Hz														
	1	2	3	4	5	6	7	8	9	10	11	12	13	14	15
IBRH12	1.56	7.62	—	—	—	—	—	—	—	—	—	—	—	—	—
IBRH13	2.64	6.99	10.56	—	—	—	—	—	—	—	—	—	—	—	—
IBRH15	3.67	8.80	—	—	—	—	—	—	—	—	—	—	—	—	—
IBRH16	1.91	3.76	7.09	11.49	14.13	—	—	—	—	—	—	—	—	—	—
IBRH17	0.22	0.78	1.32	1.86	2.93	3.71	5.33	7.23	8.90	10.17	—	—	—	—	—
IBRH18	0.83	2.39	5.82	—	—	—	—	—	—	—	—	—	—	—	—
IBRH19	4.06	6.84	9.19	13.83	17.55	—	—	—	—	—	—	—	—	—	—
IBUH01	1.96	2.79	4.20	6.21	7.77	9.53	—	—	—	—	—	—	—	—	—
IBUH02	2.10	—	—	—	—	—	—	—	—	—	—	—	—	—	—
IBUH03	0.88	2.15	3.91	—	—	—	—	—	—	—	—	—	—	—	—
IBUH05	0.59	2.35	—	—	—	—	—	—	—	—	—	—	—	—	—
IBUH06	0.49	2.98	—	—	—	—	—	—	—	—	—	—	—	—	—
IBUH07	1.12	1.96	4.69	—	—	—	—	—	—	—	—	—	—	—	—
IKRH03	0.24	0.93	—	—	—	—	—	—	—	—	—	—	—	—	—
ISKH04	1.47	3.23	4.55	—	—	—	—	—	—	—	—	—	—	—	—
ISKH05	4.06	6.79	—	—	—	—	—	—	—	—	—	—	—	—	—
ISKH09	2.44	6.89	9.68	12.95	16.76	20.63	—	—	—	—	—	—	—	—	—
IWTH01	4.99	7.67	8.90	12.56	—	—	—	—	—	—	—	—	—	—	—
IWTH04	3.42	6.70	8.99	10.95	14.27	17.89	20.77	—	—	—	—	—	—	—	—
IWTH05	3.37	6.21	9.14	13.00	—	—	—	—	—	—	—	—	—	—	—
IWTH07	6.16	15.98	23.17	—	—	—	—	—	—	—	—	—	—	—	—
IWTH08	2.93	6.30	9.78	12.32	15.79	—	—	—	—	—	—	—	—	—	—
IWTH09	6.35	16.57	28.35	—	—	—	—	—	—	—	—	—	—	—	—
IWTH10	3.47	8.21	14.54	23.51	27.08	—	—	—	—	—	—	—	—	—	—
IWTH11	1.12	2.30	4.11	6.06	7.92	—	—	—	—	—	—	—	—	—	—
IWTH15	1.22	3.08	5.13	6.55	8.26	10.02	13.34	16.08	—	—	—	—	—	—	—
IWTH16	1.12	3.08	5.43	7.09	9.34	13.37	16.86	—	—	—	—	—	—	—	—
IWTH17	3.57	7.97	18.18	23.95	—	—	—	—	—	—	—	—	—	—	—
IWTH18	6.16	15.30	22.14	—	—	—	—	—	—	—	—	—	—	—	—

台站	场地各阶水平固有频率/Hz														
	1	2	3	4	5	6	7	8	9	10	11	12	13	14	15
IWTH19	2.69	7.38	11.68	13.88	—	—	—	—	—	—	—	—	—	—	—
IWTH20	0.64	1.66	3.62	6.40	7.67	9.09	10.12	—	—	—	—	—	—	—	—
IWTH21	5.43	12.46	17.45	23.22	—	—	—	—	—	—	—	—	—	—	—
IWTH22	7.77	10.80	—	—	—	—	—	—	—	—	—	—	—	—	—
IWTH23	5.91	13.59	26.54	—	—	—	—	—	—	—	—	—	—	—	—
IWTH24	0.88	2.30	—	—	—	—	—	—	—	—	—	—	—	—	—
IWTH26	1.81	4.45	10.51	—	—	—	—	—	—	—	—	—	—	—	—
IWTH27	7.33	—	—	—	—	—	—	—	—	—	—	—	—	—	—
IWTH28	1.17	2.93	4.64	6.45	8.16	9.58	—	—	—	—	—	—	—	—	—
KGSH04	1.37														
KGSH06	0.98	2.00	—	—	—	—	—	—	—	—	—	—	—	—	—
KGSH07	0.49	1.08	1.76	2.59	3.18	4.01	—	—	—	—	—	—	—	—	—
KGSH09	2.30	4.99	7.38	—	—	—	—	—	—	—	—	—	—	—	—
KGSH10	1.37	2.30	3.76	5.47	—	—	—	—	—	—	—	—	—	—	—
KGSH11	4.25	8.46	14.61	22.78	29.08	—	—	—	—	—	—	—	—	—	—
KGSH12	2.39	6.74	11.44	14.96	19.84	24.34	30.11	34.70	—	—	—	—	—	—	—
KGWH01	3.42	5.91	—	—	—	—	—	—	—	—	—	—	—	—	—
KGWH04	5.38	11.83	—	—	—	—	—	—	—	—	—	—	—	—	—
KKWH08	2.44	6.30	8.99	—	—	—	—	—	—	—	—	—	—	—	—
KKWH14	2.10	—	—	—	—	—	—	—	—	—	—	—	—	—	—
KMMH03	1.56	2.83	—	—	—	—	—	—	—	—	—	—	—	—	—
KMMH04	0.44	0.88	—	—	—	—	—	—	—	—	—	—	—	—	—
KMMH05	1.52	3.03	4.74	—	—	—	—	—	—	—	—	—	—	—	—
KMMH06	1.12	4.84	—	—	—	—	—	—	—	—	—	—	—	—	—
KMMH07	1.22	3.37	5.57	9.24	14.37	—	—	—	—	—	—	—	—	—	—
KMMH09	3.13	4.06	6.11	8.85	12.17	16.23	21.02	—	—	—	—	—	—	—	—
KMMH10	2.15	5.57	8.50	13.25	—	—	—	—	—	—	—	—	—	—	—
KMMH11	1.37	4.69	7.43	11.53	13.34	16.32	—	—	—	—	—	—	—	—	—
KMMH12	1.37	3.37	6.06	7.92	9.97	12.95	—	—	—	—	—	—	—	—	—

台站	场地各阶水平固有频率/Hz														
	1	2	3	4	5	6	7	8	9	10	11	12	13	14	15
KMMH13	0.88	2.64	4.11	6.79	10.07	14.54	16.96	21.24	24.12	28.25	32.70	35.58	—	—	—
KMMH14	1.27	—	—	—	—	—	—	—	—	—	—	—	—	—	—
KMMH15	2.35	4.69	7.77	12.07	—	—	—	—	—	—	—	—	—	—	—
KMMH16	1.03	2.20	3.52	5.03	6.74	7.82	9.48	10.65	12.17	—	—	—	—	—	—
KNGH19	4.84	7.97	—	—	—	—	—	—	—	—	—	—	—	—	—
KNGH21	2.30	5.67	7.48	11.53	—	—	—	—	—	—	—	—	—	—	—
KOCH07	4.35	—	—	—	—	—	—	—	—	—	—	—	—	—	—
KOCH10	3.91	—	—	—	—	—	—	—	—	—	—	—	—	—	—
KSRH01	0.78	2.44	—	—	—	—	—	—	—	—	—	—	—	—	—
KSRH02	0.93	2.49	3.76	5.47	6.70	7.92	9.53	10.85	—	—	—	—	—	—	—
KSRH03	0.88	3.13	5.43	7.14	8.46	—	—	—	—	—	—	—	—	—	—
KSRH04	0.34	1.08	1.76	2.49	3.08	4.94	—	—	—	—	—	—	—	—	—
KSRH05	0.39	—	—	—	—	—	—	—	—	—	—	—	—	—	—
KSRH06	0.44	1.37	—	—	—	—	—	—	—	—	—	—	—	—	—
KSRH07	0.39	1.32	2.74	—	—	—	—	—	—	—	—	—	—	—	—
KSRH08	3.10	—	—	—	—	—	—	—	—	—	—	—	—	—	—
KSRH09	1.17	3.86	6.40	—	—	—	—	—	—	—	—	—	—	—	—
KSRH10	1.81	4.55	6.74	10.17	16.57	—	—	—	—	—	—	—	—	—	—
KYTH01	2.35	4.74	6.30	6.94	7.58	8.99	10.95	13.59	15.59	—	—	—	—	—	—
KYTH05	1.17	—	—	—	—	—	—	—	—	—	—	—	—	—	—
KYTH08	0.49	1.37	—	—	—	—	—	—	—	—	—	—	—	—	—
MIEH01	1.83	4.35	7.28	—	—	—	—	—	—	—	—	—	—	—	—
MIEH06	5.13	13.83	28.25	—	—	—	—	—	—	—	—	—	—	—	—
MIEH08	3.62	9.34	13.69	21.85	—	—	—	—	—	—	—	—	—	—	—
MIEH09	6.70	16.52	24.98	—	—	—	—	—	—	—	—	—	—	—	—
MYGH01	0.93	1.96	3.71	4.64	6.45	9.19	11.63	—	—	—	—	—	—	—	—
MYGH02	0.98	1.81	3.62	4.89	—	—	—	—	—	—	—	—	—	—	—
MYGH05	0.49	1.27	2.35	3.23	5.03	—	—	—	—	—	—	—	—	—	—
MYGH06	1.66	4.01	6.26	9.38	12.56	14.57	—	—	—	—	—	—	—	—	—

台站	场地各阶水平固有频率/Hz														
	1	2	3	4	5	6	7	8	9	10	11	12	13	14	15
MYGH07	0.83	2.35	3.76	5.38	7.18	8.75	10.12	—	—	—	—	—	—	—	—
MYGH08	1.47	4.06	7.77	10.56	14.03	18.67	21.90	23.95	28.18	34.07	38.76	—	—	—	—
MYGH09	1.71	6.45	—	—	—	—	—	—	—	—	—	—	—	—	—
MYGH10	0.78	2.10	4.25	5.52	6.65	7.82	9.34	10.90	14.37	15.88	18.62	22.58	24.49	26.30	27.76
MYGH11	3.32	10.41	—	—	—	—	—	—	—	—	—	—	—	—	—
MYGH12	6.60	10.90	16.96	20.77	24.27	28.42	—	—	—	—	—	—	—	—	—
MYGH13	3.71	—	—	—	—	—	—	—	—	—	—	—	—	—	—
MYZH01	2.30	—	—	—	—	—	—	—	—	—	—	—	—	—	—
MYZH02	2.98	—	—	—	—	—	—	—	—	—	—	—	—	—	—
MYZH05	6.06	9.43	14.22	20.09	—	—	—	—	—	—	—	—	—	—	—
MYZH06	4.15	10.75	—	—	—	—	—	—	—	—	—	—	—	—	—
MYZH08	0.78	2.30	3.52	5.38	7.15	9.63	12.61	15.05	17.74	20.77	23.02	25.78	—	—	—
MYZH10	2.54	5.72	9.63	12.51	15.05	18.43	21.99	25.66	30.16	—	—	—	—	—	—
MYZH12	2.64	4.35	—	—	—	—	—	—	—	—	—	—	—	—	—
MYZH13	0.98	2.35	5.38	6.40	8.46	9.63	12.66	14.76	—	—	—	—	—	—	—
MYZH16	3.27	—	—	—	—	—	—	—	—	—	—	—	—	—	—
NARH01	2.83	—	—	—	—	—	—	—	—	—	—	—	—	—	—
NARH02	3.52	6.74	—	—	—	—	—	—	—	—	—	—	—	—	—
NARH03	4.84	—	—	—	—	—	—	—	—	—	—	—	—	—	—
NARH06	4.40	7.04	—	—	—	—	—	—	—	—	—	—	—	—	—
NARH07	3.32	7.87	—	—	—	—	—	—	—	—	—	—	—	—	—
NGNH03	2.20	—	—	—	—	—	—	—	—	—	—	—	—	—	—
NGNH10	3.27	6.94	—	—	—	—	—	—	—	—	—	—	—	—	—
NGNH11	1.08	4.50	—	—	—	—	—	—	—	—	—	—	—	—	—
NGNH13	2.00	4.89	8.06	11.24	14.13	—	—	—	—	—	—	—	—	—	—
NGNH14	4.59	9.19	—	—	—	—	—	—	—	—	—	—	—	—	—
NGNH15	5.77	—	—	—	—	—	—	—	—	—	—	—	—	—	—
NGNH17	3.57	—	—	—	—	—	—	—	—	—	—	—	—	—	—
NGNH18	2.49	3.47	4.94	6.26	—	—	—	—	—	—	—	—	—	—	—
NGNH20	4.64	9.04	14.03	—	—	—	—	—	—	—	—	—	—	—	—

台站	场地各阶水平固有频率/Hz														
	1	2	3	4	5	6	7	8	9	10	11	12	13	14	15
NGNH21	1.12	2.83	4.64	6.16	7.72	11.53	14.66	—	—	—	—	—	—	—	—
NGNH22	3.91	—	—	—	—	—	—	—	—	—	—	—	—	—	—
NGNH23	2.49	7.67	—	—	—	—	—	—	—	—	—	—	—	—	—
NGNH24	2.44	5.03	8.80	11.93	16.37	—	—	—	—	—	—	—	—	—	—
NGNH26	0.88	—	—	—	—	—	—	—	—	—	—	—	—	—	—
NGNH27	1.76	—	—	—	—	—	—	—	—	—	—	—	—	—	—
NGNH28	1.96	—	—	—	—	—	—	—	—	—	—	—	—	—	—
NGNH29	1.71	4.20	6.94	9.04	10.95	12.56	—	—	—	—	—	—	—	—	—
NGNH30	3.57	9.78	14.61	—	—	—	—	—	—	—	—	—	—	—	—
NGNH31	1.61	—	—	—	—	—	—	—	—	—	—	—	—	—	—
NGNH32	2.59	4.40	5.82	—	—	—	—	—	—	—	—	—	—	—	—
NGNH35	3.18	6.60	—	—	—	—	—	—	—	—	—	—	—	—	—
NGNH54	3.57	—	—	—	—	—	—	—	—	—	—	—	—	—	—
NGSH04	3.67	—	—	—	—	—	—	—	—	—	—	—	—	—	—
NIGH02	0.98	2.93	—	—	—	—	—	—	—	—	—	—	—	—	—
NIGH05	0.54	1.52	2.69	3.67	—	—	—	—	—	—	—	—	—	—	—
NIGH06	1.56	4.11	6.60	—	—	—	—	—	—	—	—	—	—	—	—
NIGH07	3.76	7.09	11.29	15.25	19.06	—	—	—	—	—	—	—	—	—	—
NIGH08	0.54	1.17	2.39	3.81	4.99	6.99	8.02	9.87	11.34	12.61	13.64	—	—	—	—
NIGH09	2.66	5.08	7.26	10.12	—	—	—	—	—	—	—	—	—	—	—
NIGH10	2.35	6.26	9.38	11.73	13.93	15.59	—	—	—	—	—	—	—	—	—
NIGH11	0.64	2.05	3.52	4.74	—	—	—	—	—	—	—	—	—	—	—
NIGH12	1.91	5.13	7.04	11.00	12.51	—	—	—	—	—	—	—	—	—	—
NIGH14	0.68	2.00	—	—	—	—	—	—	—	—	—	—	—	—	—
NIGH15	2.59	4.84	7.23	9.43	12.51	15.10	—	—	—	—	—	—	—	—	—
NIGH16	3.62	8.16	12.71	—	—	—	—	—	—	—	—	—	—	—	—
NIGH17	1.37	3.18	—	—	—	—	—	—	—	—	—	—	—	—	—
NIGH18	2.00	3.08	4.94	7.09	—	—	—	—	—	—	—	—	—	—	—
NIGH19	3.67	7.92	11.68	17.20	—	—	—	—	—	—	—	—	—	—	—

台站	场地各阶水平固有频率/Hz														
	1	2	3	4	5	6	7	8	9	10	11	12	13	14	15
NMRH01	1.03	—	—	—	—	—	—	—	—	—	—	—	—	—	—
NMRH02	1.42	3.86	6.89	—	—	—	—	—	—	—	—	—	—	—	—
NMRH03	0.29	0.98	2.00	2.98	5.28	6.72	8.94	10.70	—	—	—	—	—	—	—
NMRH04	0.24	0.93	1.96	2.83	4.11	5.77	7.04	8.46	10.70	—	—	—	—	—	—
NMRH05	0.34	1.17	1.86	3.32	6.40	7.92	9.82	—	—	—	—	—	—	—	—
OITH04	0.98	—	—	—	—	—	—	—	—	—	—	—	—	—	—
OITH06	2.54	8.85	15.05	—	—	—	—	—	—	—	—	—	—	—	—
OITH11	1.27	—	—	—	—	—	—	—	—	—	—	—	—	—	—
OKYH01	2.54	—	—	—	—	—	—	—	—	—	—	—	—	—	—
OKYH05	6.01	—	—	—	—	—	—	—	—	—	—	—	—	—	—
OKYH06	4.55	—	—	—	—	—	—	—	—	—	—	—	—	—	—
OKYH07	5.87	14.91	—	—	—	—	—	—	—	—	—	—	—	—	—
OKYH08	5.52	11.05	—	—	—	—	—	—	—	—	—	—	—	—	—
OSKH04	2.00	6.21	10.31	13.29	16.18	18.77	22.78	25.37	—	—	—	—	—	—	—
OSKH05	0.20	0.59	1.08	1.76	—	—	—	—	—	—	—	—	—	—	—
OSMH02	0.29	1.03	1.48	2.44	2.98	3.76	4.64	5.18	5.82	—	—	—	—	—	—
SBSH08	1.86	4.30	6.84	8.50	10.31	11.83	—	—	—	—	—	—	—	—	—
SIGH01	4.01	7.92	10.95	—	—	—	—	—	—	—	—	—	—	—	—
SIGH03	1.71	3.71	4.79	5.67	6.70	7.92	9.09	10.26	11.53	13.29	—	—	—	—	—
SITH05	3.81	10.46	13.20	—	—	—	—	—	—	—	—	—	—	—	—
SITH06	0.88	3.42	—	—	—	—	—	—	—	—	—	—	—	—	—
SITH07	3.57	—	—	—	—	—	—	—	—	—	—	—	—	—	—
SITH09	3.42	—	—	—	—	—	—	—	—	—	—	—	—	—	—
SITH11	3.96	—	—	—	—	—	—	—	—	—	—	—	—	—	—
SMNH01	4.50	6.65	—	—	—	—	—	—	—	—	—	—	—	—	—
SMNH04	3.62	—	—	—	—	—	—	—	—	—	—	—	—	—	—
SMNH16	2.79	5.72	8.16	—	—	—	—	—	—	—	—	—	—	—	—
SOYH04	0.68	1.96	3.32	4.35	5.62	—	—	—	—	—	—	—	—	—	—
SRCH08	0.88	2.98	4.55	5.57	7.09	8.50	9.87	—	—	—	—	—	—	—	—

台站	场地各阶水平固有频率/Hz														
	1	2	3	4	5	6	7	8	9	10	11	12	13	14	15
SRCH09	1.03	2.98	4.40	6.26	—	—	—	—	—	—	—	—	—	—	—
SZOH25	0.34	1.17	2.30	3.08	4.25	5.57	6.89	—	—	—	—	—	—	—	—
SZOH28	0.15	0.54	0.83	1.22	1.52	1.86	2.35	2.69	3.03	3.42	3.91	—	—	—	—
SZOH31	3.37	6.89	9.82	—	—	—	—	—	—	—	—	—	—	—	—
SZOH32	3.27	6.60	—	—	—	—	—	—	—	—	—	—	—	—	—
SZOH34	2.44	6.21	—	—	—	—	—	—	—	—	—	—	—	—	—
SZOH35	2.39	7.23	11.63	15.35	—	—	—	—	—	—	—	—	—	—	—
SZOH36	3.18	—	—	—	—	—	—	—	—	—	—	—	—	—	—
SZOH38	1.22	—	—	—	—	—	—	—	—	—	—	—	—	—	—
SZOH39	2.64	6.50	8.36	—	—	—	—	—	—	—	—	—	—	—	—
SZOH40	2.44	—	—	—	—	—	—	—	—	—	—	—	—	—	—
SZOH42	0.88	2.20	—	—	—	—	—	—	—	—	—	—	—	—	—
SZOH54	1.56	—	—	—	—	—	—	—	—	—	—	—	—	—	—
TCGH07	3.23	—	—	—	—	—	—	—	—	—	—	—	—	—	—
TCGH08	2.00	5.33	8.36	—	—	—	—	—	—	—	—	—	—	—	—
TCGH09	1.76	8.94	12.76	18.38	—	—	—	—	—	—	—	—	—	—	—
TCGH12	1.03	2.98	5.57	7.14	7.87	9.53	12.76	15.44	17.79	20.72	22.97	—	—	—	—
TCGH13	4.55	—	—	—	—	—	—	—	—	—	—	—	—	—	—
TCGH15	0.54	2.10	3.86	—	—	—	—	—	—	—	—	—	—	—	—
TCGH16	1.08	3.03	4.74	—	—	—	—	—	—	—	—	—	—	—	—
TCGH17	6.21	14.81	19.55	27.57	32.45	36.90	—	—	—	—	—	—	—	—	—
TKCH01	1.22	3.91	7.04	9.09	11.24	—	—	—	—	—	—	—	—	—	—
TKCH03	0.83	—	—	—	—	—	—	—	—	—	—	—	—	—	—
TKCH04	1.37	3.62	5.96	7.43	9.38	12.22	14.66	—	—	—	—	—	—	—	—
TKCH05	1.96	6.30	—	—	—	—	—	—	—	—	—	—	—	—	—
TKCH06	0.44	1.27	2.10	2.98	4.20	4.89	5.82	7.67	—	—	—	—	—	—	—
TKCH08	1.86	4.64	8.11	—	—	—	—	—	—	—	—	—	—	—	—
TKCH10	5.67	12.61	25.17	35.43	—	—	—	—	—	—	—	—	—	—	—
TKCH11	2.00	2.93	—	—	—	—	—	—	—	—	—	—	—	—	—

台站	场地各阶水平固有频率/Hz														
	1	2	3	4	5	6	7	8	9	10	11	12	13	14	15
TKSH04	3.62	—	—	—	—	—	—	—	—	—	—	—	—	—	—
TKSH05	4.15	8.36	10.85	14.37	17.64	20.67	23.56	—	—	—	—	—	—	—	—
TKYH12	1.86	3.47	5.03	5.77	7.28	8.99	11.49	12.90	—	—	—	—	—	—	—
TTRH02	2.54	—	—	—	—	—	—	—	—	—	—	—	—	—	—
TTRH03	1.86	—	—	—	—	—	—	—	—	—	—	—	—	—	—
TTRH04	0.93	—	—	—	—	—	—	—	—	—	—	—	—	—	—
TTRH07	2.05	4.55	6.21	—	—	—	—	—	—	—	—	—	—	—	—
TYMH04	1.71	5.33	7.04	—	—	—	—	—	—	—	—	—	—	—	—
TYMH07	3.31	—	—	—	—	—	—	—	—	—	—	—	—	—	—
WKYH01	5.43	11.68	17.94	—	—	—	—	—	—	—	—	—	—	—	—
WKYH04	3.71	7.38	—	—	—	—	—	—	—	—	—	—	—	—	—
WKYH06	4.79	10.22	—	—	—	—	—	—	—	—	—	—	—	—	—
WKYH07	3.32	7.87	10.36	13.78	17.01	21.60	24.88	—	—	—	—	—	—	—	—
WKYH09	1.81	—	—	—	—	—	—	—	—	—	—	—	—	—	—
YMGH07	2.49	—	—	—	—	—	—	—	—	—	—	—	—	—	—
YMGH09	2.20	4.01	6.11	—	—	—	—	—	—	—	—	—	—	—	—
YMGH14	2.69	—	—	—	—	—	—	—	—	—	—	—	—	—	—
YMGH17	2.20	5.38	8.41	11.29	14.37	—	—	—	—	—	—	—	—	—	—
YMNH14	2.49	5.67	9.34	—	—	—	—	—	—	—	—	—	—	—	—
YMNH15	2.79	10.07	14.08	17.25	19.89	23.66	—	—	—	—	—	—	—	—	—
YMTH01	0.68	1.86	3.13	4.15	5.52	6.74	8.26	10.46	12.66	—	—	—	—	—	—
YMTH03	4.79	—	—	—	—	—	—	—	—	—	—	—	—	—	—
YMTH04	4.74	11.29	—	—	—	—	—	—	—	—	—	—	—	—	—
YMTH05	2.35	5.87	9.34	12.17	17.30	20.72	24.05	28.93	32.45	35.43	—	—	—	—	—
YMTH06	1.22	2.59	3.96	6.89	8.55	10.80	15.20	—	—	—	—	—	—	—	—
YMTH07	0.73	3.67	—	—	—	—	—	—	—	—	—	—	—	—	—
YMTH08	1.12	3.41	5.18	6.40	—	—	—	—	—	—	—	—	—	—	—
YMTH12	0.93	3.23	—	—	—	—	—	—	—	—	—	—	—	—	—
YMTH14	1.27	2.64	4.25	—	—	—	—	—	—	—	—	—	—	—	—
YMTH15	1.47	3.27	4.55	5.62	8.46	11.68	—	—	—	—	—	—	—	—	—

附表 C.2　　第 6 章对应的场地竖向固有频率

台站	场地各阶竖向固有频率/Hz																	
	1	2	3	4	5	6	7	8	9	10	11	12	13	14	15	16	17	18
ABSH09	2.20	—	—	—	—	—	—	—	—	—	—	—	—	—	—	—	—	—
ABSH13	3.03	6.11	—	—	—	—	—	—	—	—	—	—	—	—	—	—	—	—
ABSH14	4.06	6.35	—	—	—	—	—	—	—	—	—	—	—	—	—	—	—	—
ABSH15	4.06	—	—	—	—	—	—	—	—	—	—	—	—	—	—	—	—	—
AICH09	1.08	1.96	—	—	—	—	—	—	—	—	—	—	—	—	—	—	—	—
AICH10	7.04	—	—	—	—	—	—	—	—	—	—	—	—	—	—	—	—	—
AICH11	7.14	9.58	—	—	—	—	—	—	—	—	—	—	—	—	—	—	—	—
AICH14	1.96	—	—	—	—	—	—	—	—	—	—	—	—	—	—	—	—	—
AICH16	6.30	9.09	—	—	—	—	—	—	—	—	—	—	—	—	—	—	—	—
AICH18	6.55	11.83	—	—	—	—	—	—	—	—	—	—	—	—	—	—	—	—
AICH19	6.99	9.48	13.54	—	—	—	—	—	—	—	—	—	—	—	—	—	—	—
AICH21	4.30	—	—	—	—	—	—	—	—	—	—	—	—	—	—	—	—	—
AKTH01	2.54	—	—	—	—	—	—	—	—	—	—	—	—	—	—	—	—	—
AKTH02	4.94	—	—	—	—	—	—	—	—	—	—	—	—	—	—	—	—	—
AKTH04	7.62	—	—	—	—	—	—	—	—	—	—	—	—	—	—	—	—	—
AKTH06	5.13	8.16	—	—	—	—	—	—	—	—	—	—	—	—	—	—	—	—
AKTH07	3.81	—	—	—	—	—	—	—	—	—	—	—	—	—	—	—	—	—
AKTH08	2.88	9.68	—	—	—	—	—	—	—	—	—	—	—	—	—	—	—	—
AKTH10	5.72	—	—	—	—	—	—	—	—	—	—	—	—	—	—	—	—	—
AKTH13	7.87	15.93	—	—	—	—	—	—	—	—	—	—	—	—	—	—	—	—
AKTH15	6.94	—	—	—	—	—	—	—	—	—	—	—	—	—	—	—	—	—
AKTH16	1.56	3.71	5.43	9.92	—	—	—	—	—	—	—	—	—	—	—	—	—	—
AKTH17	2.20	—	—	—	—	—	—	—	—	—	—	—	—	—	—	—	—	—
AKTH18	2.49	5.84	8.55	12.71	—	—	—	—	—	—	—	—	—	—	—	—	—	—
AKTH19	3.76	9.24	14.61	27.03	—	—	—	—	—	—	—	—	—	—	—	—	—	—
AOMH01	5.87	13.29	23.17	32.21	—	—	—	—	—	—	—	—	—	—	—	—	—	—
AOMH05	1.86	6.06	10.56	16.96	26.81	—	—	—	—	—	—	—	—	—	—	—	—	—

台站	场地各阶竖向固有频率/Hz																	
	1	2	3	4	5	6	7	8	9	10	11	12	13	14	15	16	17	18
AOMH10	5.23	14.61	22.78	27.61	34.51	—	—	—	—	—	—	—	—	—	—	—	—	—
AOMH11	4.15	11.05	15.35	21.46	27.76	35.68	—	—	—	—	—	—	—	—	—	—	—	—
AOMH12	5.08	10.80	—	—	—	—	—	—	—	—	—	—	—	—	—	—	—	—
AOMH13	3.18	8.53	13.25	17.64	22.09	32.11	40.66	—	—	—	—	—	—	—	—	—	—	—
AOMH14	4.30	—	—	—	—	—	—	—	—	—	—	—	—	—	—	—	—	—
AOMH15	4.89	—	—	—	—	—	—	—	—	—	—	—	—	—	—	—	—	—
AOMH16	2.25	9.43	17.50	24.29	31.04	37.44	—	—	—	—	—	—	—	—	—	—	—	—
AOMH18	7.23	14.08	18.04	28.67	39.54	—	—	—	—	—	—	—	—	—	—	—	—	—
CHBH06	1.27	2.54	5.28	8.55	12.41	18.67	24.29	28.40	34.70	39.39	—	—	—	—	—	—	—	—
CHBH14	1.56	3.18	6.45	9.58	12.56	16.52	—	—	—	—	—	—	—	—	—	—	—	—
CHBH16	0.20	0.98	1.96	—	—	—	—	—	—	—	—	—	—	—	—	—	—	—
CHBH17	0.50	—	—	—	—	—	—	—	—	—	—	—	—	—	—	—	—	—
EHMH01	11.39	—	—	—	—	—	—	—	—	—	—	—	—	—	—	—	—	—
EHMH02	10.17	—	—	—	—	—	—	—	—	—	—	—	—	—	—	—	—	—
EHMH05	7.09	—	—	—	—	—	—	—	—	—	—	—	—	—	—	—	—	—
EHMH06	4.55	14.22	27.37	35.63	—	—	—	—	—	—	—	—	—	—	—	—	—	—
EHMH07	5.43	14.71	24.58	—	—	—	—	—	—	—	—	—	—	—	—	—	—	—
EHMH08	7.04	15.35	28.15	—	—	—	—	—	—	—	—	—	—	—	—	—	—	—
EHMH09	3.86	7.58	11.49	15.52	23.26	—	—	—	—	—	—	—	—	—	—	—	—	—
EHMH10	5.03	—	—	—	—	—	—	—	—	—	—	—	—	—	—	—	—	—
EHMH11	8.90	13.51	17.94	—	—	—	—	—	—	—	—	—	—	—	—	—	—	—
EHMH13	3.23	6.35	12.27	—	—	—	—	—	—	—	—	—	—	—	—	—	—	—
FKIH02	4.45	10.12	16.18	25.27	—	—	—	—	—	—	—	—	—	—	—	—	—	—
FKIH04	3.13	10.51	—	—	—	—	—	—	—	—	—	—	—	—	—	—	—	—
FKIH05	2.25	4.11	7.38	11.78	15.79	—	—	—	—	—	—	—	—	—	—	—	—	—
FKIH06	4.69	7.38	10.31	15.93	21.85	29.33	—	—	—	—	—	—	—	—	—	—	—	—
FKIH07	7.58	—	—	—	—	—	—	—	—	—	—	—	—	—	—	—	—	—
FKOH03	6.35	13.00	17.79	—	—	—	—	—	—	—	—	—	—	—	—	—	—	—
FKOH05	10.65	17.20	31.82	—	—	—	—	—	—	—	—	—	—	—	—	—	—	—

| 台站 | 场地各阶竖向固有频率/Hz | | | | | | | | | | | | | | | | | |
---	1	2	3	4	5	6	7	8	9	10	11	12	13	14	15	16	17	18
FKOH06	2.10	5.91	8.41	11.49	15.20	—	—	—	—	—	—	—	—	—	—	—	—	—
FKOH07	1.52	3.47	6.01	8.60	—	—	—	—	—	—	—	—	—	—	—	—	—	—
FKOH10	3.47	—	—	—	—	—	—	—	—	—	—	—	—	—	—	—	—	—
FKSH01	7.67	19.60	31.52	—	—	—	—	—	—	—	—	—	—	—	—	—	—	—
FKSH02	3.32	6.11	10.65	15.05	23.22	—	—	—	—	—	—	—	—	—	—	—	—	—
FKSH03	4.25	9.92	15.10	21.51	—	—	—	—	—	—	—	—	—	—	—	—	—	—
FKSH04	2.74	—	—	—	—	—	—	—	—	—	—	—	—	—	—	—	—	—
FKSH05	6.26	10.65	—	—	—	—	—	—	—	—	—	—	—	—	—	—	—	—
FKSH06	5.72	11.29	13.98	18.38	23.22	—	—	—	—	—	—	—	—	—	—	—	—	—
FKSH07	5.52	12.66	—	—	—	—	—	—	—	—	—	—	—	—	—	—	—	—
FKSH08	7.14	14.08	18.62	22.53	—	—	—	—	—	—	—	—	—	—	—	—	—	—
FKSH09	4.15	23.36	28.05	—	—	—	—	—	—	—	—	—	—	—	—	—	—	—
FKSH10	2.00	5.38	11.49	—	—	—	—	—	—	—	—	—	—	—	—	—	—	—
FKSH11	3.91	12.61	18.13	24.93	—	—	—	—	—	—	—	—	—	—	—	—	—	—
FKSH12	8.99	25.37	39.49	—	—	—	—	—	—	—	—	—	—	—	—	—	—	—
FKSH14	3.71	9.73	17.20	24.19	31.28	41.25	—	—	—	—	—	—	—	—	—	—	—	—
FKSH16	1.61	5.18	9.14	13.73	17.89	22.14	—	—	—	—	—	—	—	—	—	—	—	—
FKSH17	10.51	28.35	—	—	—	—	—	—	—	—	—	—	—	—	—	—	—	—
FKSH18	8.60	12.46	18.87	24.78	—	—	—	—	—	—	—	—	—	—	—	—	—	—
FKSH19	4.99	9.38	15.35	19.40	23.36	27.52	—	—	—	—	—	—	—	—	—	—	—	—
FKSH21	3.37	—	—	—	—	—	—	—	—	—	—	—	—	—	—	—	—	—
GIFH06	4.20	—	—	—	—	—	—	—	—	—	—	—	—	—	—	—	—	—
GIFH10	6.60	—	—	—	—	—	—	—	—	—	—	—	—	—	—	—	—	—
GIFH11	11.83	—	—	—	—	—	—	—	—	—	—	—	—	—	—	—	—	—
GIFH12	5.33	16.59	—	—	—	—	—	—	—	—	—	—	—	—	—	—	—	—
GIFH15	3.08	6.16	—	—	—	—	—	—	—	—	—	—	—	—	—	—	—	—
GIFH16	8.99	12.61	19.50	—	—	—	—	—	—	—	—	—	—	—	—	—	—	—
GIFH17	7.97	17.69	—	—	—	—	—	—	—	—	—	—	—	—	—	—	—	—
GIFH20	3.52	—	—	—	—	—	—	—	—	—	—	—	—	—	—	—	—	—

台站	场地各阶竖向固有频率/Hz																	
	1	2	3	4	5	6	7	8	9	10	11	12	13	14	15	16	17	18
GIFH23	11.93	23.66	29.91	38.22	—	—	—	—	—	—	—	—	—	—	—	—	—	—
GIFH26	6.50	18.87	31.33	—	—	—	—	—	—	—	—	—	—	—	—	—	—	—
GIFH28	1.03	2.44	4.11	—	—	—	—	—	—	—	—	—	—	—	—	—	—	—
GNMH07	3.32	—	—	—	—	—	—	—	—	—	—	—	—	—	—	—	—	—
GNMH08	1.76	4.20	—	—	—	—	—	—	—	—	—	—	—	—	—	—	—	—
GNMH11	2.59	7.58	13.59	—	—	—	—	—	—	—	—	—	—	—	—	—	—	—
GNMH12	6.89	—	—	—	—	—	—	—	—	—	—	—	—	—	—	—	—	—
GNMH13	4.59	—	—	—	—	—	—	—	—	—	—	—	—	—	—	—	—	—
GNMH14	3.81	11.29	17.94	27.13	—	—	—	—	—	—	—	—	—	—	—	—	—	—
HDKH01	6.21	17.45	—	—	—	—	—	—	—	—	—	—	—	—	—	—	—	—
HDKH02	3.08	7.09	14.81	20.67	29.13	—	—	—	—	—	—	—	—	—	—	—	—	—
HDKH03	6.74	25.27	—	—	—	—	—	—	—	—	—	—	—	—	—	—	—	—
HDKH04	3.01	7.82	11.68	15.74	19.35	27.27	31.48	35.97	—	—	—	—	—	—	—	—	—	—
HDKH06	4.96	13.00	—	—	—	—	—	—	—	—	—	—	—	—	—	—	—	—
HDKH07	3.32	4.89	7.33	9.43	13.78	16.67	19.65	21.85	—	—	—	—	—	—	—	—	—	—
HRSH05	5.77	—	—	—	—	—	—	—	—	—	—	—	—	—	—	—	—	—
HRSH07	4.84	10.12	—	—	—	—	—	—	—	—	—	—	—	—	—	—	—	—
HRSH10	5.82	—	—	—	—	—	—	—	—	—	—	—	—	—	—	—	—	—
HRSH11	11.88	—	—	—	—	—	—	—	—	—	—	—	—	—	—	—	—	—
HRSH15	8.65	—	—	—	—	—	—	—	—	—	—	—	—	—	—	—	—	—
HRSH18	8.75	15.30	—	—	—	—	—	—	—	—	—	—	—	—	—	—	—	—
HYGH01	3.23	—	—	—	—	—	—	—	—	—	—	—	—	—	—	—	—	—
HYGH03	11.44	23.17	—	—	—	—	—	—	—	—	—	—	—	—	—	—	—	—
HYGH06	5.33	12.61	20.19	—	—	—	—	—	—	—	—	—	—	—	—	—	—	—
HYGH09	7.43	14.76	22.97	29.57	39.05	—	—	—	—	—	—	—	—	—	—	—	—	—
HYGH10	2.74	4.64	6.60	8.70	—	—	—	—	—	—	—	—	—	—	—	—	—	—
HYGH11	5.18	6.84	9.19	13.05	16.91	20.48	23.56	27.66	—	—	—	—	—	—	—	—	—	—
HYGH12	9.38	19.60	26.88	35.87	—	—	—	—	—	—	—	—	—	—	—	—	—	—
IBRH06	10.65	—	—	—	—	—	—	—	—	—	—	—	—	—	—	—	—	—

台站	场地各阶竖向固有频率/Hz																	
	1	2	3	4	5	6	7	8	9	10	11	12	13	14	15	16	17	18
IBRH11	5.03	8.90	12.95	—	—	—	—	—	—	—	—	—	—	—	—	—	—	—
IBRH12	4.94	11.05	23.12	36.61	42.91	—	—	—	—	—	—	—	—	—	—	—	—	—
IBRH13	7.09	15.35	15.35	—	—	—	—	—	—	—	—	—	—	—	—	—	—	—
IBRH14	14.27	23.17	33.77	—	—	—	—	—	—	—	—	—	—	—	—	—	—	—
IBRH15	6.21	14.71	18.18	24.19	35.73	—	—	—	—	—	—	—	—	—	—	—	—	—
IBRH16	2.98	9.78	14.17	22.24	—	—	—	—	—	—	—	—	—	—	—	—	—	—
IBRH17	0.68	3.08	4.89	7.14	8.80	11.39	14.32	19.01	21.51	24.49	27.17	—	—	—	—	—	—	—
IBRH19	4.84	—	—	—	—	—	—	—	—	—	—	—	—	—	—	—	—	—
IBRH20	0.44	1.27	—	—	—	—	—	—	—	—	—	—	—	—	—	—	—	—
IBUH01	4.06	—	—	—	—	—	—	—	—	—	—	—	—	—	—	—	—	—
IBUH02	5.52	17.01	24.39	—	—	—	—	—	—	—	—	—	—	—	—	—	—	—
IBUH03	2.30	5.33	8.85	12.56	17.01	23.41	29.33	—	—	—	—	—	—	—	—	—	—	—
IBUH06	0.93	4.20	—	—	—	—	—	—	—	—	—	—	—	—	—	—	—	—
IBUH07	2.79	6.89	13.25	—	—	—	—	—	—	—	—	—	—	—	—	—	—	—
ISKH03	2.35	8.46	—	—	—	—	—	—	—	—	—	—	—	—	—	—	—	—
ISKH09	5.28	13.10	17.79	22.48	—	—	—	—	—	—	—	—	—	—	—	—	—	—
IWTH01	2.05	5.03	9.43	14.61	18.91	24.24	30.60	36.95	—	—	—	—	—	—	—	—	—	—
IWTH04	6.45	10.95	13.59	16.42	19.11	22.68	25.27	—	—	—	—	—	—	—	—	—	—	—
IWTH05	3.62	9.34	16.28	—	—	—	—	—	—	—	—	—	—	—	—	—	—	—
IWTH06	3.18	10.75	20.77	—	—	—	—	—	—	—	—	—	—	—	—	—	—	—
IWTH07	8.11	20.82	31.57	—	—	—	—	—	—	—	—	—	—	—	—	—	—	—
IWTH08	6.06	8.90	11.97	—	—	—	—	—	—	—	—	—	—	—	—	—	—	—
IWTH09	15.49	27.86	37.54	—	—	—	—	—	—	—	—	—	—	—	—	—	—	—
IWTH10	5.38	15.05	24.63	31.62	—	—	—	—	—	—	—	—	—	—	—	—	—	—
IWTH11	3.27	6.35	9.97	13.54	17.60	23.26	31.33	—	—	—	—	—	—	—	—	—	—	—
IWTH12	4.79	8.55	—	—	—	—	—	—	—	—	—	—	—	—	—	—	—	—
IWTH13	6.84	13.25	—	—	—	—	—	—	—	—	—	—	—	—	—	—	—	—
IWTH14	10.75	21.55	32.01	—	—	—	—	—	—	—	—	—	—	—	—	—	—	—
IWTH15	2.39	7.62	11.73	15.49	19.40	25.66	34.51	—	—	—	—	—	—	—	—	—	—	—

台站	场地各阶竖向固有频率/Hz																	
	1	2	3	4	5	6	7	8	9	10	11	12	13	14	15	16	17	18
IWTH16	2.30	9.63	—	—	—	—	—	—	—	—	—	—	—	—	—	—	—	—
IWTH17	11.24	31.77	43.01	—	—	—	—	—	—	—	—	—	—	—	—	—	—	—
IWTH18	11.39	—	—	—	—	—	—	—	—	—	—	—	—	—	—	—	—	—
IWTH19	5.23	8.70	13.49	20.48	—	—	—	—	—	—	—	—	—	—	—	—	—	—
IWTH20	1.37	3.91	—	—	—	—	—	—	—	—	—	—	—	—	—	—	—	—
IWTH21	12.27	33.33	—	—	—	—	—	—	—	—	—	—	—	—	—	—	—	—
IWTH22	11.34	20.19	26.39	31.33	38.86	—	—	—	—	—	—	—	—	—	—	—	—	—
IWTH23	8.46	14.37	26.39	—	—	—	—	—	—	—	—	—	—	—	—	—	—	—
IWTH24	1.56	8.55	14.17	—	—	—	—	—	—	—	—	—	—	—	—	—	—	—
IWTH26	3.37	9.97	17.40	23.07	27.66	32.89	—	—	—	—	—	—	—	—	—	—	—	—
IWTH27	13.05	22.39	28.40	33.77	—	—	—	—	—	—	—	—	—	—	—	—	—	—
IWTH28	3.47	6.21	9.97	14.13	17.69	20.97	—	—	—	—	—	—	—	—	—	—	—	—
KGSH01	3.08	9.68	—	—	—	—	—	—	—	—	—	—	—	—	—	—	—	—
KGSH04	3.23	11.88	23.80	36.27	—	—	—	—	—	—	—	—	—	—	—	—	—	—
KGSH06	2.15	7.04	—	—	—	—	—	—	—	—	—	—	—	—	—	—	—	—
KGSH07	1.86	—	—	—	—	—	—	—	—	—	—	—	—	—	—	—	—	—
KGSH09	4.64	9.14	16.52	—	—	—	—	—	—	—	—	—	—	—	—	—	—	—
KGSH10	2.20	4.55	—	—	—	—	—	—	—	—	—	—	—	—	—	—	—	—
KGSH11	5.43	14.81	26.98	36.27	—	—	—	—	—	—	—	—	—	—	—	—	—	—
KGSH12	11.05	23.90	36.46	—	—	—	—	—	—	—	—	—	—	—	—	—	—	—
KGWH01	8.21	—	—	—	—	—	—	—	—	—	—	—	—	—	—	—	—	—
KGWH02	4.01	—	—	—	—	—	—	—	—	—	—	—	—	—	—	—	—	—
KKWH08	9.78	18.52	35.29	—	—	—	—	—	—	—	—	—	—	—	—	—	—	—
KMMH02	1.96	6.11	11.00	—	—	—	—	—	—	—	—	—	—	—	—	—	—	—
KMMH03	3.57	—	—	—	—	—	—	—	—	—	—	—	—	—	—	—	—	—
KMMH07	2.39	4.57	7.48	—	—	—	—	—	—	—	—	—	—	—	—	—	—	—
KMMH09	4.79	11.88	17.55	24.29	—	—	—	—	—	—	—	—	—	—	—	—	—	—
KMMH10	4.69	11.19	20.04	27.61	—	—	—	—	—	—	—	—	—	—	—	—	—	—
KMMH11	3.13	—	—	—	—	—	—	—	—	—	—	—	—	—	—	—	—	—

台站	场地各阶竖向固有频率/Hz																	
	1	2	3	4	5	6	7	8	9	10	11	12	13	14	15	16	17	18
KMMH12	4.30	10.51	20.09	25.42	33.04	41.62	—	—	—	—	—	—	—	—	—	—	—	—
KMMH13	1.42	3.86	8.85	12.07	16.76	19.35	21.95	—	—	—	—	—	—	—	—	—	—	—
KMMH14	3.08	5.96	—	—	—	—	—	—	—	—	—	—	—	—	—	—	—	—
KMMH15	4.89	—	—	—	—	—	—	—	—	—	—	—	—	—	—	—	—	—
KMMH16	1.52	5.03	8.41	12.07	15.10	17.16	20.63	23.66	—	—	—	—	—	—	—	—	—	—
KNGH19	5.77	11.73	—	—	—	—	—	—	—	—	—	—	—	—	—	—	—	—
KNGH20	4.69	13.15	—	—	—	—	—	—	—	—	—	—	—	—	—	—	—	—
KNGH21	3.13	11.58	—	—	—	—	—	—	—	—	—	—	—	—	—	—	—	—
KOCH07	8.16	20.58	34.16	—	—	—	—	—	—	—	—	—	—	—	—	—	—	—
KOCH13	5.08	13.69	—	—	—	—	—	—	—	—	—	—	—	—	—	—	—	—
KSRH01	1.52	4.20	6.74	9.63	12.22	—	—	—	—	—	—	—	—	—	—	—	—	—
KSRH03	2.30	4.55	7.87	10.75	14.37	17.35	23.07	26.25	32.36	35.83	—	—	—	—	—	—	—	—
KSRH04	1.61	4.94	7.87	13.25	16.81	20.23	23.12	26.15	30.89	33.63	36.31	39.10	43.40	46.53	—	—	—	—
KSRH05	0.93	—	—	—	—	—	—	—	—	—	—	—	—	—	—	—	—	—
KSRH08	4.94	14.86	24.29	—	—	—	—	—	—	—	—	—	—	—	—	—	—	—
KSRH09	2.44	6.62	—	—	—	—	—	—	—	—	—	—	—	—	—	—	—	—
KSRH10	4.55	—	—	—	—	—	—	—	—	—	—	—	—	—	—	—	—	—
KYTH01	5.28	16.13	26.93	—	—	—	—	—	—	—	—	—	—	—	—	—	—	—
KYTH03	2.79	—	—	—	—	—	—	—	—	—	—	—	—	—	—	—	—	—
KYTH05	2.30	5.18	8.90	13.05	—	—	—	—	—	—	—	—	—	—	—	—	—	—
KYTH06	8.31	14.71	—	—	—	—	—	—	—	—	—	—	—	—	—	—	—	—
KYTH08	1.08	—	—	—	—	—	—	—	—	—	—	—	—	—	—	—	—	—
MIEH08	8.65	18.67	25.51	32.45	—	—	—	—	—	—	—	—	—	—	—	—	—	—
MIEH09	8.65	16.32	22.48	28.64	—	—	—	—	—	—	—	—	—	—	—	—	—	—
MYGH01	1.03	2.00	—	—	—	—	—	—	—	—	—	—	—	—	—	—	—	—
MYGH02	3.27	10.80	13.83	—	—	—	—	—	—	—	—	—	—	—	—	—	—	—
MYGH03	5.62	11.97	—	—	—	—	—	—	—	—	—	—	—	—	—	—	—	—
MYGH04	9.63	14.52	26.20	—	—	—	—	—	—	—	—	—	—	—	—	—	—	—
MYGH05	1.64	4.25	7.58	10.07	13.15	15.74	18.38	21.51	24.05	26.88	28.49	32.01	35.48	—	—	—	—	—

续表

台站	场地各阶竖向固有频率/Hz																	
	1	2	3	4	5	6	7	8	9	10	11	12	13	14	15	16	17	18
MYGH06	2.88	5.67	9.48	12.02	—	—	—	—	—	—	—	—	—	—	—	—	—	—
MYGH07	1.32	4.69	9.78	—	—	—	—	—	—	—	—	—	—	—	—	—	—	—
MYGH08	3.10	10.41	13.78	22.24	34.65	—	—	—	—	—	—	—	—	—	—	—	—	—
MYGH10	1.42	4.15	7.82	11.49	15.69	20.23	24.05	29.28	33.09	37.63	42.82	—	—	—	—	—	—	—
MYGH11	5.03	10.07	17.60	—	—	—	—	—	—	—	—	—	—	—	—	—	—	—
MYGH12	7.92	13.44	19.79	23.41	30.50	41.84	—	—	—	—	—	—	—	—	—	—	—	—
MYGH13	7.23	—	—	—	—	—	—	—	—	—	—	—	—	—	—	—	—	—
MYZH02	3.52	—	—	—	—	—	—	—	—	—	—	—	—	—	—	—	—	—
MYZH05	9.34	18.33	26.49	32.11	39.30	—	—	—	—	—	—	—	—	—	—	—	—	—
MYZH06	5.91	—	—	—	—	—	—	—	—	—	—	—	—	—	—	—	—	—
MYZH07	12.90	27.96	38.66	—	—	—	—	—	—	—	—	—	—	—	—	—	—	—
MYZH08	1.66	6.50	—	—	—	—	—	—	—	—	—	—	—	—	—	—	—	—
MYZH09	4.89	14.17	22.43	—	—	—	—	—	—	—	—	—	—	—	—	—	—	—
MYZH12	6.26	—	—	—	—	—	—	—	—	—	—	—	—	—	—	—	—	—
MYZH13	3.62	11.53	19.16	—	—	—	—	—	—	—	—	—	—	—	—	—	—	—
MYZH15	6.65	11.49	—	—	—	—	—	—	—	—	—	—	—	—	—	—	—	—
MYZH16	10.56	23.41	36.12	42.33	48.44	—	—	—	—	—	—	—	—	—	—	—	—	—
NARH01	7.28	13.00	—	—	—	—	—	—	—	—	—	—	—	—	—	—	—	—
NARH03	7.67	—	—	—	—	—	—	—	—	—	—	—	—	—	—	—	—	—
NARH07	8.65	—	—	—	—	—	—	—	—	—	—	—	—	—	—	—	—	—
NGNH03	3.23	—	—	—	—	—	—	—	—	—	—	—	—	—	—	—	—	—
NGNH08	2.15	5.13	9.34	12.81	16.28	19.50	23.31	27.32	30.01	33.82	36.36	—	—	—	—	—	—	—
NGNH10	4.89	—	—	—	—	—	—	—	—	—	—	—	—	—	—	—	—	—
NGNH11	2.44	—	—	—	—	—	—	—	—	—	—	—	—	—	—	—	—	—
NGNH13	3.81	—	—	—	—	—	—	—	—	—	—	—	—	—	—	—	—	—
NGNH14	9.73	17.01	22.97	—	—	—	—	—	—	—	—	—	—	—	—	—	—	—
NGNH15	6.84	18.28	29.91	—	—	—	—	—	—	—	—	—	—	—	—	—	—	—
NGNH16	3.57	11.19	15.25	20.92	24.34	—	—	—	—	—	—	—	—	—	—	—	—	—
NGNH17	10.70	33.09	—	—	—	—	—	—	—	—	—	—	—	—	—	—	—	—

台站	场地各阶竖向固有频率/Hz																	
	1	2	3	4	5	6	7	8	9	10	11	12	13	14	15	16	17	18
NGNH19	4.89	—	—	—	—	—	—	—	—	—	—	—	—	—	—	—	—	—
NGNH20	9.82	16.40	25.95	—	—	—	—	—	—	—	—	—	—	—	—	—	—	—
NGNH21	4.55	—	—	—	—	—	—	—	—	—	—	—	—	—	—	—	—	—
NGNH22	7.18	—	—	—	—	—	—	—	—	—	—	—	—	—	—	—	—	—
NGNH23	5.47	14.76	23.80	—	—	—	—	—	—	—	—	—	—	—	—	—	—	—
NGNH24	3.57	—	—	—	—	—	—	—	—	—	—	—	—	—	—	—	—	—
NGNH26	3.18	6.74	—	—	—	—	—	—	—	—	—	—	—	—	—	—	—	—
NGNH27	3.52	—	—	—	—	—	—	—	—	—	—	—	—	—	—	—	—	—
NGNH28	4.20	11.93	20.58	30.69	—	—	—	—	—	—	—	—	—	—	—	—	—	—
NGNH29	4.37	14.76	22.43	32.55	—	—	—	—	—	—	—	—	—	—	—	—	—	—
NGNH30	5.43	15.74	21.70	28.79	35.53	41.40	47.75	—	—	—	—	—	—	—	—	—	—	—
NGNH32	6.60	21.75	32.16	—	—	—	—	—	—	—	—	—	—	—	—	—	—	—
NGNH33	3.91	—	—	—	—	—	—	—	—	—	—	—	—	—	—	—	—	—
NGNH35	5.72	—	—	—	—	—	—	—	—	—	—	—	—	—	—	—	—	—
NGNH54	4.74	9.78	16.81	22.29	27.17	—	—	—	—	—	—	—	—	—	—	—	—	—
NGSH06	6.01	—	—	—	—	—	—	—	—	—	—	—	—	—	—	—	—	—
NIGH05	2.25	—	—	—	—	—	—	—	—	—	—	—	—	—	—	—	—	—
NIGH07	6.60	13.64	18.04	—	—	—	—	—	—	—	—	—	—	—	—	—	—	—
NIGH08	1.62	4.50	7.87	10.61	13.15	17.30	19.79	22.63	25.27	28.69	31.38	35.92	38.42	—	—	—	—	—
NIGH09	7.33	15.74	23.02	—	—	—	—	—	—	—	—	—	—	—	—	—	—	—
NIGH10	6.52	15.74	—	—	—	—	—	—	—	—	—	—	—	—	—	—	—	—
NIGH11	1.47	4.45	7.97	11.58	15.44	20.19	25.61	30.01	34.56	40.42	—	—	—	—	—	—	—	—
NIGH12	3.37	6.50	11.49	14.81	17.94	21.26	—	—	—	—	—	—	—	—	—	—	—	—
NIGH14	1.62	5.57	8.65	11.39	14.66	17.40	19.94	22.58	25.12	27.81	30.50	33.38	36.12	38.66	41.40	44.48	—	—
NIGH15	5.72	10.56	14.22	19.45	—	—	—	—	—	—	—	—	—	—	—	—	—	—
NIGH16	8.16	—	—	—	—	—	—	—	—	—	—	—	—	—	—	—	—	—
NIGH18	5.60	13.20	19.84	—	—	—	—	—	—	—	—	—	—	—	—	—	—	—
NIGH19	7.18	20.87	30.01	37.88	—	—	—	—	—	—	—	—	—	—	—	—	—	—
NMRH01	2.21	10.17	17.99	—	—	—	—	—	—	—	—	—	—	—	—	—	—	—

台站	场地各阶竖向固有频率/Hz																	
	1	2	3	4	5	6	7	8	9	10	11	12	13	14	15	16	17	18
NMRH03	2.83	5.03	8.80	—	—	—	—	—	—	—	—	—	—	—	—	—	—	—
NMRH04	1.76	5.82	9.48	13.78	—	—	—	—	—	—	—	—	—	—	—	—	—	—
NMRH05	0.83	2.64	3.71	5.57	9.14	10.70	12.22	14.22	15.40	17.60	21.11	24.34	27.03	31.38	33.92	37.10	40.52	43.26
OITH01	4.06	—	—	—	—	—	—	—	—	—	—	—	—	—	—	—	—	—
OITH04	2.20	—	—	—	—	—	—	—	—	—	—	—	—	—	—	—	—	—
OITH06	4.69	13.81	—	—	—	—	—	—	—	—	—	—	—	—	—	—	—	—
OITH08	8.80	14.17	—	—	—	—	—	—	—	—	—	—	—	—	—	—	—	—
OITH11	2.64	8.02	—	—	—	—	—	—	—	—	—	—	—	—	—	—	—	—
OKYH03	5.28	—	—	—	—	—	—	—	—	—	—	—	—	—	—	—	—	—
OKYH04	5.03	—	—	—	—	—	—	—	—	—	—	—	—	—	—	—	—	—
OKYH05	10.51	—	—	—	—	—	—	—	—	—	—	—	—	—	—	—	—	—
OKYH08	6.55	14.37	21.26	29.57	—	—	—	—	—	—	—	—	—	—	—	—	—	—
OKYH12	4.74	12.41	—	—	—	—	—	—	—	—	—	—	—	—	—	—	—	—
OKYH14	8.06	19.11	29.72	—	—	—	—	—	—	—	—	—	—	—	—	—	—	—
OSKH04	3.32	9.97	16.37	—	—	—	—	—	—	—	—	—	—	—	—	—	—	—
OSKH05	0.59	0.98	2.15	3.13	4.01	4.69	5.82	—	—	—	—	—	—	—	—	—	—	—
OSMH02	1.47	4.30	8.55	—	—	—	—	—	—	—	—	—	—	—	—	—	—	—
SBSH08	4.45	—	—	—	—	—	—	—	—	—	—	—	—	—	—	—	—	—
SIGH03	2.64	—	—	—	—	—	—	—	—	—	—	—	—	—	—	—	—	—
SITH05	4.99	—	—	—	—	—	—	—	—	—	—	—	—	—	—	—	—	—
SITH06	2.88	8.60	14.66	17.30	22.73	26.10	29.62	—	—	—	—	—	—	—	—	—	—	—
SITH08	7.04	10.95	13.44	—	—	—	—	—	—	—	—	—	—	—	—	—	—	—
SITH09	3.42	10.26	15.40	—	—	—	—	—	—	—	—	—	—	—	—	—	—	—
SITH10	8.31	11.88	14.81	18.28	—	—	—	—	—	—	—	—	—	—	—	—	—	—
SMNH01	8.70	—	—	—	—	—	—	—	—	—	—	—	—	—	—	—	—	—
SMNH04	9.73	14.47	—	—	—	—	—	—	—	—	—	—	—	—	—	—	—	—
SMNH08	9.14	15.49	—	—	—	—	—	—	—	—	—	—	—	—	—	—	—	—
SMNH12	7.92	15.49	—	—	—	—	—	—	—	—	—	—	—	—	—	—	—	—
SMNH16	5.67	12.71	—	—	—	—	—	—	—	—	—	—	—	—	—	—	—	—
SOYH04	2.98	7.38	—	—	—	—	—	—	—	—	—	—	—	—	—	—	—	—

台站	场地各阶竖向固有频率/Hz																	
	1	2	3	4	5	6	7	8	9	10	11	12	13	14	15	16	17	18
SOYH06	2.79	5.43	10.56	—	—	—	—	—	—	—	—	—	—	—	—	—	—	—
SRCH08	4.40	11.78	20.92	—	—	—	—	—	—	—	—	—	—	—	—	—	—	—
SZOH25	0.98	2.15	4.01	6.70	8.16	10.70	13.29	16.23	19.01	21.65	—	—	—	—	—	—	—	—
SZOH28	0.39	1.60	2.83	4.01	5.38	—	—	—	—	—	—	—	—	—	—	—	—	—
SZOH31	7.23	15.84	23.95	27.37	37.78	—	—	—	—	—	—	—	—	—	—	—	—	—
SZOH32	4.30	7.77	—	—	—	—	—	—	—	—	—	—	—	—	—	—	—	—
SZOH34	3.52	—	—	—	—	—	—	—	—	—	—	—	—	—	—	—	—	—
SZOH36	7.23	21.65	35.09	—	—	—	—	—	—	—	—	—	—	—	—	—	—	—
SZOH38	2.64	—	—	—	—	—	—	—	—	—	—	—	—	—	—	—	—	—
SZOH39	4.74	8.36	—	—	—	—	—	—	—	—	—	—	—	—	—	—	—	—
SZOH40	3.51	9.58	—	—	—	—	—	—	—	—	—	—	—	—	—	—	—	—
SZOH42	1.56	—	—	—	—	—	—	—	—	—	—	—	—	—	—	—	—	—
TCGH07	5.33	—	—	—	—	—	—	—	—	—	—	—	—	—	—	—	—	—
TCGH08	3.27	6.50	—	—	—	—	—	—	—	—	—	—	—	—	—	—	—	—
TCGH09	3.23	11.73	18.28	—	—	—	—	—	—	—	—	—	—	—	—	—	—	—
TCGH11	3.27	—	—	—	—	—	—	—	—	—	—	—	—	—	—	—	—	—
TCGH12	5.23	14.22	20.67	—	—	—	—	—	—	—	—	—	—	—	—	—	—	—
TCGH13	6.55	12.61	19.31	—	—	—	—	—	—	—	—	—	—	—	—	—	—	—
TCGH15	1.12	—	—	—	—	—	—	—	—	—	—	—	—	—	—	—	—	—
TCGH16	5.38	12.02	19.11	27.13	35.53	43.84	—	—	—	—	—	—	—	—	—	—	—	—
TCGH17	9.29	—	—	—	—	—	—	—	—	—	—	—	—	—	—	—	—	—
TKCH02	5.89	16.28	28.84	—	—	—	—	—	—	—	—	—	—	—	—	—	—	—
TKCH03	1.71	—	—	—	—	—	—	—	—	—	—	—	—	—	—	—	—	—
TKCH04	2.30	9.87	12.56	15.35	18.52	22.63	25.51	28.89	32.45	35.39	38.27	—	—	—	—	—	—	—
TKCH05	5.77	12.56	—	—	—	—	—	—	—	—	—	—	—	—	—	—	—	—
TKCH08	5.67	16.86	27.76	38.47	—	—	—	—	—	—	—	—	—	—	—	—	—	—
TKCH10	8.46	17.40	—	—	—	—	—	—	—	—	—	—	—	—	—	—	—	—
TKCH11	5.33	8.41	11.00	13.73	16.72	19.65	22.78	25.46	29.37	32.26	37.59	—	—	—	—	—	—	—
TKSH05	5.43	9.48	12.47	16.96	21.11	24.54	29.91	—	—	—	—	—	—	—	—	—	—	—

续表

台站	场地各阶竖向固有频率/Hz																	
	1	2	3	4	5	6	7	8	9	10	11	12	13	14	15	16	17	18
TKYH12	4.72	11.56	19.30	25.90	33.19	39.03	—	—	—	—	—	—	—	—	—	—	—	—
TTRH03	3.91	—	—	—	—	—	—	—	—	—	—	—	—	—	—	—	—	—
TTRH07	6.70	19.79	25.42	34.07	42.42	—	—	—	—	—	—	—	—	—	—	—	—	—
TYMH07	6.84	12.37	16.32	20.87	26.74	31.87	37.29	—	—	—	—	—	—	—	—	—	—	—
WKYH04	11.19	31.82	—	—	—	—	—	—	—	—	—	—	—	—	—	—	—	—
WKYH07	6.70	16.28	24.05	—	—	—	—	—	—	—	—	—	—	—	—	—	—	—
WKYH09	2.00	5.72	9.19	13.15	—	—	—	—	—	—	—	—	—	—	—	—	—	—
WKYH10	5.82	9.14	15.84	20.92	25.86	—	—	—	—	—	—	—	—	—	—	—	—	—
YMGH07	3.57	7.04	—	—	—	—	—	—	—	—	—	—	—	—	—	—	—	—
YMGH16	9.82	19.99	26.15	—	—	—	—	—	—	—	—	—	—	—	—	—	—	—
YMGH17	4.50	11.63	17.89	23.12	—	—	—	—	—	—	—	—	—	—	—	—	—	—
YMNH14	5.38	14.76	24.49	—	—	—	—	—	—	—	—	—	—	—	—	—	—	—
YMNH15	4.55	13.44	24.19	34.12	40.22	—	—	—	—	—	—	—	—	—	—	—	—	—
YMTH01	1.42	3.91	7.92	10.95	—	—	—	—	—	—	—	—	—	—	—	—	—	—
YMTH03	6.70	—	—	—	—	—	—	—	—	—	—	—	—	—	—	—	—	—
YMTH04	6.70	18.67	26.88	—	—	—	—	—	—	—	—	—	—	—	—	—	—	—
YMTH05	4.35	8.57	16.62	21.65	27.66	—	—	—	—	—	—	—	—	—	—	—	—	—
YMTH06	2.10	4.64	9.48	12.27	18.72	—	—	—	—	—	—	—	—	—	—	—	—	—
YMTH08	3.23	6.06	9.63	—	—	—	—	—	—	—	—	—	—	—	—	—	—	—
YMTH11	2.98	7.58	—	—	—	—	—	—	—	—	—	—	—	—	—	—	—	—
YMTH13	5.72	14.61	22.24	—	—	—	—	—	—	—	—	—	—	—	—	—	—	—
YMTH14	3.91	11.63	20.53	—	—	—	—	—	—	—	—	—	—	—	—	—	—	—
YMTH15	4.74	11.88	—	—	—	—	—	—	—	—	—	—	—	—	—	—	—	—